D19366674

Alexander Goebel

Gute Gefühle ... machen Sinn

Alexander Goebel

GUTE GEFÜHLE

... machen Sinn

GOLDEGG VERLAG

Bildrechte Autorenfoto: Alexander Ch. Wulz, Bildrechte Cover: Inge Prader
Bildrechte Umschlag: Inge Prader/Alexander Goebel/Goldegg Verlag

Alle Rechte, insbesondere das Recht der Vervielfältigung und Verbreitung sowie der Übersetzung, vorbehalten. Kein Teil des Werks darf in irgendeiner Form (durch Fotokopie, Mikrofilm oder ein anderes Verfahren) ohne schriftliche Genehmigung des Verlags reproduziert werden oder unter Verwendung elektronischer Systeme gespeichert, verarbeitet, vervielfältigt oder verbreitet werden.

Der Autor und der Verlag haben dieses Werk mit höchster Sorgfalt erstellt. Dennoch ist eine Haftung des Verlags oder des Autors ausgeschlossen. Die im Buch wiedergegebenen Aussagen spiegeln die Meinung des Autors wider und müssen nicht zwingend mit den Ansichten des Verlags übereinstimmen.

Der Verlag und sein Autor sind für Reaktionen, Hinweise oder Meinungen dankbar. Bitte wenden Sie sich diesbezüglich an verlag@goldegg-verlag.com.

Der Goldegg Verlag achtet bei seinen Büchern und Magazinen auf nachhaltiges Produzieren. Goldegg Bücher sind umweltfreundlich produziert und orientieren sich in Materialien, Herstellungsorten, Arbeitsbedingungen und Produktionsformen an den Bedürfnissen von Gesellschaft und Umwelt.

Gedruckt nach der Richtlinie des Österreichischen Umweltzeichens „Druckerzeugnisse“, Druckerei Theiss GmbH, Nr. 869

MIX
Papier aus verantwortungsvollen Quellen
FSC
www.fsc.org
FSC® C012536

ISBN Print: 978-3-902991-50-8
ISBN E-Book: 978-3-902991-51-5

© 2015 Goldegg Verlag GmbH
Friedrichstraße 191 • D-10117 Berlin
Telefon: +49 800 505 43 76-0

Goldegg Verlag GmbH, Österreich
Mommsengasse 4/2 • A-1040 Wien
Telefon: +43 1 505 43 76-0

E-Mail: office@goldegg-verlag.com
www.goldegg-verlag.com

Layout, Satz und Herstellung: Goldegg Verlag GmbH, Wien
Druck und Bindung: Theiss GmbH

Inhaltsverzeichnis

Gefühle steuern den Erfolg 15
1. Alles, was Sie tun, hat emotionale Konsequenzen .. 15
2. Das Drama der Botschaft 26
3. Das Sinn-Büro 39
4. Geniale Entscheidungen 47
5. Der Ball der Gefühle 54
6. Der eine Moment 58

Gute Gefühle machen Sinn 69
7. Sinn ist ein Gefühl 69
8. Die Emotionale Radix – eine Standortbestimmung 75
9. Lachen macht Sinn 86
10. Aufstand gibt Sinn 93
11. Sinnlosigkeit erzeugt Langeweile 97

Gefühle transportieren Botschaften 103
12. Die Welt ist eine Bühne (echt jetzt ... so banal?) 103
13. Burn-out: wenn die Gefühlsbalance verlorengeht... 111
14. Warum Sparen Emotionen verkürzen kann 120
15. Worthülsen-Sandwich 125
16. Sprachschluchten 131
17. Einfach cool 137

Gefühle schaffen Werte 145
18. Angst – unser innerer Säbelzahntiger 145
19. Event – emotionale Visitenkarte 150
20. Soul Survival oder: Die Kultur des Scheiterns 158
21. Das Hohelied des Lobes 160
22. K.o. in der ersten Runde – oder Chef im Ring 164
23. Spektakel vor und hinter der Bühne 167

24. Hierarchie – Profi mit Vorbildfunktion ... 174
25. Von der Not zur Gunst der Stunde ... 179
26. Let's rock ... 184
27. Schuld und Performance ... 196

Gefühle führen Regie ... 201
28. Kultur lässt sich nicht anordnen ... 201
29. Keine Angst vor Emotionen! ... 210
30. Konflikte – offene und heimliche Gefühle ... 215
31. Leadership Branding oder: Gefühle lassen sich nicht anziehen wie Arbeitskleidung ... 219
32. Regie ist alles ... 225
33. Übergänge machen den Unterschied ... 232

Gefühle entscheiden, wer vorne liegt ... 239
34. Die emotionale Gage ... 239
35. Innovation durch Investition oder: emotionale Vergütung ... 248
36. Innovation und Eiscreme ... 256
37. Auszubrechen macht Sinn und gute Gefühle ... 262
38. Gefühls-Kapitäne auf dem Identitätsschiff ... 272
39. Entscheidungen fallen in emotionalen Landschaften ... 279

Nachwort ... 289

Anhang ... 293
Literatur- und Quellenverzeichnis ... 293

Vorwort

„Das macht doch keinen Sinn!" Genau so hat es angefangen. Ich stand auf der Bühne bei einem Unternehmensevent, hatte meine 30 Sekunden längst überschritten und kämpfte mal wieder gegen den freien Fall einer künstlerischen Niederlage, die immer dann stattfindet, wenn Aufmerksamkeit verweigert wird. Wer wird schon gerne ignoriert?!

Wir kennen das: Sie sind zu einem Unternehmensevent geladen. Sie werden mit Cocktails und Fingerfood empfangen, sind etwas unsicher, alle stehen und schauen. Dann nehmen Sie Platz an einem Tisch und kennen niemanden, man stellt sich vor, tauscht Geschäftskarten, nicht gerade entspannt. Dann kommt die Suppe, ach, endlich ein Thema: die Schöberl der Großmutter. Sie haben gerade herausgefunden, mit wem Sie da am Tisch sitzen, wer er ist, was er macht, wen er kennt und was er für Sie tun kann, aber jetzt müssen Sie das Networking unterbrechen, denn zwischen Hauptgang und Dessert kommt ein künstlerischer Vortrag, so lautet das Event-Gesetz. Sie sitzen mit dem Rücken zur Bühne, im Magen wird gerade schwer gearbeitet, und Sie müssen jemandem zuschauen, denn: Die „Show-Einlage" beginnt (der Begriff erinnert an die Schöberl ...). Sie sind jetzt vor die Entscheidung gestellt, entweder Ihrer Tischnachbarin, mit der Sie gerade noch angenehm und interessant geplaudert haben, den Rücken zuzuwenden oder eben der Bühne. Die Kunst hat etwa 30 Sekunden Zeit, zu überzeugen, dass es sich lohnt, die Sitzposition dauerhaft zu verändern. Fällt die Entscheidung negativ aus, spielst du in den Rücken von Menschen. Viele Menschen lassen sich verführen, ihre Erziehung und den kulturellen Respekt zu vergessen und das Bühnengeschehen zu kommentieren, leichte Beute für private Lacher und eine Gratisladung für die Ego-Batterien. Leider auch eine Aufforderung an alle anderen mitzumachen, und die Unruhe wandert schnell von Tisch

zu Tisch. Das Unheil nimmt seinen Lauf, der Geräuschpegel im Raum steigt bedrohlich und am Ende kämpft jeder gegen jeden und keiner gewinnt – schon gar nicht der Gastgeber bzw. das Unternehmen. Der Künstler verlässt nach getaner Arbeit die Bühne und ist so frustriert, dass er wieder um 20% teurer geworden ist – Schmerzensgeld, sinnlos und unnötig. Ich beschloss, über diesen Teil meines Berufes zu schreiben, über Kultur und Business, über die Zusammenarbeit mit Wirtschaft und Industrie, darüber, welche große Chance darin liegt, die Emotion als eigenen Faktor zu betrachten, dem großes Veränderungspotenzial innewohnt. Ich möchte Ihnen neue Vorschläge machen, wie Sie diese Kraft in Ihrem Leben und Ihrem Unternehmen berücksichtigen können.
Unternehmen sind es größtenteils nicht gewohnt, emotional vorzugehen, emotional zu analysieren und ihre Botschaften emotional zu kommunizieren. Unternehmenskultur ist aber Emotion und ein Mega-Thema der Wirtschaft. Ich habe festgestellt, dass es eine riesige Menge an relevanten emotionalen Themen gibt. Einige davon habe ich in diesem Buch betrachtet und analysiert. Ich schrieb ein Buch über Emotion im Unternehmen und im Leben.

Emotionen brauchen Orientierung, sonst fliegen sie kreuz und quer im Universum herum und richten Schaden an. Die Leuchttürme, die sie benötigen, sind die Werte. Nach ihnen richtet sich unser gemeinschaftliches Zusammenleben. Ohne Werte herrscht Chaos.

Also habe ich offenbar auch ein Buch über Werte geschrieben. Bei den Emotionen hatte ich ja noch die „Ausrede“, dass ich im Emotionsgeschäft bin, dass ich als Profi seit über vierzig Jahren Emotionen herstelle und verkaufe und somit über eine gewisse Expertise verfüge.

Aber Werte? Heikle Angelegenheit, weil wir doch alle die einen oder anderen Werte, die wir einmal für uns akklamiert haben, irgendwann teilweise oder gänzlich aufgeben mussten.

Was ist der Motor unseres Lebens? Warum arbeiten wir? Nur um zu überleben? Ich denke nicht. Was ist das Zentrum, ohne das nichts geht, die Achse, der Kern? Wo nehmen wir die Energie her, jeden Tag zur Arbeit zu gehen, weiterkommen zu wollen, Ideen zu haben und diese umzusetzen? Woher kommt der Mut dazu? Gibt es eine ultimative Kraft, die uns als Individuen und als Gesellschaft zur Entwicklung antreibt? Ja – es ist der Sinn. Warum? Umkehrschluss: ohne Sinn keine Arbeit, keine Disziplin, kein Ehrgeiz, keine Ideen, kein Mut, kein Fortschritt, kein Überleben. Ab da habe ich also auch ein Buch über den Sinn geschrieben. Emotion, Werte, Künstlerberuf und Sinn – es war alles ein- und dasselbe Buch.

Nach dem Sinn zu fragen, ist weit weniger komplex und kompliziert, als wir fürchten. Da es keine ultimative Definition für Sinn gibt, sondern derer sieben Milliarden, kann und soll sich jedes Individuum seinen eigenen Sinn bauen, nach dem er oder sie leben will. Meistens übernehmen wir unsere Sinn-Konstrukte von anderen, vornehmlich Eltern, Verwandten, Freunden, medialer Öffentlichkeit und manchmal sogar aus der Kunst, denken wir an Literatur und Theater. Wir empfinden den Sinn unseres Lebens als eine Mischung aus Überlebens-Sinn, also Ökonomie, und Lebens-Sinn, also Liebe, Freundschaft, sozialer Auseinandersetzung, persönlichen Zielen etc.

Der Sinn steht im Zentrum von allem und ist nicht selbstverständlich. Sinn sucht die Definition, die Auseinandersetzung, will gepflegt und hinterfragt werden, erst dann versorgt er die Maschine Mensch mit jener Energie, die weder hergestellt noch eingekauft werden kann: Glück. Die großen gesellschaftlich-historischen Veränderungen sind stets durch die Frage nach dem Sinn entstanden. Geknechtete, die lieber im Kampf für die Freiheit zu sterben bereit waren, als weiter so zu leben. Liebe, die stirbt, weil Entscheidungen und Strukturen nicht mehr sinnvoll und Zukunft nicht mehr aussichtsreich für beide Partner sind. Unternehmen, die verlieren oder zu Grunde gehen, weil sie sich der Zeit und dem Fortschritt verweigern, weil sie Emotionen verbieten, Werte vernachlässigen und Sinn ignorieren. Gesellschaften und Systeme kollabieren, weil ihr Selbstverständnis mehr ihren Wünschen als ihrer Realität entspricht. Das kapitalistische System ist ebenfalls bedroht, wenn es sich weiterhin auf Philosophien wie Shareholder-Value verlässt und den Menschen als selbstverständliches, arbeitendes und konsumierendes Tier versteht.

Meine These ist, dass die Veränderungen, die jetzt notwendig werden, vor allem dort passieren müssen, wo der größte Einfluss auf uns als globale Gesellschaft stattfindet, und das ist für mich die Wirtschaft. Sie müssen wir überzeugen und gewinnen, ja vielleicht sogar durch Konsum zwingen. Weder die Politik noch die Rufe Einzelner, ja selbst einzelner Organisationen, werden den Supertanker Menschheit auf neuen Kurs bringen können, aber die Wirtschaft vermag das, weil sie auf der Brücke steht, weil sie das Schiff kontrolliert und weil wir alle von der Ladung, die es transportiert, abhängen. Wenn dazu noch die Politik, kompetent und sinnvoll besetzt, als erster Offizier ihre Position und ihre Aufgaben als Verbindung, als Botschafter und Übersetzer zwischen Wirtschaft und Gesellschaft wahrnimmt, dann wird sie ihren wertvollen Teil der Veränderungen leisten und dafür mit Stimmen und Gestaltungsmacht bedankt werden.

Wirtschaft und Industrie sind keine anonymen Maschinen, das sind Menschen. Aber auf moralisch-ethische Einsichten Einzelner können wir uns nicht verlassen, das wird den Kapitalismus nicht verändern, wir müssen das systemische Denken und Handeln aller Player verändern. Die Wirtschaft muss sich erneuern. Aber warum sollte sie?

Die Frage nach den Interessen, nach der Belohnung ist eine der wesentlichen Fragen in diesem Zusammenhang, und sie muss unter allen Umständen beantwortet werden, denn kein System der Welt, und schon gar nicht der Kapitalismus, wird sich freiwillig ändern, ohne davon zu profitieren.

Deshalb habe ich mich ans Werk gemacht und die Interessen der Wirtschaft an Veränderung, an Emotionen, an Werten und an Sinn untersucht, analysiert, wie Werte nach innen und nach außen funktionieren, wie emotional-gesellschaftliche Veränderungen die wirtschaftlichen Zahlen positiv beeinflussen und Marktpositionen im globalen Wettbewerb stärken und verbessern können. Das Buch ist ein Vorschlag, eine Einladung, die Vorstellung einer neuen Zusammenarbeit zwischen Kunst und Kultur, zwischen Emotionsprofis und Wirtschaft, zwischen Innovation und Industrie, zur gemeinschaftlichen Gestaltung von Märkten und Gesellschaften. Kunst und Kultur als Überzeugungskraft für Konsum auf der Basis von Werten und Sinn.

Der wichtigste Player in diesem Spiel sind Sie, liebe Leserin, lieber Leser, ohne Sie geht gar nichts! Sie sind der Markt, Sie sind die Gesellschaft, Sie sind zu überzeugen, Sie sind der Grund und das Argument für die Wirtschaft, sich an den Veränderungen zu beteiligen, denn Sie sind nun einmal jene unbekannte Größe, nach der alle streben.

Wir sind die allerwichtigsten Rädchen in dieser Weltmaschine Wirtschaft, jeder Einzelne von uns. Wir werden als Konsumenten wie als Mitarbeiter heftig umworben, und deshalb sind die Werte so wichtig, die wir von Herstellern, Anbietern und Arbeitgebern erwarten. Denn werden diese nicht eingehalten und gelebt, dann kaufen wir nicht, dann lehnen wir ab, dann arbeiten wir lieber woanders.

Wir bevorzugen ab jetzt Unternehmen und Wirtschaftszweige, die unsere Werte teilen. Wir können online für blitzschnelle und hoch emotionale Kommunikation sorgen, positiv wie negativ, indem wir Geschichten erzählen und diese viral teilen, wir können praktisch jedes konsumierende Individuum global erreichen und beeinflussen. Das ist Macht, die Sinn macht.

Naiv? Kann schon sein. Wahrscheinlich? Durchaus. Sinnvoll? Mit Sicherheit!

Es macht Sinn, nach dem Sinn zu fragen. Und genau das passiert in diesem Buch. Es fragt nach dem Sinn in der Arbeitswelt, in der privaten Welt, in der künstlerischen, der gesellschaftlichen und der geistigen Welt, und wenngleich es keinen Anspruch auf Wahrheit oder Exklusivität erhebt, so gibt es doch hoffentlich emotionale Anstöße und erweitert Ihre Perspektiven so, wie es meine erweitert hat. Das ist sinnvoll.

Dies ist ein Buch für arbeitende Menschen, wo immer sie gerade sind und wohin sie noch wollen. Der Sinn ist im Mittelpunkt all unseres Tuns und Denkens und wir sind gut beraten, uns um die Sinnhaftigkeit zu kümmern. Es drängt sich die Frage auf: Wie kommt man zu Sinn? Was ist denn sinnvolles Handeln? Was fördert den Sinn und was behindert ihn? Wie so oft im Leben bin auch ich darauf gestoßen, als ich auf der Suche nach etwas ganz anderem war, nämlich der Emotion im Unternehmen. Wenn es eine große Lehre gibt, die ich aus der Arbeit an diesem Buch gezogen habe, dann wohl diese: Die Beschäftigung mit dem Sinn in allen möglichen und vor allem unmöglichen Situationen stellt bereits den Sinn dar. Einmal die Angst vor der Sinnfrage abgelegt, kämpft sich der Sinn durch den härtesten Beton wie ein Baum, der nicht aufzuhalten ist und letztlich blüht. Sinn bereichert und macht Spaß.

Um eines klarzustellen: Ich habe kein Buch geschrieben über den Sinn des Lebens. Diese Antwort kann, wenn überhaupt, erst in letzter Lebensminute gegeben werden. Der Sinn des Lebens ist es, den Sinn zu suchen, davon bin ich überzeugt, und zwar in allem, immer und überall, wenn möglich. Das ist, wenn überhaupt, die Mission dieses Buches. Kein Ratgeber für den Alltag und dann doch, keine verzweifelte Suche, nicht verkrampft, aber stets die Frage parat: Macht das Sinn? Und genau da liegt die versteckte Falle: Es geht nicht um den Sinn, den wir uns wünschen, sondern um den Sinn, der ist. Sinn ist kein Luxus, sondern Lebensmittel, wer ihn ignoriert, ist emotional unterernährt.

Die Arbeit an diesem Buch war erfüllend, hart, schmerzhaft, einsam, nicht enden wollend, überraschend und durchgehend aufregend. Während ich in immer tiefer liegende Dimensionen meines eigenen emotionalen Lebens vordrang, oft intensiver, als mir lieb ist, war es doch jede Minute, jeden Gedanken und jedes Wort wert.

Für mich macht dieses Buch Sinn. Ich hoffe für Sie auch. Ich wünsche Gute Gefühle!

Ihr *Alexander Goebel*

Gefühle steuern den Erfolg

1. Alles, was Sie tun, hat emotionale Konsequenzen

Ob in der Familie, bei Freunden, allein, zu zweit, in der Gruppe oder im Unternehmen mit tausend Mitarbeitern, immer gilt: Alles, was Sie tun, wird von anderen emotional gelesen, unabhängig von den kognitiven Informationen, die mitgesendet werden. Wir registrieren es oft nicht, weder als Sender noch als Empfänger, aber unsere emotionalen Arbeitsspeicher sind ständig auf der Suche nach neuen Aufgaben und neuem Content, ob wir wollen oder nicht. Die Informationen, die wir erhalten, nehmen wir auch und vor allem emotional auf, egal ob dies vom Sender beabsichtigt ist oder nicht. Intellektuelle Daten beeinflussen die emotionalen Landschaften, nach denen wir urteilen. Wir glauben, dass wir rationale Entscheidungen treffen, damit wir sie intellektuell vertreten können, aber der Anteil der Emotion an diesem Prozess ist wesentlich und findet vor dem rationalen Prozess statt. Die Emotion ist immer da, wir können sie nicht abschalten, es ist wie Atmen.

Mit der emotionalen Einschätzung von Situationen haben wir ein hervorragendes Instrument für Entscheidungen zu unserer Verfügung, wir müssen nur wieder lernen, damit umzugehen und zu vertrauen. Vor 200.000 Jahren haben wir ausschließlich emotional entschieden, da ging es um Leben und Tod, und zwar täglich. Raus aus der Höhle, Essen beschaffen, Tiere töten oder von Tieren getötet werden, im besten Fall zurück in die Höhle, Beute essen, paaren, schlafen. Grundsätzlich hat sich da bis heute nicht so viel geändert außer der Tatsache, dass sehr viele von uns nicht mehr täglich ums Überleben kämpfen müssen. Aber wir kämpfen trotzdem, nur mittlerweile um andere Werte. Wir wissen nicht so viel über die Veränderung von emotionalen Landschaften bei Menschen, die über einen langen Zeitraum keinen Kontakt zu anderen Menschen haben. Was wir aber wissen, ist, dass wir in solchen Situationen irgendwann anfangen, mit uns selbst zu reden, damit wir nicht verrückt werden. Der kommunikative Austausch ist also so wesentlich für unser seelisches Überleben, dass wir ihn sogar mit uns selbst gestalten, wenn sonst niemand da ist. Ich kenne das von mir, wenn mir etwas aus der Hand fällt oder ich etwas umwerfe, dann trete ich in einen kurzen Dialog mit mir: »Na super, Herr Goebel ... (ja, ich bin in Momenten der Unzufriedenheit per Sie mit mir) ... wieder ganz toll gemacht ... Bravo!« Das zynische Ende ist Kelomat, rein zum Dampfablassen. Ich gehe dann mit mir in sarkastischer Höflichkeit um, weder wohlwollend noch liebevoll. Der Grund ist eine emotionale Prägung aus Kindheitstagen. Die Erfahrung, dass es sich in solchen Momenten strafmindernd auswirken kann, wenn ich mich gleich selbst beschimpfe. Ein Kind, das sich selbst beschimpft, ist schwer zu bestrafen. Aber das kann sich furchtbar verselbstständigen und zum Standard für Beachtung und Aufmerksamkeit werden. Irgendwann bedarf es keines Anlasses mehr, um zu schimpfen und schlecht mit sich umzugehen. Wir machen es präventiv und generell, um die göttliche Strafe zu mindern, die sich Leben nennt.

Dazu kommt ein Streben nach Perfektion im Umgang mit mir selbst, das ich aus dem Beruf übernommen habe, mehr als Motor, denn als ultimativen Anspruch. Jede Rolle, jeder Song, jede Szene, jedes Konzert jedes Mal so perfekt wie irgend möglich. Von da ist es nur noch ein kleiner Schritt, diese Philosophie auch für das eigene Leben anzuwenden, und das ist der Anfang eines einsamen Weges, den wir dann mühsam wieder zurückgehen müssen.

Wir reagieren aufgrund unserer emotionalen Erfahrungen, und je eher wir das anerkennen, desto früher können wir uns das zuguteschreiben.

Wenn ich allerdings glaube, meine Befindlichkeit, meine emotionale Reaktion so verbergen zu können, dass mein Gegenüber keinen Verdacht schöpft und nicht zweifelt, ob er oder sie gerade die komplette Wahrheit von mir erfährt, dann bin ich der klassischen Selbsttäuschung erlegen. Wir registrieren die Summe aller Informationen, wenn wir mit jemandem sprechen, nicht nur die Worte. Stimme, Timing, Körper, Blick etc. sind wesentlich, um das Gesagte nicht nur kognitiv zu verstehen, sondern vor allem emotional zu interpretieren und zu verarbeiten.

Deshalb ist Authentizität so ein begehrter Wert: Wir wollen es mit Leuten zu tun haben, die sind, was sie sind – und das auch nicht verbergen oder verbergen wollen. Solch offenes Verhalten macht die Zusammenarbeit einfacher und entspannter. Deshalb ist dies der beste Weg, an unsere Kommunikation heranzugehen und gar nicht erst zu versuchen, den emotionalen Aspekt unserer Botschaft zu verheimlichen, weil er sich ja ohnehin vermittelt. Wenn ich zum Beispiel einen Auftrag an jemanden vergebe und nicht zu einhundert Prozent von dem Auftrag überzeugt bin, dann ist es besser, wenn ich meine Zweifel kundtue, als zu versuchen, meine Unsicherheit zu verheimlichen. Das geht nämlich nicht, weil unsere unbewussten Sensoren ständig in uns arbeiten und sehr wohl registrieren, dass etwas verheimlicht wird. Heraus kommt eine vielleicht sprachlich korrekte Botschaft, die jedoch flankierende Schwingungen erzeugt, die verunsichern. Daraus ergibt sich auch eine kognitive Irritation, die dazu führen kann, dass die Botschaft, der Auftrag emotional verweigert wird. Die Erledigung wird erheblich erschwert, ja vielleicht sogar sabotiert.

Stellen Sie sich folgende Situation vor: Ich sage meiner Assistentin: »Rufen Sie den Soundso an und machen Sie ihm klar, dass wir von unseren Forderungen nicht abgehen, dann kommt es eben nicht zum Abschluss.« Ich bin aber überhaupt nicht sicher, ob das so der richtige Weg ist, ob wir nicht kompromissbereit sein sollten und ob ich nicht mein persönliches Bedürfnis nach Respekt mit meinen geschäftlichen Interessen illegal vermische. Sie wird das spüren, denn sie kennt sehr viele meiner nonverbalen Signale und kann sie mittlerweile sehr gut einordnen. Vielleicht weil ich nicht aufschaue beim Sprechen, um mein Gesicht zu schützen oder besser: zu wahren. Oder meine Stimme ist leiser als sonst, und ich arbeite irgendetwas, während ich den Auftrag kommuniziere. Ist es eine sehr gute Arbeitsbeziehung, so wird sie mich danach fragen, ob ich mir denn sicher sei, ob wir nicht noch einmal die Fakten und die Ziele durchgehen sollten etc. Habe ich als Führungspersönlichkeit diese Kultur jedoch nicht eingeführt, in der es möglich und sinnvoll ist, auch die emotionalen Aspekte und Perspektiven anzusprechen, dann werden die widersprüchlichen Botschaften, die ich gesendet habe, meine Mitarbeiterin verunsichern und sie wird die Botschaft selbst entsprechend unsicher weitervermitteln. Sie wird vielleicht übermäßig schroff oder aber ängstlich und zurückhaltend agieren, und die Entscheidung darüber muss sie allein treffen. In jedem Fall sind die inhaltliche Aufgabe und der Erfolg der Botschaft gefährdet.

In einer emotional geführten Kultur kann ich meine Bedenken aussprechen, gehe damit in den Team-Modus und lasse meine Mitarbeiterin auch an meiner emotionalen Perspektive teilhaben. Dieser Austausch kann für mich neue Aspekte hervorbringen, Fehler, die ich nicht gesehen habe, offenlegen, und er stellt dazu einen Vertrauensbeweis dar. Wir beide profitieren, und der Kunde wahrscheinlich auch, denn sie wird die Resultate des Austauschs viel besser transportieren, weil sie daran mitgearbeitet hat, es ist ihre Botschaft geworden. Und wir alle kennen den Unterschied aus unseren eigenen Erfahrungen, wie wir etwas verkaufen, nur weil wir den Auftrag dazu haben, und wie wir etwas verkaufen, an das wir glauben.

Nun können wir die Emotion, mit der wir in der professionellen Welt täglich zu tun haben, annehmen oder nicht. Sie zu ignorieren, funktioniert auch, vor allem in emotionsfeindlichen, hierarchischen Strukturen, wenn das inhaltliche Miteinander auf ein formales Gehorchen reduziert wird. In solchen Strukturen regieren Befehle statt Gespräche. Es ist eine Sache der Unternehmenskultur, und diese wird in ihrer enormen Pflegebedürftigkeit nach wie vor unterschätzt. Emotion als unerwünscht zu deklarieren, wird sich kein Unternehmen mehr trauen offiziell zu verkünden, aber es ist relativ einfach, Emotionen auf ein Minimum einzuschränken und sie quasi in die Privatheit zu verbannen. Das passiert oft, wenn Führungspersönlichkeiten zum Beispiel eine Aura der Unansprechbarkeit verbreiten, aus Unsicherheit oder Eitelkeit, oft unabsichtlich oder nachlässig, aber dieses Benehmen wird sich natürlich als Kommunikationsarmut weiter ausbreiten. Wenn auf Vorschläge, Ideen, einfach auf jede Art von Meinungsäußerung falsch reagiert wird, wenn ich für meine emotionale Anstrengung kein Lob, kein Interesse, also keinerlei emotionale Gage erhalte, sondern vielleicht nur ein genervtes »Nicht jetzt« oder »Das haben wir doch schon alles bedacht, machen Sie sich darum keine Gedanken«, dann werde ich das in Zukunft tunlichst unterlassen. Die innere Kündigung nimmt ihren Lauf.

Die Emotion einzuschränken oder auszuschließen, ist also kein Problem, es ist weder illegal noch unmoralisch per se, die Entscheidung darüber obliegt dem Unternehmen bzw. seinen Führungspersönlichkeiten, und keine Gewerkschaft und keine Arbeiterkammer wird das jemals einklagen können. Das bedeutet dann aber auch, dass Menschen emotionsbeschränkt ihre Arbeit tun. Das bedeutet Automatisierung, wenig bis keine Aufmerksamkeit für Abläufe, Entwicklungen oder Innovation. Der Spirit wird leiden, aber die folgenschwerste Konsequenz ist wohl die fehlende Identifizierung mit dem Unternehmen, die zu Loyalitäts- und Engagementverlusten führt. Die Konsequenz: Fluktuation. Und das können sich immer mehr Industrie- und Wirtschaftsbereiche einfach nicht mehr leisten, es ist zu einem existentiellen Problem geworden und gefährdet den Erfolg.

In meinem Fall ist es zum Beispiel ganz unmöglich, die Emotion aus dem Spiel zu nehmen, denn ich lebe von, mit und durch die Emotion. Wir stellen Emotionen dar und benutzen dafür die Figuren, Handlungen und Abläufe. »Sein oder nicht sein« ist die emotionale Situation eines Menschen, und die braucht einen Text und eine Situation, um sich zu veröffentlichen. Und einen genialen Autor. Das gilt für das klassische Theater ebenso wie für das moderne, für das Musical ebenso wie für die Oper, für die Rockbühne wie für die Schlagershow; ich muss mich emotional auf das einstellen, was ich zu transportieren habe, und dafür benutze ich ausschließlich meine eigenen, persönlichen Instrumente, und sie sind alle emotional. Klar, eine Darstellerin und ihr Text müssen verstanden werden (übrigens einer der Gründe, warum ich mich nach wie vor mit Oper sehr schwertue) und daher sollte die Stimme geschult und der Körper zu den richtigen flankierenden Maßnahmen imstande sein, abrufbar und wiederholbar. Das sind aber fast selbstverständliche Voraussetzungen für den Beruf. Den wesentlichen Unterschied in der Botschaftsübertragung macht jedoch die

Emotion, die Art und Weise, wie jemand eine Geschichte mit den eigenen Mitteln aus dem eigenen Leben und der eigenen Fantasie schöpft. Das berührt, das begeistert, das macht den Erfolg aus.

Ähnlich geht es den Medien, der Werbung, den Apps etc. Die haben begriffen, dass wir alle emotional konsumieren und somit emotional angesprochen werden wollen. Dabei geht es um Geschichten, um Menschen, um Situationen. Wir sollen überzeugt werden, dass wir nicht nur ein Auto kaufen, sondern auch ein Gefühl, dass wir die teure Uhr verdient haben und dass wir mithilfe einer App unsere Ziele besser erreichen werden. Die Umschalttaste auf unseren Keyboards ist unsere Emotions-Taste, denn durch sie signalisieren wir, emotional erreicht worden zu sein, indem wir bestellen, absenden und bestätigen.

Deshalb ist es ja auch so folgenschwer, wenn eine emotionsfeindliche Atmosphäre und Kultur herrschen, und in den meisten Fällen hängt das mit Unwissen und Bequemlichkeit zusammen (ja, Kultur im Unternehmen ist harte Arbeit), aber auch sehr oft mit der charakterlichen Ausstattung einzelner Führungspersönlichkeiten. Wer mit Emotionen Probleme hat, wird eben genau so führen. Im industriellen Zeitalter war der emotional anspruchslose Arbeiter das Standardmodell, ein Roboter mit Puls. Heute leben wir im Kommunikationszeitalter und *müssen* emotional ans Werk gehen, sonst erleiden wir wirtschaftliche Verluste. Niemand kauft mehr irgendetwas ohne emotionalen Hintergrund und/oder Profit. Denken Sie an Ihr Auto oder das Buch, das Sie in Händen halten. Dazu kommt, dass nicht nur die Produkt- und Dienstleistungsmärkte sich verändern, sondern auch die Personalmärkte, einer der entscheidenden Punkte im Wettbewerb von heute. Es ist zwingend und unerlässlich, dass Unternehmen versuchen, sich ihre eigenen Mitarbeiter zu »bauen«, also ihre zukünftigen Führungs- und Fachkräfte aus dem eigenen Unternehmen zu rekrutieren. Das geht aber nur, wenn keine oder nur sehr wenig Fluktuation herrscht, wenn die Unternehmenskultur weder Burn-out noch Mobbing oder ähnlichen Wahnsinn zulässt, wenn eine innovationsfreundliche Politik herrscht, inklusive einer Kultur des Scheiterns. Die meisten Mitarbeiter kündigen, weil sie mit der emotionalen Situation im Unternehmen unzufrieden sind und weniger der hygienischen Fakten wegen, also Geld, Position, Macht etc. Unauthentisches bzw. emotionsbefreites Führen sorgt für Fluktuation, die Vereinbarung aus industriellen Zeiten funktioniert nicht mehr. Daher: Führen Sie emotional, trauen Sie sich zu fühlen, lassen Sie sich emotional ein, fordern Sie Freiheit für die Gefühle und leben Sie das vor. Die Kultur, in der Sie arbeiten, wird es Ihnen danken.

Erinnern wir uns: In der Schule haben wir einige Fächer mehr gemocht als andere. Warum? In den meisten Fällen der Lehrer wegen. Meine Französischlehrerin hat beim Erklären der Begriffe auf Deutsch so süß gesprochen und oft so herzig gelacht, wenn es nicht ganz mit der Aussprache geklappt hat, dass ich am liebsten mit ihr ein Wörterbuch als Theaterstück inszeniert hätte. Wir hatten einen Mathelehrer, der wie ein Druide mystische Spannung erzeugen konnte, und wir waren uns nie ganz sicher, ob er nicht auch irgendeinen Zaubertrunk im Lehrerzimmer zu sich nahm. Auf der anderen Seite gab es den Deutschlehrer, der am liebsten die Arbeitsatmosphäre einer römischen Galeere im Klassenzimmer installiert hätte, mit ihm an der großen Pauke. Diese Menschen haben es vermocht, gezielt oder unfreiwillig, ihre Botschaften *auch* emotional zu kommunizieren, die einen inhaltsorientiert, die anderen egomanisch. Wie funktioniert das im Unternehmen? Indem ich die Kommunikation entkrampfe, indem ich über den Einsatz von Humor eine Atmosphäre der Leichtigkeit erzeuge, indem ich die Ziele und Aufgaben durch Dramatik, ja durchaus auch mal durch Überhöhung spannend mache. Alles ist erlaubt, um die neuronale Sensibilität zu erhöhen, und wenn die Botschaften, die Fakten, die Zahlen, die Wege, aufgezeigt sind, kann die Emotionalisierung der Aufgaben beginnen. Situationen, in denen wir uns emotional verkrampfen und abschotten, führen zu einer Art Hirnlähmung und verhindern den Erfolg. Neuronale Sensibilität bedeutet, dass wir Informationen schneller, besser und vor allem nachhaltiger verarbeiten können. Sie erhöht die Fähigkeit, Ideen miteinander zu verbinden, Perspektiven zu verändern und zu erweitern und Lösungen zu finden.

Die Bereitschaft zuzuhören ist eine emotionale, sich zu involvieren eine intellektuelle, beides eine Kunst beim Führen von Menschen. Emotion hilft beim Erfassen von Situationen, bei der Herstellung von positiven atmosphärischen Bedingungen und beim Erreichen von Zielen. Dramatik kann ein profitabler theatralischer Soundtrack sein zu den Zahlen, Formeln und Gedankengerüsten im unternehmerischen Alltag.

Sehr gut nachvollziehbar ist dies an der Entwicklung des Soundtracks an sich. Der Stummfilm nutzte die Live-Musik im Filmtheater, da saß ein Pianist und spielte simultan zum Film. Das diente mehr der Atmosphäre im Kino, damit es nicht so elendig still war während des Films, und natürlich auch der Dramaturgie des Films, wiewohl es, soviel ich weiß, keine Instruktionen oder gar Noten von den herstellenden Filmstudios gab. Die ersten Tonfilme entdeckten bald die Kraft der sinnlichen Unterstreichung von Szenen. Die Filmmusik wurde zur Kunst erhoben und sehr gut bezahlt, und wenn wir uns heute Streifen aus den Fünfzigerjahren des letzten Jahrhunderts ansehen, müssen wir feststellen, dass atemberaubende Spannung in der Handlung damals mit Musik unterlegt wurde, die heute verspielt und fast niedlich klingt. Mittlerweile haben wir den akustischen Wahnsinn durch Sensurround, Dolby, FX und anderes und der Ton kommt aus allen Himmelsrichtungen. Ich persönlich mag das nicht. Wenn ich hinter mir ein Geräusch höre, mit dem ich nicht gerechnet habe, greife ich unmittelbar zum imaginären Baseballschläger. Dennoch: Botschaften vermitteln sich besser mit emotionalem Soundtrack. Einen bevorstehenden Change-Prozess zu erklären, kann zunächst über Fakten und Daten stattfinden, die unsere kognitive Intelligenz ansprechen, aber emotionale Maßnahmen (Sprache, Bild, Sound etc.), die unsere emotionale Intelligenz beanspruchen, werden für emotionale Beteiligung und Spirit sorgen, und das wird jeden Prozess befördern. Es bringt Aufmerksamkeit, wenn Sie zum Beispiel den Moment und die Situation schildern, in der Sie erkannt und beschlossen haben, eine Veränderung durchzuführen, und es kann ungemein viel Erklärungsarbeit ersparen. Wenn Menschen Ihnen emotional folgen können, dann brauchen sie nicht mehr so viele faktische Informationen, sie verstehen die Dringlichkeit und die Notwendigkeit.

Ich benutze die Dramatik immer wieder in meinen Shows mit der Band. Wenn es gilt, etwas vorzubereiten, ein Thema, eine Überschrift, wenn ich will, dass sich die Zuschauer in eine bestimmte Situation versetzen, dann bitte ich meinen Keyboarder, einen Sound zu unterlegen, je nach Stimmung der thematischen Vorgabe. (Vorsicht mit der Lautstärke!) Eine Zeit lang haben wir im Theater, kurz bevor die Band hinausging, um die Show zu beginnen, einen tiefen, dunklen Ton erzeugt, nicht aufdringlich, aber wahrnehmbar, und gleichzeitig das Licht gedimmt. Es hat jedes Mal gewirkt, das Publikum ging den emotionalen Weg mit. Zuerst wurden die Gesprächsgeräusche im Zuschauerraum leiser, um dann ganz zu verstummen, und schließlich saßen irgendwann alle im Dunkeln, hörten einem tiefen Ton zu, und waren gespannt – die ideale emotionale Landschaft, um einen Abend zu eröffnen. Timing ist dabei ganz wichtig, denn wenn Sie diese Spannung zeitlich überziehen, fangen die Leute wieder an zu reden und der ganze Aufwand war vergeblich. Ich sehe ein, dass es nicht einfach ist, bei jedem Meeting eine Licht- und Soundshow abzuziehen, nur weil es etwas Wichtiges zu verkünden gibt, aber es hilft schon, wenn ein Vortragender sich erlaubt, die Stimme zu senken, leise zu werden, es spannend zu machen. Und ja, ich weiß, es spielt ein gewisses Risiko mit, lächerlich bemüht zu wirken, aber stellen Sie sich vor, wir Künstler machen das unser ganzes Leben lang. Wir machen uns entweder lächerlich oder unsterblich (im besten Fall). Jedes Mal ein neues Risiko und jedes Mal ein Gewinn, denn: Entweder es funktioniert, oder wir wissen, was wir nächstes Mal besser machen können. Es lohnt sich, sonst gäbe es ja keine Kunst mehr. Sie können das auch.

Emotionale Begleitung macht den Unterschied, und keinesfalls die Emotion selbst. Ein fataler Irrtum ist die mutwillig eingesetzte Emotion ohne Botschaft. Emotion, die nur sich selbst feiert, ohne Grundlage und ohne Ziel, ist unwesentlich. Wir erinnern uns an zahllose Betriebsfeiern, Abschiedsreden, Pensionsantrittsansprachen etc. Vortragende quälen sich durch Formulierungen. Eine jahrzehntelange Karriere, die voll mit Emotionen war, wird plötzlich durch Fakten und Zahlen beschrieben. Der Mensch verblasst hinter den Klischees und den höflichen Sprach-Vereinbarungen. Die Zuhörer wissen natürlich, wie es wirklich war, und erdulden dieses seltsame Spiel. Ein Vorgesetzter glaubt, er ehre den Betroffenen durch Allgemeinplätze, statt über eigene, persönliche Erfahrung mit der Mitarbeiterin oder dem Mitarbeiter zu sprechen. Wie die Zusammenarbeit empfunden wurde, was in Erinnerung bleiben wird, was beeindruckt hat. Stattdessen werden Sprachschablonen serviert und eine Art finales Zeugnis ausgestellt. Entsetzlich. Da ist es dann auch schon egal, dass der Name des so Geehrten ständig falsch ausgesprochen wird.

Wenn ich solchen Führungspersönlichkeiten in meiner Eigenschaft als emotionaler Unternehmensberater vorschlage, den Content ihrer Reden filmisch umzusetzen oder zu unterstützen, beispielsweise in Form eines Portraits des

Jubilars, konzipiert und hergestellt von Profis, habe ich schon öfter erlebt, dass sie empört ablehnen, denn das sei ja wohl zu unpersönlich (gemeint ist natürlich zu teuer). Nein, Unpersönliches wollen sie schon selbst erledigen, und dann werfen sie ihre oberflächlichen Kartei-Sätze ins leidend lächelnde Auditorium, das den zarten Duft des Buffets als nahende Erlösung empfindet.

Wenn Sie, werte Leserinnen und Leser, etwas zu feiern haben, einen Menschen, einen Anlass, ein Datum, erlauben Sie sich den emotionalen Zugang. Fragen Sie sich und andere, was Sie in diesem Zusammenhang berührt hat, welche Gefühle der Name, das Datum, der Anlass erzeugt. Wenn Sie dann statt einer Aufzählung von Zahlen, Daten und Allgemeinplätzen diese Gefühle präsentieren, egal wie, tun Sie sich und der Situation, Ihren Zuhörerinnen und Zuhörern, aber vor allem dem geehrten Menschen einen großen Gefallen. Ja, es ist ein Risiko, aber es kann niemals schaden, ein Gefühl zu beschreiben, solange Sie authentisch bleiben. Seien Sie mutig!

2. Das Drama der Botschaft

Das Drama einer Botschaft liegt in der Übertragung im prozessualen Sinn. Davon hängt die Aufmerksamkeit beim Empfänger ab und das beeinflusst auch die Interpretation. Botschaften müssen dramatisiert werden, Inhalte brauchen Geschichten, damit sie emotional aufgenommen, nachhaltig angenommen und zielgerecht angewandt werden können. Wenn der Inhalt der Botschaft feststeht, muss sofort die Arbeit an der emotionalen Übertragung beginnen.

Die archaische und nach wie vor wirksamste Art der Übertragung ist die mündliche Weitergabe. Das hat Geschichte. Ein Herrscher über Land und Leute erlässt ein neues Gesetz und schickt seine Boten aus, um es im ganzen Land verkünden zu lassen. Am Marktplatz haben sich alle zu versammeln und ohne vom Pferd zu steigen, lässt der königliche Bote das Volk erfahren, wie viel der Ernte die Untertanen dieses Jahr abgeben müssen. Dies in einer Sprache, die an die herrschenden Machtverhältnisse erinnern soll: distanziert, emotionslos, arrogant und vor allem ausweglos. Aber die Geschichte lehrt auch, dass sich irgendwann einer wehrt, nicht mehr mitmacht, den behaupteten Sinn infrage stellt und den Herrschenden entgegentritt. Und seine Ideen finden Zulauf von Gleichgesinnten. Die Geschichten des Widerstands und seiner Visionen von einer besseren Welt wurden aber nicht per Boten übermittelt, sondern in Form von Moritaten übers Land getragen. Gleiche Location, wieder der Marktplatz, ohne Pferd, aber mit Bildern, grafischen Darstellungen von Schlüsselerlebnissen. Da steht einer und singt über das Leben anderer und einige hören zu, weil es sie an ihr eigenes Leben erinnert, weil es sie berührt. Wer weiß, wie viele sich nach der Vorstellung des Moritatensängers und seinen Geschichten über die Gesetzlosen genau jenen angeschlossen haben, weil die Lieder sie emotional überzeugt haben, auch selbst aktiv zu werden.

Der Revolutionär nutzt die mündliche Botschaftsübertragung für seine Interessen und hält Reden vor seinen Leuten, motiviert, betreibt politische Schulung, beschwört den gemeinsamen Geist und die gemeinsamen Ziele. Er ist der Sinnvergeber – Lebensinhalt im Tausch für Loyalität. Und dabei ist er gut beraten, nicht so zu agieren wie der Bote, also keine hierarchische Distanz zu halten, sondern im Gegenteil die emotionale Nähe zu seinem Publikum zu suchen. Er wird sich mit seinen Mitkämpfern fühlbar auf eine Stufe stellen, ihre Sprache sprechen, ihre Gefühle teilen und Leidenschaft vermitteln. Er wird versuchen, seine Leute nicht nur inhaltlich, sondern vor allem emotional abzuholen. Doch der Revolutionär kann nur mitreißend sein, wenn er seine Botschaften dramatisiert, seine Lösungen sinnlich erfassbar macht und seinen Weg zu einer Geschichte macht. Er wirft die emotionalen Brennstäbe in den Kraftwerken seiner Kämpfer an, und es entsteht eine Kernreaktion, die für jene Kraft und Bereitschaft sorgt, die es braucht, um Großes bis Unmögliches zu leisten. Würde ein Leader versuchen, lediglich anhand von Fakten vorzurechnen, dass dieser Befreiungskampf vernünftig ist, weil es der Bevölkerung danach aufgrund von Prognosen rein mathematisch besser gehen wird, würde wahrscheinlich niemand mit ihm gehen. Die Kämpfer wissen genau, was sie an Gegenwehr erwartet, und die Angst wird nur durch das Charisma und das Vorbild ihres Leaders erträglich. Sie gehen mit ihm, weil sie an seine Vision glauben, an seine Führungsqualitäten, an seine leidenschaftliche Kraft. Er ist der Sinn, der ihnen in der Versklavung so gefehlt hat, er ist die Utopie, die plötzlich machbar erscheint, er ist der Vermittler einer Idee, für die es sich sogar zu sterben lohnt. Mit Todesverachtung zu kämpfen, an den Sieg zu glauben und nicht aufzugeben, das sind Tugenden, die sich durch Schriften und Aufrufe nicht dauerhaft aktivieren lassen, sondern nur durch den Sinn der Botschaft.

Die Botschaft ist deshalb auch in Unternehmen die tragende Säule des Außenauftritts, des Erfolgs und der inneren Stabilität. Loyalität, Teambildung, Motivation etc. sind Motoren für Produktivität und Innovation und leben von Botschaften. Ohne Botschaft lässt sich kein neues Produkt mehr am Markt etablieren, und die Botschaft macht den Unterschied zu anderen Angeboten. Ohne Botschaft fehlt es der Kommunikation an Kraft, sie ist das Lebenselixier einer Marke. Selbst ein noch so genialer Claim hat irgendwann seine Lebenszeit überschritten und muss erneuert werden, obwohl das Produkt das gleiche bleibt.

Bei manchen Unternehmen ist die Wichtigkeit der Botschaft noch nicht angekommen, sie warten damit, bis der unternehmerische Hut brennt und ihre Produkte nicht mehr gekauft werden, weil sie keine oder veraltete Botschaften versenden. Von der leichtfertigen bis arroganten Sorglosigkeit geht es dann direkt ins Krisenmanagement, und plötzlich wird die Botschaft ganz wichtig. Unter panischem Zeitdruck wird schnell eine Strategie zusammengebastelt, mitunter kontraproduktiv, weil offen erkennbar ein verzweifelter Schnellschuss. Die Falle der Verteidigungshaltung wartet offen und gierig auf ihre Opfer und das Auditorium der Konsumenten zeigt Daumen runter. Dabei wäre es so einfach. Ein Unternehmen oder eine Organisation, die sich beizeiten um eine emotionale Basis und seine Botschaftssicherheit kümmert, verfügt über Gerüst und Werkzeug, wenn es rasch und wirksam auf veränderte Situationen reagieren muss. Wer gezwungen ist, dieses Gerüst erst dann aufzubauen, wenn die Maßnahmen schon notwendig geworden sind, kommt meistens zu spät und die Maßnahmen leiden unter Unglaubwürdigkeit.

Wird eine Marke eingeführt, geht kein Weg an der emotionalen Positionierung vorbei, Fakten allein würden das Produkt kaum bzw. gar nicht im gewünschten Zeitraum etablieren können. Zum Beispiel: »Red Bull hat die konzentrierte Koffeinkraft von zehn Espresso-Einheiten« hätte nie so funktioniert wie: »Red Bull verleiht Flügel«. Aber die Versinnbildlichung hat ihre Grenzen, die Botschaft wird unterschiedlich gelesen. Red Bull wurde in den USA geklagt, weil jemand nach jahrelangem Genuss des Getränks keinen steigernden Effekt verspürt hatte. Die Absurdität dieser Klage macht uns klar, wie groß die kulturellen, ja sogar die juristischen Unterschiede im Verständnis von Botschaften sind. Mein Unternehmen »Sinnmacht« hat eine Botschaft, die im Titel liegt: Sinnmacht. Wir denken zwar, das ist selbsterklärend, werden aber nicht müde, unsere Botschaft vom Sinn der Zusammenarbeit von Wirtschaft und Kunst zu kommunizieren, von gemeinsamen Werten und guten

Gefühlen. Seltsamerweise gibt es nicht wenige Unternehmen, die überhaupt keine Botschaft haben, weil sie der Meinung sind, keine zu brauchen. Große Unternehmen, die global tätig sind, verantwortlich für Tausende von Arbeitsplätzen, wissen nicht, wofür sie stehen, und glauben auch nicht, dass es notwendig ist, einen emotionalen Standpunkt zu erarbeiten und diesen zu kommunizieren. Freilich, ist die Krise da, entlarvt sich dieser Irrtum schnell und rächt sich bitter. Das Fatale dieser Situation: In der Krise wird das Botschafts-Vakuum mit genau jenen Inhalten gefüllt, die das Unternehmen jetzt als Letztes braucht: Veröffentlichung der Krise, Mutmaßungen über die Hintergründe, persönliche Schuldzuweisungen, Analysen von außen, mediale Ratschläge, bis hin zu Rücktrittsforderungen auf Titelseiten von Billigzeitungen. Ein Unternehmen muss reagieren können, zielsicher und schnell, und nur ein gut gefülltes emotionales Kreditkonto kann das leisten. Ohne diese Rücklagen wird in Schockstarre wertvolle Zeit vergeudet, werden sich die Kräfte nicht sofort in dem Maße mobilisieren lassen, wie es jetzt notwendig wäre, und alles kostet Geld.

War ein Unternehmen bisher nur präsent, ohne zu zeigen, wofür es steht, dann darf es sich nicht wundern, wenn diese weißen Flecken auf seiner emotionalen Landkarte in der Krise mit negativen Emotionen und Botschaften besetzt werden, von innen und von außen. Ab da kann es sich nur noch rechtfertigen, Versprechen abgeben und Besserung geloben. Das ist demütigend, mühsam, verwirrend und für die Unternehmenskultur ein schwerer Rückschlag. Aber vor allem ist es unnötig, weil die Fehler schon lange vorher passiert sind. Eines steht fest: Es gibt kein krisengeschütztes Unternehmen, keine ungefährdeten Märkte mehr, weder Versicherung noch Consulter, weder Controller noch Astrologen können ein Unternehmen, eine Branche oder ganze Märkte vor Krisen schützen. Veränderung ist Teil des unternehmerischen Alltags geworden – ein Dauerzustand.

Die emotionale Beschaffenheit eines Unternehmens sorgt einerseits für Prävention von unnötigen Krisen und andererseits für gutes Krisenmanagement in Situationen, die sich nicht verhindern lassen. Angesichts der Tatsache, dass internationale Börsen hochsensibel auf simples »Hörensagen« reagieren, dass Gerüchte für enorme Kursstürze, aber auch für Spitzenwerte sorgen, ist es erstaunlich, wie wenig mit diesen emotionalen Instrumenten in der Wirtschaft umgegangen wird. Will ich Möbel verkaufen, kann ich Hard Selling betreiben und Preisnachlässe trommeln, ich kann aber auch das Gefühl kommunizieren, wie es ist, wenn ich auf dieser Couch sitze, in diesem Bett liege. Mal sehen, was mehr verkauft. Botschaften können wir entwickeln und emotional übersetzen, zweckmäßig einsetzen, kontrollieren und nutzen. Geführte Botschaften statt Zufallsmarketing.

Wenn ein Kulturunternehmen, etwa ein Theater, seine Botschaften durch Plakat-Kampagnen, Anzeigen etc. pflegt, wird es mit Aufmerksamkeit belohnt, die zu gesteigertem Umsatz führen kann. Nichts ist gefährlicher für ein Theater, eine Oper, ein Museum als die Emotion der Gewohnheit beim Konsumenten. Etwas, das immer zur Verfügung steht, wird irgendwann nicht mehr geschätzt, das Gleiche gilt für Erfolg. Kulturunternehmen stehen unter enormem Druck, sich ständig selbst neu erfinden zu müssen, und das ist auch richtig so. Es ist die Vielfalt des Angebots bei verlässlicher Qualität, die einerseits für Kontinuität und Umsätze sorgt, aber andererseits auch für das Experiment in seiner Einzigartigkeit, mit dem man sich von Mitbewerbern zu unterscheiden trachtet. Ein Versuch ist es immer, denn die dauerhafte Garantie auf Publikum (Konsumenten) gibt es nicht, es will jedes einzelne Mal, an jedem einzelnen Abend, neu erobert werden, damit es wiederkommt. Umsatzprognosen für Kulturunternehmen sind problematisch, wenn wir mal vom Abo-System absehen, und selbst das wird gern als programmatisches Druckmittel eingesetzt, wenn das Angebot nicht gefällt. Ein Kulturunternehmen zu etablieren, läuft ausschließlich über seine jeweils jüngsten Produktionen, es gibt kein Ausruhen auf vergangenen Erfolgen. Als Letztes musste das Genre Musical diese schmerzhafte Erfahrung machen, so wie vor ihm die Operette in Europa, das Vaudeville-Theater in Amerika und die Pawlatschen in Wien, überaus beliebte kleine Bühnen in den Gastgärten Wiens des ausgehenden 19. Jahrhunderts, auf denen Volkstheater gespielt wurde.

Die Tatsache, dass Kulturunternehmen Produkte verkaufen, die immer direkt und eng an Persönlichkeiten gebunden sind (Autoren, Schauspielerinnen, Regisseure etc.), erleichtert die Aufgabe der Botschaftsvermittlung einerseits, weil es sie persönlich macht, und behindert sie andererseits aus den gleichen Gründen. Ein Theater als Organisation wird immer an der medialen Präsenz seiner Stars interessiert sein, allerdings nur bei positiver Berichterstattung. Horror-Geschichten über Alkohol- oder Drogensucht sorgen zwar für großes mediales Interesse, Wahrnehmung und Aufmerksamkeit, reduzieren aber emotional die Verlässlichkeitserwartung des Konsumenten und erschweren somit den Verkauf. Die Variabilität der darstellenden Kunst, das Beste aus allen Gattungen, das Vermögen, sich selbst ständig neu erfinden zu können, und der ganz persönliche Zugang, all das ist darauf ausgerichtet, den Konsumenten zu interessieren und zu erregen. Hat man endlich eine Hit-Show und nimmt die Begeisterung für ein Produkt jene virale Eigendynamik an, die erwünscht und gebraucht wird, für die wir forschen und arbeiten, dann ergibt sich daraus die wichtigste emotionale Gage für die beteiligten Menschen und für die Organisation Theater: Anerkennung. Früher war das einmal eine gute Rezension in der Presse, heute eher unwesentlich, ein Relikt, mehr mediale Selbstbehauptung als partnerschaftliche Kulturarbeit. Und das persönliche, emotionale Gespräch, in dem die Konsumentin eine Vorstellung, eine Show empfiehlt, findet immer weniger statt, Begeisterung muss handyfähig sein – Emoticon-Applaus. Jetzt sind es die Social-Media-Plattformen im Internet, in denen sich verbreitet, ob eine Show ihr Geld wert ist oder nicht, oft noch während der Vorstellung. Tweet in b-Moll. Das habe ich auch erst lernen müssen, dass jemand, der im Zuschauerraum in sein Smart Phone reintippt, nicht unbedingt desinteressiert sein muss, es kann vielmehr genau das Gegenteil bedeuten, dass er oder sie sofort an alle weiterleiten will, wie geil die Show gerade ist. Personal-emotional-Marketing, pures Platin für Produzenten und Künstler. Dann wirkt jedes Posting wie ein Muss für potenzielle Konsumenten, diese Produktion auch erleben zu wollen, ja zu müssen. Hier kommt die berühmt-berüchtigte Aversions-Furcht zum Tragen, einen Vorteil zu verpassen, nicht dabei zu sein. Als Motivation zum persönlichen Energieeinsatz emotional viel stärker als die positive Aussicht, etwas zu gewinnen oder irgendwo dabei zu sein. Angst schlägt Freude. Das nimmt mittlerweile Formen an, die bislang unvorstellbar waren. Der derzeit erfolgreichste Prediger in Amerika, Joel Osteen, ließ sich für fast 100 Millionen US-Dollar eine Kirche bauen, die Platz für 16.000 Leute hat. Das Verkaufssystem läuft so, dass Ticket Nr. 1 lediglich einen Dollar kostet, das zweite kostet zwei Dollar, das dritte drei und so weiter, bis zum Schluss bis zu 20.000 Dollar und mehr für ein Ticket gezahlt werden, oft von großen Unternehmen für ihre Mitarbeiter oder Partner. Die göttliche Botschaft im Yield-Management.

Die Variationen, die Interpretationen, in denen auf Theaterbühnen Klassiker präsentiert werden, sind so unerschöpflich wie der menschliche Geist, aber noch lang kein Garant für Erfolg. Es spielen Zeitgeist, wirtschaftliche Situation, Moden und Medien eine ebenso große Rolle beim Konsumenten wie dessen eigener intellektueller Zugang oder individuelle geschmackliche Belastbarkeit. Ideen können bald erschöpft sein, Wiederholungen langweilen, es kommt zu Marktsituationen, in denen die werkgetreue Interpretation eines Klassikers bereits wieder Innovation darstellt. Das Publikum ist ständig in Bewegung – man darf es nie aus den Augen verlieren. Emotionale Marktforschung. Die Botschaft ist wie ein Echolot, man setzt sie ein, und anhand der Reaktionen weiß man, wo man steht, so man sie deuten kann. Es geht um intuitives Marketing. Claus Peymann, Ex-Burgtheater-Direktor, konnte das. Kurz vor seinen Bernhard-Premieren hat er gern mal das eine oder andere provokante Bonmot über Wien, die Politik oder die Österreicher fallen lassen, und schon war die Aufregung groß und die Berichterstattung kontrovers, aber intensiv. Der Entertainment-Markt, auf dem wir alle anbieten, von der Lesung bis zum Open-Air-Festival, hat seine eigenen Gesetzmäßigkeiten und reagiert auf emotionale gesellschaftliche Bewegungen. Es ist sehr kompliziert, das Publikum vorauszulesen, zu bestimmen, was wohl als Nächstes angenommen und gefeiert werden wird, wir können nur die bestmögliche Qualität anbieten und hoffen. Natürlich gibt es Indikatoren, vorausgesetzt, wir können sie lesen und übersetzen. Sind vielleicht Re-Runs gerade erfolgreich, Neu-Inszenierungen von altbekannten Stücken und Werken, kaufen die Leute lieber Karten für eine weitere Version von »Jesus Christ Superstar«, als sich auf einen vollkommen neuen Stoff oder ein neues Musical einzulassen. Das bedeutet dann wahrscheinlich, dass unser Kundenpotenzial zurzeit auf Nummer sicher gehen will, nichts riskieren will in einer Zeit, in der das ganze Leben voller Risiken ist, es verlangt Entertainment-Garantie. Dies geht oft einher mit gewissen wirtschaftlich-sozialen Situationen, in denen Unsicherheit entweder real besteht oder als Hype inszeniert wird. So weit, so gut, wäre da nicht der Planungsvorlauf. Kulturmanager und Produzenten müssen solche Entwicklungen vorausahnen, sie sollten imstande sein, von der derzeit herrschenden emotionalen Situation auf die noch zu entwickelnde zu schließen, um zu entscheiden, welche Strategie verfolgt wird und welche Angebote erarbeitet werden.

In Unternehmen, in denen der Unternehmenssinn weder allabendlich noch öffentlich gefeiert wird, kann sich ein Energie-Vakuum entwickeln, wenn die emotionale Gage vorenthalten wird. Das kann nur in einer entsprechenden Unternehmenskultur aufgefangen und repariert werden. In einer Kultur, für die der Erfolg nicht selbstverständlich ist, sondern immer das Werk von Menschen, die man dafür feiern muss. Für die handelnden Persönlichkeiten gilt der Grundsatz, dass jede Botschaft, ob aus der Organisation oder als Meinung des Individuums, wichtig für das emotionale Gefüge und die inhaltliche Ausrichtung der (Unternehmens-)Kultur ist. Ohne klar erkennbare und ausformulierte Botschaften ist es schwer für alle Beteiligten, die Philosophien, Perspektiven und Handlungsweisen anzunehmen und umzusetzen. Wofür steht das Unternehmen? Es ist eben nicht die Materialqualität von Sportschuhen oder Sportkleidung, die Konsumenten dazu bewegt, zu kaufen, sondern die emotionale Botschaft, der Claim. Als Konsument habe ich einen Mehrwert, weil ein »Just do it!« mit seinen Geschichten nicht nur für mein Training, meinen frühmorgendlichen Run oder meine Stunde Yoga gilt, sondern im besten Fall für mein ganzes Leben, für meine Projekte und Vorhaben. Diese Marken-Attraktivität wäre mit der Kommunikation über die chemische Zusammensetzung der Produkte niemals erzielbar.

Im privaten Umgang nutzen wir die Macht der Botschaften ebenso, vielleicht ohne es zu wissen, wenn wir per Social Media unsere Meinungen zu allen möglichen Themen veröffentlichen, samt entsprechenden Botschaften dahinter. Aus der Summe der Veröffentlichungen ergibt sich das Image, die Reputation, der Ruf und auch der kommerzielle Nutzwert eines Menschen/Users. Das kann natürlich nach hinten losgehen, wie viele junge Menschen lernen müssen, wenn sie sich in Recruiting-Prozessen und bei Job-Interviews mit ihrer digitalen Vergangenheit konfrontiert sehen und hochroten Gesichts etwas von Jugendstreichen stammeln. Das führte dazu, dass jetzt viele Junge vor dem Einstieg ins Berufsleben ihre Identitäten auf diversen Social-Media-Plattformen sicherheitshalber löschen.

Noch kraftvoller in der Übertragungsqualität sind natürlich unsere Handlungen. Nichts ist glaubwürdiger als eine gelebte Botschaft. Wenn Ärzte, die in ihrem wohlverdienten Urlaub einen Monat lang mittellose Patienten in Afrika gratis behandeln, in Vorträgen Themen wie Ethik und soziale Verantwortung ansprechen, genießen sie größte Glaubwürdigkeit und erhöhte Aufmerksamkeit. Gelebte Botschaften wie diese werden immer mehr zum persönlichen und organisatorischen Asset im wirtschaftlichen Raum, etwa bei der Besetzung von Management-Positionen, weil es auf Leadership-Qualitäten, soziale Verantwortung, Teamfähigkeit und vieles mehr schließen lässt und eine zusätzliche emotionale Dimension bei der Entscheidungsfindung verspricht.

Manager werden für ihre Entscheidungen bezahlt, gefeiert und gefeuert. Wenn wir Botschaften vermitteln wollen, wenn wir etwas zu sagen haben, dann ist es immer eine gute Idee, uns selbst zu überprüfen, ob denn unsere Handlungen auch unseren Botschaften entsprechen. Ob wir wollen oder nicht, wir alle haben leidenschaftliche Botschaften, die wir, bewusst oder unbewusst, transportieren. Die meisten von uns glauben an etwas, manche haben eine Vision, einige sogar eine Mission, und es ist ratsam, sich mit seinen Botschaften zu befassen, sie als solche anzunehmen und ständig zu überprüfen. Eine routinierte Botschaft, die nichts anderes mehr ist als eine Hülle, die im Loop ständig wiederholt wird und schon lange nicht mehr den gelebten Realitäten entspricht, ist sowohl für ein Individuum als auch für eine Organisation gefährlich. Es drohen Reputationsverlust und Unglaubwürdigkeit, beides Leadership-Killer. Eine Führungspersönlichkeit, die von ihren Mitarbeiterinnen gewisse Werte und entsprechendes Verhalten erwartet, etwa im Umgang mit Kunden und Partnern, aber sich selbst erlaubt qua ihrer Position diese Botschaften zu ignorieren oder gar zu konterkarieren, weil sie ungeduldig und unfreundlich mit ihren Mitarbeitern umgeht, wird sich nur schwer halten können. Das Gleiche passiert, wenn auf bestimmten Ebenen eines Unternehmens schmerzhafte Cuts und Einsparungen durchgeführt werden, während auf anderen Ebenen neue Positionen erfunden und Leute dazuengagiert werden. Hier ist es angeraten, genau darauf zu achten, dass die Gründe und Notwendigkeiten dieser Vorgänge im Sinne des Unternehmensauftrags genug erklärt und kommuniziert werden. Wenn die Vorstandsmitglieder neue Luxuskarossen erhalten, aber den Mitarbeitern der Zuschuss für die öffentlichen Verkehrsmittel gekürzt wird, dann ist das eine tickende emotionale Zeitbombe, die genau dann detoniert, wenn das Unternehmen jeden loyalen Mitarbeiter dringend braucht, wie etwa in einer Krise. Im Gegensatz dazu ist der Verzicht auf das nächste Dienstwagen-Upgrade, der mit der wirtschaftlichen Situation des Unternehmens begründet wird, eine Solidaritätserklärung und ein Werte-Manifest. Es wird mit Sicherheit registriert und in emotionaler Währung zurückgezahlt. Die Schlucht zwischen Ansprüchen und Erwartungen an die Mitarbeiter und dem eigenen Handeln und Denken wird sich zunächst in der Unternehmenskultur und ultimativ in Zahlen niederschlagen und schließlich zu persönlichen Karriereeinbußen führen. Daher ist es Teil einer Leadership-Funktion, egal ob im Unternehmen, in der Familie, in der Beziehung oder in privaten Organisationen, sich selbst in Bezug auf seine Botschaften ständig und rücksichtslos zu überprüfen. Hier ist Mentoring One on One sehr ratsam. Die eigene Überzeugung überprüfen, die richtige Übersetzung in das konkrete Arbeitsgebiet finden, das richtige Maß und die richtige Vermittlung. Es geht um Integrität.

Ich bin proletarisch aufgewachsen und früh in meiner Sozialisierung sehr politisch erzogen worden, ich bin mir meiner leidenschaftlichen Botschaften bewusst. Was mir dagegen lange nicht bewusst war, ist die Wichtigkeit des richtigen Maßes. Es gab zum Beispiel unnötig viele Abende im Theater mit »Goebel & Band«, an denen ich meinen Botschaften zu einer gerechteren Gesellschaft oder zu einer breiten und aktiven Solidarität gegen Korruption viel zu viel Zeit und Raum auf der Bühne gegeben habe. Ich habe meine Position missbraucht und meine Konsumenten ignoriert, indem ich egozentrisch auf meine Botschaften bestanden habe, statt zu bedenken, was mein Publikum will, und eine adäquate Form und Intensität dafür zu finden. Ich plädiere dezidiert nicht für das Verschweigen von persönlichen Überzeugungen zugunsten des Entertainment-Faktors. Niemand soll sich verleugnen oder verraten, um das Publikum ja nicht zu irritieren. Im Gegenteil, ein gesundes Maß an Irritation ist sogar empfehlenswert und gut für die persönliche emotionale Hygiene, im Idealfall als formatimmanente Botschaftsvermittlung eigener Werte, in meinem Fall humoristisch verpackt oder als Song präsentiert. Aber das ist eben auch sehr schwer, die Meisterschaft quasi. Ich habe mich damals in viel zu langen gesellschaftspolitischen Monologen und selbstgefälligen Schmähungen verurteilter Wirtschaftsbosse und Politiker gesuhlt und mir darin gefallen – und damit die eigentliche Funktion und ursprüngliche Botschaft des Abends schändlich verraten, die da heißt: Entertainment, Entspannung und *gute Gefühle*. Das muss nicht mit Qualitätsverzicht oder Inhaltsleere zusammenhängen. Es ist durchaus angesagt, sein Publikum auch zu fordern, aber nie, es zu vergewaltigen, nur weil die Zuschauer in ihren Sesseln mehr oder weniger gefangen sind, weil es mühsam und auffällig wäre, mitten in der Show aufzustehen und zu gehen. Nicht, dass es nicht trotzdem vorgekommen ist, mehrmals sogar und mitunter von lauten Protesten begleitet, so etwas ist immer unangenehm und störend. Auch hier gilt: Im Maße liegt die Antwort. Und Antworten erhalten wir, wenn wir Fragen stellen. Also sollten wir uns selbst regelmäßig infrage stellen, um keine wichtigen Antworten zu verpassen. Kann schmerzhaft sein, aber nie unnütz.

Für den persönlichen Umgang mit Botschaften und ihren Geschichten empfehle ich die Künstler von STS, die Poeten des Austropop, die in ihrem großartigen Song »Großvater« folgende Philosophie anbieten:

»Z'erst überleg'n, a Meinung hab'n, dahinterstehn.
Niemals Gewalt, alles bered'n
Aber auch ka Angst vor irgendwem.«

3. Das Sinn-Büro

Das künstlerische Betriebsbüro ist die Jammerecke des Theaters, dort kommen alle hin, die etwas zu jammern haben. Der Star eines Musicals etwa will mehr spielfreie Abende, er verdient genug, aber er braucht mehr Zeit für sich, während die Swings (Profis, die alle Rollen im Ensemble beherrschen und stets für den Fall des Falles bereitstehen, ein absoluter Knochenjob) mehr Vorstellungen spielen wollen, weil sie wiederum genug Zeit haben, aber mehr verdienen wollen. Unterschiedliche Interessen, aber beide fordern. Es braucht starke Persönlichkeiten in diesem Büro, Menschen, die Menschen verstehen und über eine gewisse Legierung aus Wissen, emotionaler Kompetenz und unternehmerischer Disziplin verfügen. Sie sind die Kadis für interne Streitigkeiten, bilden eine Pufferzone zwischen den Hierarchien und sind die zentrale Meldestelle für alle seismografischen Bewegungen in der Unternehmenskultur. Dazu gesellen sich die organisatorischen Aufgaben von Vorstellungen, Besetzungen, Urlauben, Krankmeldungen, Proben und noch so unvorstellbar viel mehr – eben alles, was im Daily Business des künstlerischen Betriebsbüros vorkommt.

Aber nach meiner Erfahrung ist das Folgende die wichtigste und wertvollste Aufgabe: Die ständige Beobachtung der emotionalen Situation im Unternehmen, um auf bedrohliche Entwicklungen früh reagieren zu können und strukturelle Veränderungen vorzunehmen. Das gilt für Abläufe ebenso wie für emotionale Strukturen. Kein einfacher Job, da braucht es multitalentierte Menschen, empathisch, effizient und sehr geduldig. Schauspieler sind nun einmal hoch emotionale Wesen und tragen ihre Begehren in vielen Fällen auch so vor, das ist dem emotionalen System innewohnend und lässt sich nicht so ohne Weiteres abstellen. Gut, es hat auch oft damit zu tun, dass gewisse dramatische Persönlichkeitsstrukturen in der Kunst ihre Entfaltungsmöglichkeiten finden und nicht auf andere Hobbys ausweichen müssen wie Serienkiller oder so. Dies an all jene, die uns so gern mit dem Klischee langweilen: »Ach, ihr Schauspieler … könnt ja nie aufhören zu spielen …«. Die Antwort ist: »Ja, und sei froh …, bitch.« Es ist ganz und gar nicht so, dass wir immer spielen, aber wir beobachten ständig, uns selbst und andere. Wir registrieren, wir speichern, wir sind gierig auf Leben. Wir stellen durchaus Situationen her und treiben das Leben mitunter auf die Spitze, weil wir wissen wollen, wie wir und andere darauf reagieren. Vielleicht vermittelt sich das als ewiges Spielen, es steckt aber existentielle Professionalität dahinter. Außer bei Leuten, die nicht an sich glauben oder sogar wissen, dass sie bei der Berufsangabe bluffen, die wollen sich lediglich vor privatem Publikum beweisen.

Die ständige Beobachtung des wilden Meeres von

Menschen, die miteinander arbeiten, das ist die Aufgabe des künstlerischen Betriebsbüros, dieser Radarzentrale, die auch jedes Unternehmen haben und pflegen sollte. Sie lotsen, sie warnen, sie geben Signalton. Die Besetzung dieser Position ist eine hochsensible Angelegenheit, dabei ist größte Vorsicht geboten. Machtorientierte Menschen haben in dieser Funktion ebenso wenig zu suchen wie Borderline-Persönlichkeiten. Das Verführerische von Menschen mit psychischen Störungen wie etwa dem Borderline-Syndrom, und ich schreibe das aus wissenschaftlicher Perspektive und ohne moralisches Urteil, ist es ja gerade, dass sie über große Empathie und Einfühlungsvermögen verfügen, sich in Menschen hineinversetzen können und die richtigen Worte finden, um ihre Interessen und Ziele zu verfolgen, wie etwa den reibungslosen Ablauf der täglichen Vorstellungen in einem Theater. Aber sie glauben allzu gern, dass sie die emotionale Kontrolle im Unternehmen haben und inszenieren ihre private Telenovela. Da kann es vorkommen, dass der vorschriftsmäßig ausgefüllte Urlaubsschein eines Ensemblemitglieds verschwindet und der Schauspieler heftigen Ärger mit seinem Intendanten bekommt, weil er nicht spielen kann. Es fliegen die Fetzen, während das Stück Papier, das alles aufklären könnte, in irgendeiner Lade der zuständigen Kraft liegt, die sich die dramatischen Entwicklungen aus der ersten Reihe fußfrei anschaut und wahrscheinlich sogar genießt. Solche Falschbesetzungen können ungeheuer viel Unheil in einem Unternehmen anrichten, und eine Unternehmensführung, die solche Zustände akzeptiert, hat sich den Verfall ihrer Kultur selbst zuzuschreiben. Machtbesessene, psychisch gefährdete, charakterschwache Personaler sind wie Pyromanen, die zum Feuerwehrhauptmann gemacht werden: Sie nutzen ihre Position, um Feuer zu entfachen, das sie dann löschen können, sie provozieren Unruhe, statt sie zu verhindern, sie spielen Menschen in einer Art »Soap Office Opera«, an der sie auf Kosten des Unternehmens ihre ganz persönlichen neurotischen Bedürfnisse befriedigen. Casting – eine sehr sensible Angelegenheit, on und off stage.

Hat die Theater- oder die Firmenleitung jedoch eine Idealbesetzung gefunden, vielleicht unter Beiziehung eines psychologisch ausgebildeten Beraters, dann wird diese Position zur Schlüsselstelle der emotionalen Situation im Unternehmen. Und so wie bei jedem Krankenhausbau bereits in seiner architektonischen Planung die Mitarbeit von Vertretern jener Berufsgruppen eingebunden sein sollte, die später dort arbeiten werden, so wie moderne Veranstaltungshallen sich nach den Wünschen des Publikums vor der Bühne und nach den Bedürfnissen des Personals auf und hinter der Bühne richten sollten, so sollte jedes Unternehmen seine emotionale Architektur überprüfen. Es ist von Vorteil, sich ein emotionales Betriebsbüro zu leisten, um Kommunikationskanäle im Fluss zu halten, um Info- und Übersetzungsarbeit zwischen den Bereichen und Hierarchien zu leisten und vieles mehr. Das »Emo-Büro« arbeitet an der Seele des Unternehmens, es sorgt für den produktiven Einsatz jener Emotionen, die im und durch das Unternehmen freigesetzt werden. Ein Frühwarnsystem für Krisen wie Burn-out, Mobbing und Ähnliches zu installieren, ist deshalb sehr empfehlenswert. Es ist Abgabestelle und Sammelbank für alles Kreative im Unternehmen, jeder Vorschlag, jeder Gedanke, jede Verbesserung wird dokumentiert und kommuniziert. Emotionaler Empirismus, wenn Sie so wollen.

Es geht um Vertretungspolitik. Im Theater müssen sich die Künstler auf ihre Vertreter verlassen können, die für sie in den Meetings der Leading Teams und des Managements sitzen und ihre Agenden vertreten. Es ist für die Künstler unmöglich, bei allen Sitzungen und Workshops dabei zu sein, weil sie sehr oft tagsüber proben und am Abend spielen müssen. Also brauchen sie ihre Vertreter, die zum Beispiel darauf achten, dass die Vorgaben des Managements nicht die Kapazitäten der Künstler und/oder der Technik überschreiten. Andererseits müssen die Künstler selbst informiert werden, was das Unternehmen vorhat, was es in die Partnerschaft mit seinen Mitarbeitern investiert und was es im Gegenzug von ihnen erwartet. Der unveröffentlichte emotionale Klassenkampf im Unternehmen, ein zersetzender Virus, den man nicht erkennt, ist oft die Folge von Informations- und Kommunikationsmangel.

Stellen Sie sich folgende Situation vor: Das Ensemble einer Theaterproduktion, der es wirtschaftlich nicht besonders gut geht, wird vor der Vorstellung zu einem Meeting auf die Hinterbühne gebeten und ein Mitarbeiter aus dem Management erscheint und legt sofort los. Er schildert, welche Maßnahmen von der Unternehmensleitung in Reaktion auf die ungünstige Lage beim Ticketverkauf geplant sind, von Tanzeinlagen in Shopping-Centern über Promotion-Auftritte im Samstagabend-TV bis zum Harlem Shake auf YouTube, um die wirtschaftliche Situation in den Griff zu bekommen bzw. zu reversieren. An sich ist diese Offenheit der richtige Weg und der richtige Ansatz, aber oft sabotieren sich die handelnden Personen selbst und verlieren so wertvolle Botschaftskraft. Im konkreten Fall ging es um Sprache, Haltung, Philosophie. Dieser Herr hatte schlichtweg vergessen sich vorzustellen, entweder ging er davon aus, dass alle ihn ohnedies kennen (warum eigentlich?), oder (was schlimmer wäre) er hielt es einfach nicht für notwendig, dass Mitarbeiter erfahren, wer ihnen gerade eine Botschaft übermittelt, schließlich ging es um Inhalte und nicht um Etikette. Falsch! Was passiert? Ein unbekannter Mensch wurde mit Macht ausgestattet, die ein ganzes Ensemble vor der Vorstellung zu einem Meeting zusammenkommen ließ, hatte Botschaften von »oben« und verkündete diese. Ein wenig wie der Bote des Fürsten, der am Marktplatz vom Pferd herab etwas verliest. In so einer Situation entsteht sofort ein emotionales Vakuum bei den Angesprochenen, eine Verunsicherung darüber, warum sie es offenbar nicht wert sind, dass diese Person sich bei ihnen vorstellt. Das hilft der emotionalen Botschaftsvermittlung überhaupt nicht. Aus dem emotionalen Hohlraum entsteht letztlich Aggression und diese überträgt sich unwillkürlich auf die Inhalte der Botschaft, die jetzt ebenso argwöhnisch betrachtet werden wie das Benehmen des Botschaftsvermittlers.

In diesem Zusammenhang möchte ich ganz klar eines festhalten: Ein guter Manager hat nicht unbedingt die Kunst der Kommunikation so zu beherrschen, wie er seine unternehmerischen Fähigkeiten beherrscht. Wenn jemand beides draufhat, ist es ein großes Glück, und ja, es gibt sie, diese Meister beider Künste, aber sie sind dünn gesät. Und so machen kluge Führungspersönlichkeiten das, was sie, immer machen, wenn sich Bedarf auftut: Sie holen sich Fachpersonal. Einen Emotionsfachmann oder eine Fachfrau, der oder die sich mit den Inhalten auseinandersetzt, die daraus entstehenden Botschaften überprüft und für friktionsfreie Übermittlung sorgt. Es gibt sie, sie sind teuer, aber sie wirken. Um Missverständnissen vorzubeugen: Ich plädiere nicht für »Schlussmacher«, professionelle Bad-News-Überbringer, die dafür bezahlt werden, dass sie wie Berater ins Unternehmen kommen und der Mannschaft die schlechten Nachrichten überbringen, damit sich die wahren Verantwortlichen raushalten dürfen und den Betroffenen nicht in die Augen sehen müssen. Ich spreche von emotional kompetenten Führungspersönlichkeiten, die sich vorbereitet haben. Optimal ist es immer noch, wenn der oder die Big Boss den Job persönlich übernimmt und erklärt, Mut macht, inspiriert und die Gemeinschaft einschwört. Das können nicht viele, ich kenne ein paar, und es macht Spaß, mit ihnen zu arbeiten.

Ein weiteres Büro, das ich vielen Unternehmen neben dem Emotionsbüro vorschlagen möchte, ist: das Sinn-Büro. Es geht am Ende immer um den Sinn, um die emotionalen Anforderungen, die zur Sinnfindung und Sinnpflege führen, damit gute Unternehmenskultur zu Produktivität, Stabilität und Wachstum führt. Die Forderung nach institutioneller Sinnpflege ist vielleicht heftig, aber das waren vier Wochen bezahlter Urlaub als Forderung auch irgendwann einmal, so wie der Betriebskindergarten oder weiterlaufende Bezüge im Krankheitsfall. Neue Errungenschaften fangen stets mit einer Idee an. Fortschritt braucht Vision und Vision braucht Mut. Im Sinnbüro werden ständige Evaluierungen des Denkens und Handelns im Unternehmen vorgenommen, Ideen, Pläne und Vorhaben werden aus der Sinn-Perspektive geschmiedet oder begutachtet, und sie müssen nicht unmittelbar mit dem Unternehmensauftrag zu tun haben. Marktanalysen und Maßnahmen, Change-Prozesse, Employer Branding, Talent-Management und natürlich die Unternehmenskultur, alles wird durch das Sinnbüro begleitet und bereichert.

Wer arbeitet im Sinnbüro und wie sieht diese Arbeit aus? Dem ersten gedanklichen Anlauf zu folgen und zu sagen, dass dort Menschen agieren, die nichts mit dem Unternehmen, ja vielleicht sogar nichts mit unternehmerischem Denken zu tun haben, um einen möglichst breiten Horizont zu gewährleisten, wäre der falsche Weg. Es geht um unternehmerische Ziele und Aufgaben, daher ist es im Gegenteil sogar absolut notwendig, dass hier Persönlichkeiten agieren, die unternehmerische Strukturen begreifen und imstande sind, in unternehmerischen und wirtschaftlichen Dimensionen zu denken und zu handeln. In gleichem Maße dürfen diese Strukturen und Dimensionen die sinnorientierte, emotionale Arbeit aber nicht korrumpieren. Es geht um Antworten, um Perspektiven, um neue Strukturen und Denkweisen, intellektuelle Quereinstiege und Anti-Silodenken. Wir brauchen »Weltengänger«, Persönlichkeiten, die beide Welten kennen, die emotionale und die rationale, die gewohnt sind, sich in beiden zu bewegen. Menschen, die qua ihrer Persönlichkeit als Übersetzer, Brückenbauer und Vermittler fungieren. Die Rekrutierung kommt aus der Schnittmenge zwischen Künstlern, die sich um (ihre) wirtschaftlichen Agenden kümmern, und Wirtschaftstreibenden, die sich um emotionale Anliegen (im Unternehmen) kümmern. Wenn diese beiden Gruppen mit all ihrem Potenzial zusammenkommen, kann sehr viel Gutes daraus entstehen – in weit mehr als nur wirtschaftlichen Dimensionen. Ich bin hundertprozentig davon überzeugt, dass ein Sinnbüro in jedem Unternehmen, das die Wichtigkeit von Kultur und Sinnhaftigkeit versteht, ein echtes Asset sein wird und überaus wertvolle Dienste für die Unternehmensziele leisten kann.

Corporate Social Responsibility (CSR) war nur der zarte Anfang dieser Entwicklung und sie hat ihre beste Zeit noch vor sich. Warum? Konsumenten werden ihr Kaufverhalten (auch) nach diesen Werten richten und Unternehmen und Anbieter bevorzugen, mit deren Werten sie sich identifizieren können, während sie jene vermeiden, von denen sie nichts wissen oder Negatives erfahren. Und die Konsumentin der Zukunft wird alles erfahren, ALLES! Das Internet sorgt dafür. Zieht euch warm an! Es gibt sie bereits, die Unternehmen, die das leben. Mein Lieblingsbeispiel ist ZAPPOS, ein US-amerikanischer Handelsriese, der von Las Vegas aus operiert. Dort glaubt man fest an eine offene, freundliche und angstfreie Unternehmenskultur als stabilisierendes und gewinnorientiertes Asset. Sie haben zehn Gebote des Zusammenlebens, sie feiern Drei-Tage-Feste ihrer Kultur und sie glauben fest an den Spirit als emotionale Voraussetzung für Profitmaximierung und Stabilität. Dieses Unternehmen ist damit derartig erfolgreich, dass andere Unternehmen bereits ZAPPOS-Persönlichkeiten für Vorträge und Impulsreferate engagieren. Auf der Homepage des Unternehmens ist unter: »Wer wir sind« ein unaufwändig gemachtes Filmchen, das nichts anderes zeigt als Mitarbeiter, die im Unternehmen eine gute Zeit haben, tanzen, singen, lachen. Die gleichen Mitarbeiter, die für den außergewöhnlichen Service sorgen, den ZAPPOS-Kunden genießen und der für einen Stammkundenanteil von 75% sorgt. Ich kann mir vorstellen, wie Sie das jetzt mit Ihrem Unternehmen vergleichen und neidisch sind oder wie Sie sich vielleicht rechtfertigen, indem Sie meinen, dass so eine verspielte Kultur in Ihrem Unternehmen keinen Platz hat, weil es um andere Unternehmensinhalte geht, andere Zahlen, Umsätze und Strategien. Mag schon sein, aber 2009 kaufte Amazon das Unternehmen ZAPPOS für 1,2 Milliarden US-Dollar und ließ es klugerweise genauso weiterarbeiten wie bisher. Die Umsätze tanzen sich nach oben.

4. Geniale Entscheidungen

Viel zu lange konnte ein riesiger Irrtum sein Unwesen treiben, der da hieß: Gefühle behindern die vernünftige Entscheidungsfindung. Wir wissen jetzt mit der Sicherheit von vielen wissenschaftlichen Untersuchungen, dass es eine enge und unbedingte Zusammenarbeit zwischen kognitiven und emotionalen Vorgängen bei der Beurteilung von Situationen und Aufgaben gibt. (Siehe dazu im Anhang auch die Bücher von António Damásio, Gerd Gigerenzer und David Tuckett.) Entscheidungen werden von beiden Gehirnen getroffen, dem emotionalen und dem kognitiven. Als der portugiesische Neurowissenschaftler António Damásio 1994 sein bahnbrechendes Buch »Descartes' Irrtum« veröffentlichte, hatte er mit dem Schlimmsten gerechnet, wie er im Vorwort der jüngsten Auflage schreibt. Er erwartete harte Gegenwehr und Angriffe auf seine Erkenntnisse und Theorien, aber das Gegenteil geschah. Das Buch wurde ein weltweiter Bestseller und sein Inhalt bzw. seine Botschaft veränderten die Sichtweise auf Emotionen und ihre Rolle im menschlichen Verhaltenskosmos. Es öffnete den Emotionen als Dimension bislang verschlossene Türen der Neurowissenschaften und weitere Veröffentlichungen folgten, wie etwa Daniel Golemans »Emotionale Intelligenz« u. v. m.

Das Thema wurde auch von einem Publikum aufgenommen, das nicht auf Neurowissenschaften spezialisiert ist, und wird bis heute stark diskutiert. Internationale Institute und Laboratorien übernahmen Damásios Ansätze und Hypothesen, in denen es vor allem um den Zusammenhang zwischen Gefühl und Vernunft geht und wie Entscheidungen und Betrachtungsweisen aus dieser engen Zusammenarbeit entstehen. Wissenschaftlich gestützt wurden sie von Experimenten, in denen Damásio mit Patienten arbeitete, deren präfrontaler Kortex beschädigt war, also jener Teil des Gehirns, der in Verbindung mit der Amygdala, dem Gyrus Cinguli und dem lebenswichtigen Hypothalamus steht, die alle als Neurotransmitter für Emotionen zuständig sind. Diese Regionen erstellen kognitive und emotionale Bewertungen für sensorische Signale von außen, für das Gedächtnis, für intuitives Verhalten, und sie kontrollieren Überlebensmechanismen wie Angst und Kampfbereitschaft. Damásio appelliert an den bewussten Umgang mit den eigenen (hormonellen) Körperreaktionen als Basis bzw. flankierende Maßnahme zur Entscheidungsfindung und die allgemeine wie individuelle Akzeptanz und Wertschätzung von relevanten körperlichen Signalen. Diese nennt er »somatische Marker«, wenn physische Reaktionen auf die geistige Vorstellung von Entscheidungsmöglichkeiten und deren Konsequenzen erfolgen, die als Tendenzapparat unsere Entscheidungen wesentlich beeinflussen. David Tucker beschreibt eindrucksvoll in seinem Buch »Die verborgenen psychologischen Dimensionen der Finanzmärkte«, wie emotional beeinflusst die Entscheidungen der Verantwortlichen im

Finanzskandal 2008 waren, als sie sich weit mehr von den Vorstellungen des Erfolges ihrer seltsamen und wirtschaftlich völlig unvernünftigen Konstrukte haben leiten lassen als von unternehmerischer Vernunft. Die gleiche hormonelle Verblendung findet allnächtlich an den Hotelbars der Welt statt, wenn der Mann weiß, dass er eigentlich allein schlafen gehen sollte, ohne die Lady, die er gerade »zufällig« kennengelernt hat. Aber die Vorstellungen von dem, was sein kann, wenn er die Frau überzeugt, mit ihm die Nacht zu verbringen, und die flankierenden physischen Reaktionen auf diese Vorstellungen schicken offenbar unwiderstehliche Belohnungsstoffe in so manches Entscheidungssystem, sodass die Hormone Karneval feiern, während die Vernunft unter Hausarrest steht. Wenn dann die schwere Hoteltür hinter den beiden zufällt, ist das Schicksal besiegelt und die Lotterie beginnt. Am Ende verlieren alle. Ob ich meine Familie riskiere oder meine wirtschaftliche Existenz, es ist das gleiche Vorstellungsvermögen, das uns wider besseres Wissen falsche Entscheidungen treffen lässt. Es ist aber auch die gleiche Kraft, die uns zu Visionen und Utopien befähigt, die uns als Individuen und als Gesellschaft weiterbringen. Der einen sollten wir widerstehen und der anderen folgen. Insofern wird mit dem Nobelpreis eine emotionale Vorstellungskraft gekrönt, und mit dem Oscar eine ökonomische Umsetzung. Unsere somatischen Marker werden durch Erfahrungen genährt, die wir selbst bewusst oder unbewusst machen oder bei anderen miterleben, so Damásio. Das revolutioniert natürlich die Theorie über Entscheidungen.

Damásio geht davon aus, dass Entscheidungen, die der reinen Vernunft entsprechen und (vermeintlich) unter Ausschluss von Emotionen getroffen werden, sehr oft nicht die richtigen sind. Die Fehlerquote liegt hier höher als jene, die sich ergibt, wenn wir unseren Emotionen freien Lauf lassen. Damásio geht sogar so weit zu behaupten, dass keine – wie vernünftig auch immer erscheinende – Entscheidung völlig ohne Gefühle entstehen kann, denn auch wenn wir glauben, auf rein rationaler Basis entschieden zu haben, können wir davon ausgehen, dass emotionale Marker erheblich mitbestimmt haben. Verdeckte Signale außerhalb unseres Bewusstseins-Radars triggern durch Dopamine oder Oxytocine gewisse Neuronengruppen, die ihrerseits für bestimmte Entscheidungen zuständig sind, und beeinflussen sie erheblich. Olfaktorisch sind wir zum Beispiel sehr beeinflussbar und können diesen Einflüssen kaum widerstehen. Jemand geht an Ihnen vorbei und hinterlässt einen Geruch, der an etwas oder jemanden erinnert, und schon rufen Sie diese Person an. Musik, eine Melodie, ein Song kommt aus dem Nebenauto und löst eine gedanklich-emotionale Kettenreaktion aus, schöne Erinnerungen vielleicht, und schon ist der Fahrer des Wagens nebenan einfach sympathisch.

Damásio erklärt die Intuition auf die gleiche Weise, als Entscheidungen, die wir im Rekordtempo treffen – ohne Konsultation der Ratio. Damásio meint: »Die Intuition ist lediglich eine ultraschnelle Erkenntnis, die aufgrund von Emotionen und gemachten Erfahrungen entsteht und die dafür an sich benötigte Wissensmenge teilweise unter den Teppich kehrt.« Erstaunlich, wenn wir uns überlegen, wie viele Persönlichkeiten, denen wir unbedingt ultra-rationale Entscheidungs-Power qua ihres Erfolges attestieren, wie etwa Börsengurus und Investment Banker, Fonds Manager und Mega-CEOs, sehr oft erklären, dass der Succus ihres Erfolgs, also die Kernkompetenz, die sie von ihren Mitbewerbern unterscheidet, ihre Intuition sei. Wirtschaftlicher Erfolg hängt also wesentlich von emotionalem Denken ab.

Damásios jüngste Forschungen untersuchen den Einfluss des Hirnzustands auf unsere moralischen Entscheidungen. Diese Ergebnisse könnten wesentliche Veränderungen in Sachen Ethik, Bildung und soziales Verhalten nach sich ziehen und Erklärungen anbieten. Was mir besonders gefällt, ist dieser Ansatz: Was tut das Hirn, wenn wir ästhetische Erfahrungen machen? An diesem Punkt kommt Kunst ins Spiel, und dabei geht es weniger um die Reduzierung von ästhetischem Verhalten auf Hirnaktivität, sondern viel mehr um die Zusammenhänge von Neurobiologie und Kultur. Nehme ich Damásios Spur auf, dann gilt natürlich auch der Umkehrschluss: Ästhetische Erfahrungen beeinflussen unsere Entscheidungen. Demnach ist es für den menschlichen Horizont von kolossaler Wichtigkeit, mit ästhetischen Begegnungen versorgt zu sein, um für Entscheidungen möglichst viele zur Verfügung stehende Instrumente und Vorgänge nutzen zu können. Kunst und Kultur zur Verankerung von emotionalen Erfahrungen, die als integraler Teil unserer Entscheidungsprozesse wirken. Das ist die beste wissenschaftliche Erklärung für subventionierte Kultur, die ich kenne.

Entscheidungen kommen auf keinen Fall einseitig zustande, sie werden niemals nur von einer Hirnhälfte getroffen, niemals nur von einem Zentrum. Entscheidungen sind Gemeinschaftsprojekte aller beteiligten Kräfte: Vernunft, Emotion, Imagination, Körper. Nahezu alle großen Vorbilder aus der Welt der Wirtschaft, von Warren Buffett bis Steve Jobs, vertrauen oder vertrauten selbst bei extrem wichtigen Entscheidungen ihrem Bauchgefühl, ihrer Intuition. Wir erzielen wahrscheinlich die besseren Resultate, wenn wir uns erlauben, auch mit dem Bauch zu entscheiden, ihn auszuschalten geht nicht, wir können höchstens seine Informationen ignorieren. Warren Buffett erklärt immer wieder, wie er Unternehmen kauft: Vorausgesetzt, die faktischen Informationen stimmen, dann entscheidet das Gefühl. Von Steve Jobs wissen wir, dass er so unerschütterlich an seine Visionen und die dazugehörigen Projekte glaubte, dass er einen ganzen Konzern mitreißen konnte. Freilich nicht ganz ohne Misstöne, denn er hatte auch den Despoten im Programm, und nicht wenige seiner ehemaligen Mitstreiter benutzen noch ganz andere Begriffe für ihn. Das war wohl auch einer der Gründe für seinen Rausschmiss aus dem eigenen Unternehmen, aber er wurde bald wieder zurückgeholt wegen eben dieser überzeugenden energetischen Kraft, die Steve Jobs ausmachte. Ohne ihn gab es ein Vakuum bei Apple, das nur er füllen konnte. Despot oder Genie? Sie entscheiden.

Für Jobs war nichts unmachbar, er glaubte bedingungslos an seine Ideen und Utopien. Nur die Märkte machten ihm dann doch das eine oder andere Mal einen Strich durch die fantastische Rechnung, aber seine Ideen brachte er fast immer durch. Jobs wusste, was er wollte, als er schon sehr früh beschloss: In Zukunft muss auf jedem privaten oder beruflichen Schreibtisch ein Personal Computer stehen. Später wusste er, dass es an ihm lag, die großartige Arbeit, die Sony mit dem Walkman und dem Discman geleistet hatte, weiterzuführen und in neue, bislang unvorstellbare Höhen zu bringen. Er hatte die Vision eines Musikabspielgeräts, das Tausende von Songs beinhalten kann und zusammen mit einer Plattform ein völlig neues Konsumentenverhalten nach sich ziehen würde, unter Kontrolle und zugunsten von Apple natürlich. Der Mann war so leidenschaftlich, er war einfach nicht aufzuhalten, als er die großen Musikkonzerne davon überzeugte, dass seine Ideen die richtige Antwort auf die bedrohliche Situation des Downloadings von Musik aus dem Internet waren, das damals gerade begann.

Die Emotionalität des Steve Jobs machte bei den Produkten und Dienstleistungen aber nicht halt, sondern schloss auch die Ästhetik der Produkte ein, ihre emotionale Aussagekraft. Sie mussten so aussehen, wie er sich das vorstellte – und da gab es keine Kompromisse. Gerade als es um Funktionalität versus Ästhetik ging, gab es die größten internen Auseinandersetzungen, aber Jobs setzte sich so gut wie immer durch, und wir sehen es den Produkten auch an. Das Gefühl und die Intuition zählen ebenso viel wie die Vernunft, manchmal sogar mehr.

Nehmen wir uns doch vor, die Sache einfach umzudrehen. Lange wurden wir alle angehalten, unsere Business-Entscheidungen möglichst rational und vernünftig zu fällen, unter Vermeidung von zu viel Emotion. Das ist nach jetzigem Wissen eine unmögliche Aufgabe, denn wir können unsere emotionalen Landschaften weder ausschalten noch ignorieren und ebenso wenig können wir verhindern, dass wir emotionalen und kognitiven Täuschungen anheimfallen. Wir können uns keineswegs auf neutrale oder objektive Instrumente in der Beurteilung von Menschen oder Situationen verlassen. Daniel Kahnemann, Psychologe, Nobelpreisträger für Wirtschaft und Bestseller-Autor, erklärt uns in seinem Buch »Schnelles Denken, langsames Denken«, wie leicht wir uns täuschen lassen und somit fehlbar in unseren Entscheidungen werden. Er stellt faszinierend anhand von vielen Untersuchungen über Priming, Framing, Heuristiken sowie anderen Experimenten und psychologisch-emotionalen Vorgängen dar, wie abhängig wir von Vorgängen sind, die wir nicht kontrollieren. Aber davon zu wissen und diese anzuerkennen sind schon wichtige Voraussetzungen, um schlicht und einfach besser zu werden.

Jetzt nehmen wir uns vor, unsere Entscheidungen möglichst emotional zu treffen, unter Vermeidung von zu viel Ratio und Angst vor dem Scheitern. Wir werden sehen, dass wir weder das eine noch das andere kontrollieren können. Wir entscheiden immer einer ganzheitlichen Anstrengung folgend. Die sogenannte »bewusste Entscheidung« ist nur die Veröffentlichung einer bereits gefällten emotionalen Entscheidung. Klugerweise hat es unser System so eingerichtet, dass wir glauben, wir hätten für diese Entscheidung analysiert, eingeschätzt und prognostiziert. Und weil wir das glauben, sind wir umso leidenschaftlicher und glaubwürdiger in der Übermittlung, und die Emotion übernimmt wieder, der Kreis schließt sich. Genial.

5. Der Ball der Gefühle

Ich bin ein eingefleischter Fußballfan, ich liebe diesen Sport. Nun gut, ich bin im Ruhrgebiet der 1950er-Jahre des 20. Jahrhunderts geboren, Fußball liegt mir wahrscheinlich in den Genen. Es gibt viele unterschiedliche Zugänge zu Fußball, manche sind leidenschaftliche Strategie-Freaks und verfolgen das Geschehen aus einer Art Adler-Perspektive, andere lieben die Disziplin einer Mannschaft und wieder andere warten sehnsüchtig auf einzelne, spielentscheidende Aktionen, und dazu gehöre ich.

Für mich ist Fußball eine hoch emotionale, intuitive Angelegenheit, etwas nahezu Göttliches, weil niemand das jemals lernen kann, was die Großen dieses Sports seit jeher ausmacht: die Eingebung eines Augenblicks in physikalische Kraft umzusetzen, um etwas zu bewirken, den genialen Pass etwa. Es ist unmöglich für einen Spieler, in der ihm zur Verfügung stehenden Zeit alle Optionen und deren Folge durchzuspielen, um zu entscheiden, wie er den Ball weiterleiten soll, und zwar egal wie hoch sein IQ ist. Wenn er Glück hat, kann er noch kurz aufblicken, um für den Bruchteil einer Sekunde die Situation visuell einzuschätzen, aber meistens lassen ihm die Gegner auch diese Zeit nicht. Er muss sich auf das verlassen, was ihm das Gehirn vor ein paar Momenten als letzte Information über die Lage am Spielfeld übermittelt hat und quasi blind weiterspielen. Da setzt die Genialität ein, wenn jemand einen Ball über 30 Meter so schlägt, dass er einem Mitspieler genau auf den Fuß fällt, auf Verdacht, also einer Eingebung, einer Fantasie folgend. Aber wie es zu dieser Genialität kommt, ist nach wie vor ein Geheimnis und macht den Sport so aufregend.

Natürlich ist es eine Tatsache, dass Training und Spielerfahrung wesentlich zum Erfolg beitragen, die Spieler haben Spielzüge eintrainiert, sie waren in gewissen Spielsituationen schon ein oder mehrmals involviert, kennen die Bewegungen und können sich darauf sehr rasch einstellen. Die Spieler haben sich im Training gegenseitig versichert: »Wenn du den Ball bekommst, kannst du sicher sein, dass ich ungefähr dort sein werde, also spiel ihn einfach blind in diesen Raum.« Die Entscheidung bleibt aber trotzdem eine spontane und kann nicht trainiert werden, sehr wohl aber die Erfahrungen, auf denen sie basiert. Mut ist eine Sache der charakterlichen Ausstattung eines Spielers und hilft natürlich, aber ein Mutiger muss viel Kritik einstecken können, denn Mut allein macht noch nicht den Erfolg aus, es geht auch viel daneben. Dabei kommt die Kultur des Scheiterns ins Spiel, wenn es eben erlaubt ist, in der Mannschaft, im Verein, bei den Fans, so einen Pass auch mal zu versemmeln. So wie bei dem berühmten Fallrückzieher, wenn ein Spieler sich rückwärts fallen lässt und versucht, den Ball so zu treffen, dass er über seinen Kopf hinweg ins Tor geht. Dieser Schuss hat physikalisch gesehen eine der schlechtesten Optionen, um Ball- und Abschlusskontrolle zu haben, aber er birgt eine unglaublich starke Belohnung für alle, wenn das Ding tatsächlich ins Netz geht. Das hat etwas Archaisches, jemand verliert die Bodenhaftung und fliegt für eine Vision. Superman mit Schienbeinschützern. Geht das Ding aber daneben, dann wird das kaum je einem Spieler vorgehalten, der Versuch allein war schon Entertainment genug, die Erfolgsprognose für solch ein Tor ohnedies sehr gering – so thank you for trying! Gute Kultur. Ebenso freue ich mich jedes einzelne Mal, wenn ich sehe, wie ein Spieler einen mutigen Pass auf einen Mitspieler in den Strafraum spielt, aber leider nicht ganz so, dass der Angespielte ihn auch erfolgreich verwerten kann, der sich dann aber trotzdem sofort bei dem Passgeber deutlich bedankt, meistens mit einem angedeuteten Applaus. Das ist Unternehmenskultur, wie wir sie wollen, hier ist Scheitern nicht nur akzeptiert, sondern gewissermaßen notwendig, weil nach der Wahrscheinlichkeitstheorie wird der Pass irgendwann einmal ankommen und das Spiel entscheiden.

Natürlich ist die Übersetzung auf wirtschaftliche Verhältnisse insofern stark eingeschränkt, als es im Unternehmen, in der Wirtschaft nicht so viele Versuche hintereinander geben kann wie in zwei Mal fünfundvierzig Minuten. Im Unternehmen kann ein falscher Pass auch schon mal richtig viel Unheil anrichten. Dennoch halte ich daran fest, dass ein kurzer Applaus, auch für einen Fehlpass, allemal besser ist als Bestrafung, Sanktionierung oder Desavouierung. Denn das führt zur vorauseilend freiwilligen Risikominimierung des Spielers, der fortan lieber auf Nummer sicher geht und den Ball nur loswerden will, um nicht schuld zu sein. Das schadet dem Aufbauspiel eines Angriffs, lässt Tormöglichkeiten gar nicht erst entstehen und kann den Sieg kosten. Schlechte Kultur. Wenn wir uns also über Spielzüge ärgern, in denen der Ball unnötig viel quer gespielt wird statt nach vorn, dann ärgern wir uns in Wirklichkeit über die Mutlosigkeit des Spielers und die falsche Unternehmenskultur, die sich gerade auf dem Platz manifestiert.

Fußball ist ein höchst intuitives Spiel und emotionale Fußballspieler sind somit im Vorteil. Ich habe in keinem Interview vor oder nach einem Fußballspiel jemals einen Spieler sagen hören: »Ich sah den Ball auf mich zukommen, berechnete seine Flugbahn anhand des physikalischen Gewichts und der angenommenen Geschwindigkeit, stellte dann meinen Fuß in den richtigen Winkel, um den Ball abzustoppen, und berechnete gleichzeitig die Entfernung zum Ziel, seine Geschwindigkeit und den Effet, den ich ihm mitgeben musste, um die Gegenspieler in Sachen Flugbahn zu täuschen. Diese Daten übermittelte ich dann an Hüfte, Bein und Fuß und forderte meinen Oberkörper auf, die Anstrengung des bevorstehenden Schusses durch Gewichtsverlagerung auszugleichen.« Hab' ich nie gehört. Sie? Ich höre immer nur: »Ich bekam den Ball auf den Fuß und ich hielt einfach drauf …«. Wie durch göttliche Hand geführt (daher Fußballgott). Tipp – Kick – Gloria.

Intuition ist gut und erlaubt. Sie lässt sich nicht verhindern oder korrigieren, aber benutzen. Sie hat nicht immer recht, aber Irrtum muss erlaubt sein. Dringt eine gewisse Information an mein Bewusstsein, ob privat, persönlich, wirtschaftlich oder sozial, so entstehen in mir emotionale Reaktionen, die wichtig sind für meine Entscheidungen, die dieser Information folgen. Nur weil ich im Moment ein Gefühl nicht unbedingt erklären kann, ist es deshalb noch lange nicht zu ignorieren. Wird mir im Unternehmen, in der Familie, in der Beziehung ein Ball zugespielt, soll ich intuitiv und mutig reagieren, auch wenn ich mich dabei für einen Moment der Gravitation widersetze. Spiele ich den genialen Pass, ist alles in Ordnung und die Übung gelungen. Wenn nicht, habe ich es wenigstens versucht und bin in der Koordination der Umsetzung nächstes Mal schon viel besser. Die emotionale Entscheidungsfreude braucht Mut und muss Scheitern vertragen, beides kann man trainieren. Ohne sie sind wir lediglich eine weitere Anspielstation und die Tore schießen andere.

6. Der eine Moment ...

Wie kann ein Regisseur bzw. sein Team bei einer Audition, einem Vorsprechen oder Vorsingen entscheiden, ob es sich bei dem Menschen da vorn auf der Bühne um jemanden handelt, der ins Team passt, die Rolle so ausfüllt wie geplant und all seine oder ihre Talente dem einen Ziel zur Verfügung stellen kann und will? Und das alles innerhalb von ein paar Sekunden, ein paar Takten, ein paar Worten. Sie sehen natürlich viel schneller, was sie nicht wollen, das liegt in der Natur der Sache, sie warten auf den einen Moment, der total überzeugt. Ja, es ist in der Tat oft nur ein einziger Moment, der über Wohl oder Weh eines Vorsingens, einer Audition, einer Rolle, ja einer ganzen Karriere entscheiden kann. Ein Ton, eine Interpretation, eine Haltung, ein Ausdruck. All dem geht immer eine Entscheidung voraus, meist unbewusst. Was stützt und beeinflusst diese Entscheidung? Wer entscheidet wirklich?

Die Vorbereitung ist etwas Wesentliches für einen Künstler, das wird oft unterschätzt, weil es unsere Aufgabe ist, spontan erscheinen zu lassen, was nur durch Vorbereitung entstehen kann. Ich bin bereit für mein Vorsingen, Vorsprechen, Vortanzen. Ich weiß, was ich mir vorgenommen habe und was ich will: gewinnen. Ich habe ein paar Momente zur Verfügung, um das zu zeigen, was ich kann. Mir ist es aber selbst passiert, dass ich etwas völlig anderes gemacht habe, als ich mir vorgenommen hatte. Ich habe improvisiert und kühne Entscheidungen getroffen, die diametral zu dem standen, was ich für mich geprobt hatte. Und dennoch war es richtig und ich habe vielleicht gerade deswegen die eine oder andere Rolle bekommen. Das fing beim Vorsprechen für das Max-Reinhard-Seminar in Wien an, als ich statt eines weiteren Monologs, den ich vorbereitet hatte, spontan einen Song in mein Vorsprechen einbaute, und das hat bis heute nicht aufgehört, wenn ich in meinen eigenen Shows improvisiere oder andere Texte verwende. Es leitet mich ein schöner Engel oder es reitet mich ein kleiner Teufel. Ich muss mit beiden leben.

Einer meiner Helden des Alltags ist Captain Chesley »Sully« Sullenberger, jener US-Airways Pilot, bei dessen Flugzeug am 15. Januar 2009 kurz nach dem Start vom La Guardia Airport, New York, ein Schwarm kanadischer Gänse beide Triebwerke lahmlegte und es so gut wie manövrierunfähig machte. Kein Schub mehr, kaum noch Lenkmöglichkeiten und der beißende Geruch von verbranntem Geflügelfleisch, der bis in die Aircondition des Flugzeugs gelangte. Nachdem klar wurde, dass eine Rückkehr zum Flughafen bzw. eine Notlandung auf einem anderen Airport in der Nähe unmöglich war, ohne das Leben der 155 Passagiere extrem zu gefährden, traf Captain Sullenberger eine Entscheidung. Es waren 2,5 Minuten seit dem Start vergangen und eine Minute seit der fatalen Begegnung mit den Zugvögeln. Sullenberger machte eine Durchsage und informierte Crew und Passagiere von der bevorstehenden Notlandung. Sofort danach hörte er durch die Cockpit-Tür, wie seine Flugbegleiter ihre Kommandos riefen, um die Passagiere auf eine Notlandung vorzubereiten, so wie sie es gelernt und trainiert hatten, strikt den Regeln folgend. Das beruhigte ihn, wie er später in einem TV-Interview erzählte. So viel zu den langweiligen, sich stets wiederholenden Trockenübungen, die das Flugpersonal weltweit immer wieder absolvieren muss. Dieses System hat an diesem Morgen Hunderte Menschenleben gerettet, als Captain Sullenberger den Flieger im Hudson River landete, mehr oder weniger mitten in Manhattan. Die Bilder dieser Serie von Entscheidungen und der wahrhaft coolen Kontrolle einer lebensbedrohlichen Situation gingen um die Welt. Eine Wasserlandung ist ein unglaublich gefährliches Manöver, denn bei der Geschwindigkeit, mit der so ein Flieger auf das Wasser zurast, kann schon die kleinste Bewegung eines Flügels oder der Nase die Maschine sofort zum Bersten bringen. In diesem Fall war die Landung zwar sehr hart, aber erfolgreich. Die Rettungsmannschaften der Wasserpolizei waren vorbereitet und die Rettungsboote warteten. Die Maschine lag ruhig und majestätisch im Wasser und viele der Passagiere standen auf den Tragflächen und froren. Ein geisterhaftes Bild und gleichsam faszinierend.

Sullenberger ist ein gefeierter Mann und hält bis heute Vorträge über Flugsicherheit und Entscheidungsfindung im Allgemeinen. Leider habe ich ihn noch nicht live erlebt, aber ich habe mir oft den Funkverkehr zwischen dem Tower in La Guardia und Flug AF 1549 angehört, und Sullys Entscheidungsfindung ist wahrhaft beeindruckend: Der Mann blieb wirklich vollkommen ruhig und beantwortete jede einzelne Option auf Notlandung, die er vom Tower erhielt, mit einem sachlichen »unmachbar«. Unglaublich, wenn man es hört. Dann informierte er den Tower über seine Entscheidung: »Wir landen im Hudson.« Er schrieb Fluggeschichte.

Wie ist diese Entscheidung zustande gekommen? Ich habe lange darüber nachgedacht und bin zu folgenden Erklärungen bzw. Interpretationen gekommen: Sully hatte von Anfang an den Hudson als Option auf der Rechnung gehabt, hatte in der ihm noch verbleibenden Zeit alle Alternativen mental abgerufen und emotional evaluiert, um dann seinen kühnen Plan zu verwirklichen, der einzige, der machbar war – Notlandung im Wasser. Sullenberger war während der gesamten Aktion, von der Analyse der defekten Triebwerke über die diversen Landeplätze, die nicht mehr in Frage kamen, bis zur meisterlichen Landung ruhig und kontrolliert, sowohl was ihn selbst betraf als auch das Flugzeug mit all seiner Technik. Er wusste, was zu tun war, und er wusste ganz offenbar auch, dass er imstande war, das zu leisten, was diese Situation jetzt von ihm verlangte. Der Mann verließ sich auf sich selbst und sein Team. Im Interview meinte er nur lapidar, dass er die gesamte Zeit hindurch vollkommen überzeugt war, diese Notlandung zu schaffen. Er verließ sich auf seine Professionalität, mit allem, was sie ausmachte.

Können wir so eine Situation trainieren? Können wir uns auf so etwas vorbereiten? Klar, in den Flugsimulatoren der Welt werden solche Situationen durchgegangen, Procedere, Entscheidungen, Protokolle und Teamwork. Aber wenn es Wirklichkeit wird, muss eine weitere Dimension dazukommen: Selbstsicherheit. Und diese emotionale Komponente wird auch trainiert, denn selbst wenn wir alle Abläufe einer solchen Notsituation auswendig kennen und jeden einzelnen Schritt im Training geübt haben, müssen wir in einer Akutsituation Ruhe, Coolness, Konzentration und Überblick bewahren, um die richtigen Entscheidungen zu treffen. Es wäre falsch zu sagen, dass wir unsere Gefühle unter Kontrolle haben müssen, obwohl es sich angesichts der Situation anbietet. Nein, es geht wohl eher darum, unsere Gefühle richtig einzusetzen, sich selbst zu verstärken und zu versichern, dass wir das, was wir jetzt gerade von uns erwarten, zu leisten imstande sind. Selbstwertgefühl im Sinne von: Ich weiß, was ich wert bin.

Welche Gefühle Captain Sullenberger während der ganzen Aktion hatte, wissen wir nicht, aber aus seinen Schilderungen schließe ich, dass er in einer Art Tunnel war, in dem ein mentaler Ausschlussprozess stattfand, der ihm erlaubte, sich ausschließlich auf die notwendigen Schritte für dieses großartige Manöver zu konzentrieren. Er fürchtete sich offenbar nicht vor seinen Gefühlen, sondern setzte sie zielführend ein. Er hatte in dieser Situation keine Zeit, auf Panik, Angst oder die Enttäuschung zu reagieren, dass er sein selbst gestelltes Karriereziel, ein Fliegerleben ohne Crash, verfehlen würde. Also ließ er es zu, akzeptierte seine Gefühle und tat seine Arbeit. Erst im Moment der vorläufigen Sicherheit, als die Maschine heil im Hudson River trieb, erlaubte sich Captain Chesley »Sully« Sullenberger einen kontrollierten Gefühlsausbruch, indem er zu seinem ebenfalls heldisch agierenden Co-Piloten meinte: »Na ja, gar nicht mal so schlecht.«

Das menschliche Gehirn sendet uns die Resultate aus zwei kommunizierenden Gefäßen: dem kognitiven Verstand und dem emotionalen Verstand, oder System 1 und System 2, wie es Kahnemann nennt. Stark vereinfacht bedeutet es, dass System 1 intuitiv und schnell alle emotionalen Daten sammelt und an System 2 weiterleitet, das daraus eine Art Ordnung macht, ein »algorithmisches System«, nach Kahnemann. Die Daten aus beiden ergeben das uns bewusste Resultat. Beide steigern ständig ihre Arbeitsqualität über die Verwertung von Erlebnissen und Erfahrungen, über gespeicherte Resultate von Erfolgen und Irrtümern. Somit sind alle unsere Entscheidungen bipolar getroffen, und wir können uns darauf verlassen, dass die Kooperation unser beider Gehirne funktioniert, wenn wir sie nur in Ruhe arbeiten lassen, ohne das eine oder das andere zu vernachlässigen oder gar zu unterdrücken oder zu sabotieren. In Situationen, die keine Zeit zum bewussten Abwägen lassen, müssen wir intuitive Entscheidungen treffen, ob wir wollen oder nicht. Mögen wir unsere Maschinen nie im Wasser landen müssen.

Bei Fehlentscheidungen gibt es oft Kollateralschäden, diese sind meist die Folge von einzelnen oder Serien schlechter Entscheidungen, die zu Katastrophen führen. Besonders folgenreich sind zum Beispiel jene Entscheidungen, die von den Hauptdarstellern der Finanzdienstleistung getroffen werden. Angesichts deren Krise, die noch lange nicht ausgestanden ist, sehen wir jetzt deutlich strukturelle Auffälligkeiten, wie etwa die existenzielle gegenseitige Abhängigkeit großer, vermeintlich unabhängiger Institute, oder die damit eng verbundene Abhängigkeit ganzer Länder und Staaten von Entscheidungen, die in diesen Instituten getroffen werden. Die emotionale Dimension dieser Entscheidungen ist sehr wichtig, denn diese wurden seltsamerweise selbst dann noch getroffen, als schon lange klar und faktisch belegt war, dass es sich um finanzielle Seifenblasen und schädliche Produkte handelte. Die Akteure wollten, ja sie konnten nicht einsehen, dass sie unrecht hatten, dass ihre Ideen, Produkte und Konstruktionen nicht nur schlecht und falsch waren, sondern die ganze Welt bedrohten. Sie wurden stur wie kleine Kinder, sie wollten um jeden Preis recht behalten, nahmen es mit der ganzen Welt auf, um zu beweisen, dass ihre Einschätzungen, ihre Ideen und ihre Philosophie richtig für alle waren. Wahrscheinlich geben sie deshalb auch nach wie vor nicht auf, außer jene Institute, die dichtmachen mussten. Die anderen agieren genau so weiter wie vor 2007, sie versuchen nach wie vor zu beweisen, dass sie eigentlich recht hatten und haben, weil sie den Gedanken nicht ertragen einsehen zu müssen, dass sie nicht die Herrscher des Universums sind – oder welche erbärmlichen Fantasien auch immer diese Entscheidungen begleitet und gefördert haben. David Tuckett beschreibt in seinem Buch »Die verborgenen psychologischen Dimensionen der Finanzmärkte« sehr genau, wie heftig Emotionen und emotionale Landschaften auf die Entscheidungen von angeblich überaus rationalen Menschen Einfluss nehmen und in welchen emotionalen Zuständen sie getroffen werden. Tuckett bezieht sich auf einige seiner Kollegen (wie Mackay, Galbraith, Kindleberger, Shiller, Tett; siehe Anhang) und alle sind sich darüber einig, dass emotionale Zustände dafür verantwortlich waren, als grundlegende Beurteilungs- und Analyse-Verfahren zur Prüfung von Produkten und Strukturen schlichtweg ignoriert wurden, und das nicht zum ersten und höchstwahrscheinlich auch nicht zum letzten Mal. Es kann offenbar nicht sein, was nicht sein darf, und so wird einfach weitergemacht, in der Hoffnung, dass alles gut ausgeht. Der globale Finanzmarkt ist aber nicht Hollywood und niemand hält sich hier an Drehbücher. Kein Happy End in Sicht.

Bei diesem Amalgam aus Selbstüberschätzung, Ignoranz, Arroganz und Angst scheint es sich jedoch um ein urmenschliches Phänomen zu handeln, das keineswegs nur einigen bösen, verblendeten Kapitalisten unterstellt werden kann. Wissen zu ignorieren aufgrund von Verlustängsten tritt auffallend oft immer dann auf, wenn Identität im Spiel ist. Die Menschen in Deutschland wussten nach Stalingrad sehr genau, dass der Krieg verloren und die Utopie vom Tausendjährigen Reich vorbei war, dennoch erschien es ihnen unmöglich, den Wahnsinn freiwillig und geschlossen zu beenden, die Nazis zu entmachten und Frieden zu schließen, nach innen und nach außen. Zu groß die emotionale Abhängigkeit vom Mythos, zu stark die Identifikation mit dem nationalen Selbstbildnis und zu tief die Angst vor dem, was der Einsicht folgen könnte, also fand sie erst gar nicht statt, zumindest nicht öffentlich und nicht pro-aktiv.

Aber nicht alle haben so gedacht und so gefühlt. Stauffenberg, die Geschwister Scholl, Dietrich Bonhoeffer und viele andere in Deutschland sowie die revolutionären Sozialisten, die AFÖ, die Gruppe 05, Helene Kafka, Franz Jägerstätter und andere in Österreich konnten sich über diese Massenhypnose hinwegsetzen und wurden aktiv im Widerstand. Sie waren nicht bereit, ihr ethisches und moralisches Wissen zu korrumpieren, blieben sich und ihrer politischen Überzeugung treu, aber konnten sich größtenteils der Wut des Schurkenstaats und seiner diffamierenden Vasallen nicht entziehen. Wie immer wir das auch nennen wollen, was in diesen aufrechten Menschen vor sich ging, wenn wir uns die Schwarz-Weiß-Dokus über die Schauprozesse gegen die Widerstandskämpfer ansehen, fühlen wir, wie schwer und gleichsam bewundernswert es gewesen sein muss, gegenüber einem hysterisch brüllenden Richter wie dem »Schlächter« Roland Freisler zu seiner Überzeugung zu stehen und das zu sagen, woran man glaubt, angesichts des sicheren Todes, der diesen Aussagen folgen würde.

Aber im Großen, wie im Kleinen: Es geht also doch, wir sind keine willenlosen Sklaven unserer Gefühle, vorausgesetzt, wir setzen die Werte selbst fest, die unseren Gefühlen Richtung und Inhalt geben, und halten uns daran, auch und vor allem in schweren Zeiten. Leicht ist das freilich nicht, es braucht Mut, zu seinen Gefühlen zu stehen.

Die großen Entscheidungen in meinem Leben wurden nahezu alle von einer tief liegenden emotionalen Ebene in mir getroffen und viele habe ich überhaupt nicht mitbekommen. Allein wie ich in diesen Beruf, in dieses Geschäft geraten bin, ist anders als die meisten »Was soll ich werden«-Geschichten, die ich kenne. Ich hatte keinen Vater, eine Mutter, die sehr viel unterwegs war, keine Geschwister, keine Familie, ich war ein sehr einsames Kind. Für mich war das Radio von jeher ein ungemein wichtiger Partner, aus ihm kamen die Menschenstimmen heraus, die mir fehlten, und sprachen mit mir über ganz alltägliche Dinge wie das Wetter und die Ernte und den Geburtstag der Frau Soundso. Das beruhigte mich. Später kam das Fernsehen, das war noch befriedigender. Tagsüber Radio, ab Nachmittag Kinderfernsehen, die Augsburger Puppenkiste und dann das Sandmännchen. In der Schule hatte ich mir eine Fassade aus »lustig« und »aufsässig« gebaut, hinter der ich mich gut verstecken konnte. Ich war immer für einen Joke gut, hatte alle Fantasie dieser Welt für alle möglichen Verarschungen und legte mich liebend gern mit jeder Respektsperson an. Und ich hatte stets ein Transistorradio dabei. Ich liebte Radio, zumal mit Radio Luxemburg endlich ein Sender da war, der die wilde Musik spielte, die neue Musik, meine Musik. Musik trennte unsere Welt in zwei Lager: Beat und Schlager. Dabei ging es um weit mehr als nur populäre Musik, es ging um Weltanschauungen, um ein Bekenntnis, um Protest. Wir »Hippies«, »Gammler«, »Provos«, »Kommunenkids«, oder wie immer man uns nannte, haben auch über die Musik zur

Politik gefunden, was uns so viel besser getan hat als die rein kognitive Solidarisierung mit Ansichten und Philosophien. Wir waren durch die Musik mit der nahenden gesellschaftlichen Veränderung emotional verbunden. Sie war das Erkennungszeichen, die Zugehörigkeit, der gemeinsame Schwur, wir kämpften um unsere Musik, und Radio war das Schwert, von »All you need is Love« bis »Street fighting man«. Es ist also unschwer zu erkennen, dass ich eine sehr leidenschaftliche Beziehung zum Radio habe, die ich auf wundersame Weise zum persönlichen Höhepunkt bringen konnte, indem ich seit vielen Jahren Radio in Wien machen darf. Noch dazu live und gemeinsam mit den Menschen der Stadt.

Würde mir also heute jemand ein Geschäft anbieten, das in irgendeiner Weise mit Radio zu tun hat, würde ich mit großer Wahrscheinlichkeit ganz anders an die Bewertung dieser Geschichte gehen als bei anderen Angeboten. Ich kann meine Geschichte mit dem Radio nicht ignorieren, schon gar nicht emotional. Wir alle haben gar nicht die Möglichkeit, unsere Geschichte außer Acht zu lassen, aber wir können uns genau diesen Umstand bewusst machen und in unsere Bewertung miteinbeziehen. Meine emotionalen Landschaften beeinflussen also meine Entscheidungen und sind auch nicht auszuschalten. Aber was ich tun kann, ist, darauf zu achten, dass ich angenehme Landschaften in mir entwickle und diese auch pflege. Wenn ich mich in einer guten, emotionalen Situation befinde, werde ich wahrscheinlich die besseren Entscheidungen treffen.

Wenn es wo vollkommen emotional genährte und geführte Entscheidungen gibt, dann in der Kunst. Es ist ungemein aufregend, einem Maler zuzuschauen, wie er an sein Werk herangeht, welche Entscheidungen er trifft und wie diese dann auch für den Zuschauer nachvollziehbar werden. Da ist keine Atomteilchen-Berechnung dabei, es wird nicht kalkuliert, analysiert oder prognostiziert, es wird einfach nur entschieden. Die Künstlerin achtet auf ihre Emotionen, sie sind die Führungskräfte, sie geben Anweisungen, sie sagen ihr, was zu tun ist. Und wenn sie folgt und richtig umsetzt, wird das Werk immer besser. Wann ist es fertig? Niemand weiß das. Den richtigen Moment zu finden, an dem aufzuhören ist, an dem die Kraft des Werkes am Höhepunkt ist, während alles, was danach verändert wird, sie möglicherweise bedroht, das ist ein Teil von Kunst. Von Alberto Giacometti weiß man, dass dessen Bruder Bruno ihm die Objekte förmlich aus der Hand reißen musste und unter dem lautstarken Protest des Künstlers an die Kunsthändler lieferte, weil der Meister selbst kaum je zufrieden war und nicht wenige seiner Objekte schlicht und einfach zerstörte, noch bevor sie veröffentlicht wurden. In der Entscheidung für den »richtigen« Augenblick liegt wahrscheinlich sowohl die größte Not als auch die größte Befriedigung.

Auf der Bühne treffen wir Hunderte solcher Entscheidungen, obwohl wir uns im Theater in engen Handlungs- und Textstrukturen bewegen, und es gibt immer wieder Momente und Entscheidungen, die einen selbst überraschen. Im Sinne von Freud: ES spielt.

In meiner eigenen Show habe ich natürlich alle Freiheiten dieser Welt, was nicht unbedingt ein Vorteil ist, weil es noch schwerer ist, Disziplin zu wahren und Abfolgen verlässlich einzuhalten. Für einen Geist wie mich ist es immer eine große Verführung, zu improvisieren, und früher habe ich auch oft Gebrauch davon gemacht. Das führte dann zu Dreieinhalb-Stunden-Shows, zum Ungemach meiner überaus geduldigen Musiker und des restlichen Teams, auch weil ich das Publikum unnötig überforderte. Ich hatte den idealen Zeitpunkt zum Aufhören nicht gefunden und die Kunst wurde länger, aber nicht besser. Heute habe ich meine emotionale Entscheidungspolitik auf der Bühne insofern im Griff, als ich es genau spüre, wenn ich wieder losgaloppieren will und innerlich schon mit den Hufen scharre wie ein nervöser Araber in seiner Startbox. Aber ich erlaube es mir nicht (meistens), denn ich kann den Impuls kognitiv kontrollieren, weil ich ihn als solchen erkenne. Ich kann die Konsequenzen voraussehen, weil ich meine aus Erfahrungen genährten emotionalen Landschaften abrufen kann und aus dem Gesamtpaket all dieser kognitiven und emotionalen Informationen (meistens) die richtigen Entscheidungen treffe. Aber die Verführung ist da, jedes Mal, vor allem wenn es mit dem Publikum super läuft. Manchmal, beim Abgang von der Bühne klopft mir mein Bandleader Goran auf die Schulter und sagt: »Danke für die Disziplin, Alter.«

Regisseure haben naturgemäß keine so große Freude mit improvisierenden Schauspielern, außer sie sind genial und ihre Entscheidungen zielführend. Während der Probenzeit gilt es aber genau umgekehrt, da sollen die Schauspieler sehr wohl Ideen haben und Vorgänge entwickeln, Bilder erstellen und Wege finden, damit dann im Ausschlussverfahren die endgültige Fassung entstehen kann, und an die haben wir uns zu halten.

Wir sind alle emotionale Wesen und entscheiden auch so. Wenn wir das zur Kenntnis nehmen, ohne Angst davor zu entwickeln, wenn wir bewusst und liebevoll mit unseren vorhandenen emotionalen Markern umgehen, verringern wir die Risiken falscher Entscheidungen und Entwicklungen, egal ob im Arbeitsbereich, privat oder in der Organisation. Schaffen wir uns immer wieder neue und schöne emotionale Landschaften, bauen wir Geschichten, lassen wir unsere emotionalen Drachen steigen und Kunststücke in der Luft machen, die keine anderen Aufgaben haben, außer Freude zu bereiten. Wie? Kunst!

Gute Gefühle machen Sinn

7. Sinn ist ein Gefühl

Sinn ist vor allem ein Gefühl, denn wäre er eine rationale Rechnung, eine numerische Analyse, dann hätte er weit weniger Kraft und Macht und würde sich dauernd irgendwelchen Märkten angleichen. Sinn ist kein Index an der Börse des Lebens – er selbst ist die Börse. Der Charakter der »Emotion Sinn« ist zurückhaltend, scheu, niemals aufdringlich oder gar fordernd, kann aber jederzeit zu Heldentaten auflaufen. Der Sinn war immer die beste Waffe im Krieg. Das Fehlen von Sinn ist kein Abschreibposten, keine Aktenbereinigung, kein Abgang, den man unter Verluste geltend machen kann und von der Steuer absetzt. In Wahrheit lähmt das Fehlen eines Sinn-Gefühls unser persönliches Universum, es sorgt dafür, dass wir nicht mehr arbeiten können und wollen, es ist Krankheitserreger und Energieräuber und nimmt uns schließlich alle Lebensgeister. Das Nichtvorhandensein von Sinn ist lebensbedrohlich. Das allein ist schon Grund genug, sich damit zu beschäftigen. Viel wichtiger ist aber der umgekehrte Fall, wenn das Leben, oder wesentliche Teile davon, Sinn machen. Wenn unser Handeln ein sinnerfülltes Gefühl erzeugt, angenehm, leicht, balanciert, tragfähig, das unerschütterliche gute Gefühl der Sicherheit im Denken und Tun. Gärtner haben das oft.

Es ist uns wohl allen klar, dass weder Glück noch Unglück ein durchgehender Zustand sein kann. Niemand würde erwarten, dass sein Leben ein einziger, dauerhafter Glückszustand ist, genauso wenig dürfen wir uns einreden, dass unser Unglück das ganze Leben bleibt und sich nicht mehr verändern lässt. Wir sind nicht die willenlosen Wirte unserer Gefühle, wir können mitarbeiten, mitgestalten und mitbestimmen. Na gut, nach den Erkenntnissen der Neurowissenschaften könnte man meinen, dass wir bei unseren emotionalen Entscheidungen eigentlich nichts zu melden haben, aber wir können in jedem Fall unsere emotionalen Landschaften, die alle unsere Entscheidungen wesentlich mitbestimmen, mit guten Gefühlen versorgen. Wir sind unsere eigenen Gärtner.

Aber wir müssen das auch wollen, es muss uns wichtig genug sein, und wir müssen ehrlich damit umgehen, das heißt, wir dürfen uns der Sinnfrage nicht verwehren, nur weil wir vielleicht Grund zur Annahme sehen, dass es Themen und Gebiete in unserem Leben gibt, die möglicherweise keinen oder nur wenig Sinn machen. Irgendwann muss auch dieser Vogel Strauß seinen Kopf aus dem Sand holen, und dann wartet die furchtbare Wahrheit. Nach dem Sinn zu fragen und für die Antworten offen zu sein, ist eine wunderbare Maßnahme, um die richtige Abstimmung für ein glückliches Leben zu finden. Überlassen wir die Sinn-Definition zur Gänze den Zahlen und den Skalen und den Prognosen oder gar der Sehnsucht nach Dingen, dann wird das Gefühl, das sich daraus ergeben soll, genauso oberflächlich und kurzlebig sein. Sinnqualitätsverlust verläuft dann reziprok zum Erfolg. Bemessen wir unser Glück an dem der anderen oder wollen wir dieses gar ständig übertrumpfen, dann bleibt für den wahren Sinn kein Platz, er wüsste auch nicht, was er in einem solchen Leben zu suchen hätte.

Der Sinn lässt sich zwar sehr leicht und sehr lang hintanstellen, verdrängen und ignorieren, aber er lässt sich nicht dauerhaft vertreiben, das ist das Perfide an der Sinnverweigerung. Irgendwann, oft im Unglück, immer im Alter, dringt der Sinn wieder aus den Untiefen des Unterbewusstseins an die Oberfläche des Lebens und stellt die Gewissensfrage. So kommen dann ganz plötzlich so radikale Sinneswandlungen zustande wie jene der Herren Bill Gates und Warren Buffett, die über Nacht mal eben ein paar private Milliarden in ihre gemeinnützige Stiftung reinbuttern. Wunderbar! Großartig! Vorbildlich! Aber die meisten von uns können sich keine Sinn-Nachzahlungen leisten, und es ist auch noch nicht erwiesen, ob sie die gleiche emotionale Qualität erzeugen wie ein ganzes Leben mit Sinn-Berücksichtigung. Kann schon sein, dass wir den Sinn aufschieben können, aber es ist ein verdammtes Risiko, denn wenn es schiefgeht, wenn das Ziel nicht erreicht wird, an dem man sich erlauben will, über den Sinn nachzudenken, dann kommt dieses viel besungene sinnlose Leben heraus. Ein furchtbarer Zustand zu wissen, dass man sich geirrt und keine Chance mehr hat, es auszubessern. Be-Sinnen wir uns beizeiten.

Stellen wir uns regelmäßig die Sinnfrage, egal was dabei herauskommt, gehen wir in den Disput mit uns selbst und nehmen wir das an, was dabei herauskommt, es kann nur gut sein. Entweder wir befinden, dass es in Ordnung geht, wie wir leben, dass es für uns Sinn macht, oder wir beschließen vielleicht nachzubessern oder sogar beides. Deshalb ist dies leider auch ein Thema, das wir nur mit uns selbst ausmachen können, so sehr ich auch für Auseinandersetzung bin, für Gespräch, für menschliche Interaktivität, aber hier sind wir klar allein und müssen es auch sein. Die Antwort auf die eigene Sinnfrage anderen zu überlassen, ist fatal, es wäre ein fremder Sinn, den wir leben. Seine eigene Sinnvorstellung mit einem anderen Menschen, seinem Partner etwa, gemeinsam zu bauen, klingt zwar sehr kuschelig, ist aber in Wirklichkeit Selbstverleugnung und Beziehungskiller. Unser Sinn gehört uns ganz allein, im besten Fall führen wir eine innige, dynamische und ertragreiche Beziehung zu unserem Sinn, bleiben beweglich und uns selbst verbunden. Oder wir führen eine verfeindete, mühsame und emotional kostenintensive Beziehung zu uns selbst, in der es nur darum geht, den Sinn fernzuhalten wie einen ungeliebten Verwandten.

Ich habe auch erst spät damit angefangen, nach dem Sinn zu fragen. Zuerst war es ja auch nur das Zulassen, als der Sinn ab und zu auf Besuch kam und wissen wollte, was sich in meinem Leben so tut und wie es mir geht. Ich war zunächst reserviert, befremdet, ablehnend und ängstlich, als hätte mir jemand einen fremden Menschen vorgesetzt und behauptet, er sei mein Vater und ich nur adoptiert. Was macht man mit so jemandem? Du weißt genau, er hat ein Recht, in deinem Leben vorzukommen, aber du weißt nicht, was er von dir will, was er fordert, was er dir befiehlt. Aber ich ließ es zu und ging eine Zeit lang schweigend neben ihm. Und dann geschah das Wunderbare: Während ich mir alle Fragen, die ich erwartete, im Kopf vorspielte und die dazugehörigen Antworten für mich formulierte, wurde mir bewusst, dass mein Besucher, der Herr Sinn, keine einzige davon je gestellt hatte. Er hatte überhaupt nichts mit Fragen am Hut, er wollte einfach nur da sein, bei mir sein, mich nicht allein lassen, wie ein guter Bergkamerad. Sisyphos & Partner.

Als ich mich an ihn gewöhnt hatte, als wir bereits tiefsinnige und hoch profitable Gespräche miteinander geführt hatten, fühlte ich mich sicher genug, meine Beziehung zum Sinn von meiner eigenen, inneren Welt auf die Welt um mich herum zu erweitern, auf mein persönliches Umfeld, auf meinen Umgang, auf meine Arbeitssituation. Ich hatte zum Beispiel für mich festgestellt, dass gewisse Entwicklungen, die meinen Beruf betreffen, keinen Sinn für mich machen, und dass es somit auch nicht sinnvoll für mich sein kann, sie zu akzeptieren, aus Business-Gründen etwa. Nehmen wir die Medien und ihre verzweifelte Sucht, Negatives zu (er)finden und zu veröffentlichen. Als ich merkte, dass es nur noch um Behinderung, Beschädigung und Zerstörung von Künstlern ging, stellte ich die Zusammenarbeit mit den Medien größtenteils ein, und zwar unter starken ökonomischen Verlusten, na klar, wenn nichts mehr über dich berichtet wird, weiß auch niemand, dass du künstlerisch tätig bist. Ein harter Deal, der sich aber für mich lohnt, weil ich meine Integrität als Wert definiert habe, der klar über materiellen Profiten steht. Was ist der Sinn, wenn irgendwo steht, dass ein prominentes Paar die Scheidung eingereicht hat, wenn gemutmaßt wird, was wohl der Grund für die Trennung sei, wie jemand leidet und was die Ex über ihn sagt? Wo liegt der Sinn, wenn eine Lebens- und Liebestragödie grob dargestellt und in aller Öffentlichkeit kommentiert wird? Das ändert weder für die beiden etwas noch für deren völlig unschuldige Kinder, die in der Schule vielleicht hämisch darauf angesprochen werden. Aber auch die Konsumentinnen und Konsumenten, die über das Ende der Beziehung lesen oder hören oder sehen, werden dadurch keinerlei Lebensverbesserung erzielen, außer vielleicht die Schadenfreude, dass Prominente auch leiden. (Halloooo …?!) Dieses Gefühl, diese Geilheit nach Beweisen, dass ein anderes Glück genauso enden kann wie das eigene, das wird mir ewig ein Rätsel bleiben, denn es ändert doch verdammt nochmal nichts an der eigenen Situation. Voyeuristen am Unfallort, gierig nach blutenden Verletzten auf dem Asphalt. Was ist der Gewinn? Die einzige Erklärung, die ich habe, ist jene, dass solche Menschen ihr eigenes, jämmerliches Leben, in dem sie keine ihrer Chancen wahrgenommen haben, keines ihrer Talente erkannt und kultiviert haben und zu keinerlei Anstrengung außer dem Notwendigsten bereit waren, nun doch ein wenig rechtfertigen können, indem sie sich sagen, dass jene, die andere Wege gegangen sind, sich um ihre persönliche Entwicklung bemüht und hart an sich gearbeitet haben, jetzt eben auch unglücklich sind. Also wozu der Aufwand?

Ich nahm diese gesellschaftlichen Entwicklungen, die mein Geschäft betrafen, in einem anderen Licht wahr, denn der Sinn gab mir ein ausgleichendes Gegengewicht zur Empörung. Ich konnte einerseits den wirtschaftlichen Sinn erkennen, der in dieser Art von Journalismus für die Medienindustrie liegt, und gleichzeitig den Unsinn, der sich daraus gesellschaftlich ergibt, wie zum Beispiel der Umkehrschluss zu glauben, in den Medien vorzukommen sei schon ein Beruf. Und da niemandem vorzuwerfen ist, wenn er oder sie den einfachsten Weg für sich geht, müssen wir auch zulassen, dass Zerstörung, Suche nach Schlechtem, Diffamierung und triebhafte Brandstiftung in vielen Fällen der neue Journalismus sind. Aber deswegen hat das noch lange keinen Sinn. Im Gegenteil, es stellt bereits gefundenen und gelebten Sinn in Frage, es macht den Vorschlag, egoistischen Frustrationsabbau über den natürlichen Respekt vor Leistung anderer zu stellen und sich zum Beispiel an der Nicht-Perfektion von Menschen, die in der Öffentlichkeit arbeiten, zu ergötzen. Das führt dazu, dass diese Menschen sich zurückziehen, so sie es sich erlauben können, und auf Öffentlichkeit verzichten. Das ist das neue Statussymbol. Es bleiben nur noch Platzhalter, Stellvertreter, Crashtest-Dummys, über die berichtet wird, die berühmten C- und D-Promis, die nichts leisten, außer dabei zu sein, was dem Konsumenten offenbar völlig egal ist. Aber diese Situation verweist Qualitätsarbeit durch Persönlichkeit und Vision auf die hinteren Werte-Plätze der Berichterstattung, egal in welchem Beruf und egal ob es in der Zeitung steht oder in der Kantine getuschelt wird, und das kann nicht gut sein für die Entwicklung unserer Gesellschaft. Hier angekommen muss sich jeder die Frage stellen: Habe ich Werte, für die ich bereit bin etwas zu tun bzw. auf etwas zu verzichten, oder Werte, die etwas für mich tun sollen? Werte sind wie Kinder, selbsterklärend stehen sie immer an erster Stelle, wir haben für sie zu kämpfen, sie zu pflegen, sie sollen sich frei entwickeln können und sich sogar gegen uns stellen, das haben wir auszuhalten. Und wenn wir Glück haben, dürfen wir auch irgendwann mal sehr stolz auf sie sein. Wäre das nicht ein gutes Gefühl?

8. Die Emotionale Radix – eine Standortbestimmung

Die tragenden Säulen zukünftiger Organisationsstrukturen werden unter anderem Innovation, Kooperation und Resilienz sein, also hoch emotionale Werte, die Zeit, Energie und Ressourcen brauchen, um ihre Kraft zu entfalten. Ein entwicklungsorientiertes Unternehmen kann es sich schlichtweg nicht mehr leisten, die Emotion und den Sinn in der Organisation zu ignorieren oder diese als Selbstversorger zu betrachten. Mit der Emotions-Radix haben wir ein Modell, das den Einstieg in dieses Universum aus unternehmerischer Sicht einfacher macht, eine Art Onboarding-Hilfe für eine neue Philosophie, die den Sinn im Zentrum aller emotionalen und kognitiven Aktivitäten sieht und nicht als selbstverständliches Abfallprodukt rationaler Entscheidungen.

Irgendwann fiel allen auf, dass es einen Wert gibt, der immens wichtig und einflussreich bei der Pflege unternehmerischer Gesundheit wirkt, der die Schaffenskraft unterstützt und Krisenprävention einleitet: der *Spirit*. Seltsamerweise ist dieser Wunderwert nicht in der Radix und der Grund dafür wurde relativ schnell gefunden: Spirit ist ein Supra-Wert, einer, der über allem liegt, in allem wirkt, aber im Gegensatz zum Sinn nie das Zentrum oder die Urkraft sein kann. Spirit hat keine fixe Identität und ist nicht so fest in

Wie wirkt Emotion im Unternehmen?

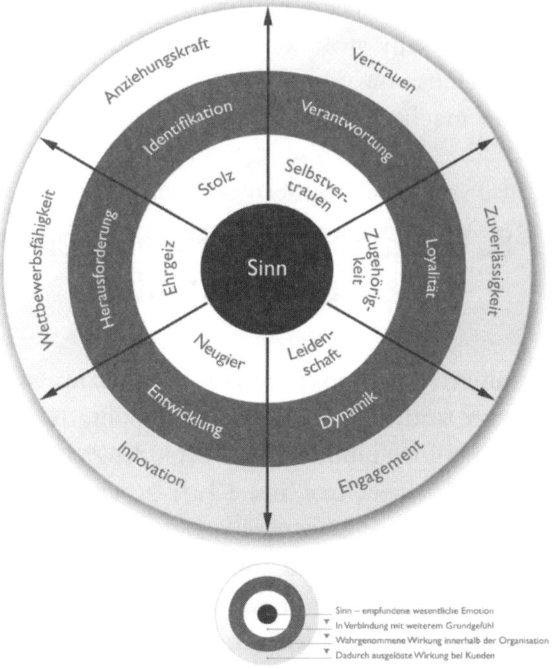

sich verankert wie der Sinn, der wie ein Leuchtturm in den Wogen der Verunsicherung verlässlich die Richtung angeben kann. Spirit ist eine Booster-Cloud, eine Verstärker-Wolke, die über allen Werten und Emotionen liegt und diese ständig mit der Musik der gemeinsamen Kraft versorgt. Hier werden die positiven Erlebnisse und ihre Emotionen gesammelt und als Hymnen des Glücks veröffentlicht, damit die gemeinsam geballte Faust ihren entsprechenden Soundtrack hat.

Insofern hat der Spirit auch unsere Radix von einer Scheibe zu einem 3D-Modell gemacht, denn er schwebt wie eine transparente Glocke über allem, strahlt nach innen, schützt nach außen und verwendet alle Informationen, um daraus jene Energie zu machen, die aus der Kooperation nicht nur ein vernünftiges, sondern vor allem ein emotionales Erlebnis macht. Für den Einzelnen ist er schon ein Geschenk, aber für die Gemeinschaft eine gewaltige eigendynamische Kraft, die alles leichter macht. *In der Mitte steht der Sinn.*

Als ich mit meinen Partnern aus der Organisationsentwicklung, Katja Goebel, Thomas Aringer und Gunhard Keil, die Sinn-Radix entwickelte, dachten wir noch, dass wir an einer Emotions-Radix arbeiten. Also hatten wir die größten Probleme, nicht bei der Bestimmung der verschiedenen Emotionen im Unternehmen und wie sie sich auswirken, sondern mit dem Zentrum der Radix, von dem alles ausgeht, dem Mittelpunkt. Tagelang konnten wir uns nicht entscheiden: Wo finden sich alle Emotionen und wo ist ihr Versorgungszentrum? Ich weiß heute nicht mehr, wer schließlich die Erleuchtung hatte, ich war es nicht, so viel steht fest, aber als sie stattfand, war es wie ein Donnerschlag, der uns alle vollkommen ergriff: der Sinn! Als uns das klar war, fiel alles andere ungemein leicht, unsere Arbeit hatte jetzt ein Zuhause, einen Ausgangspunkt und eine Zentrale. Vom Sinn ausgehend, konnten wir alle Emotionen, die im Unternehmen wichtig und wirksam sind, erkennen, benennen und in ihrer Wirksamkeit nach innen und nach außen untersuchen. Ein Durchbruch. Seltsamerweise erkannten wir da immer noch nicht, dass es sich bei dieser Radix eben nicht ausschließlich um ein Emotionstool handelt, sondern ebenfalls und eigentlich um einen Sinn-Kompass. Ein Navigationsinstrument, das durch den unwegsamen Dschungel der emotionalen Arbeitswelt führt und dessen Anwendung sowohl in der unternehmerischen Umgebung wirksam sein kann als auch im privaten, persönlichen Umfeld.

Worum es genau geht? Here we go: Gemäß der ursprünglichen Wortwurzel »sinnan«, die einen Weg beschreibt, eine Reise, »eine Fährte suchen« (Duden 1963), ist der Sinn etwas Bewegliches, etwas, das sich ständig verändert, wie die Landschaft, die auf einer Reise vorüberzieht.

Wir haben die besondere Situation, dass in der Analyse, in der Betrachtung bereits die Antwort liegt. Denn allein die Tatsache, dass ich mir Gedanken zum Sinn meines Handelns, meines Denkens und meiner Gefühle mache, bedeutet schon Sinn an sich. Der Mensch gibt seinem eigenen Leben einen Sinn, indem er schlichtweg danach fragt, überprüft, um gegebenenfalls zu korrigieren, aber jedenfalls gedanklich aktiv zu sein. Wir sollten damit aber nicht warten, bis wir in einer furchterregenden emotionalen Situation sind, wie die Diagnose einer lebensbedrohenden Krankheit etwa, eine Scheidung, eine Kündigung, was auch immer da an negativen Keulenschlägen auf uns wartet, sondern dem Sinn auch in unbeschwerten und positiven Lebenssituationen einen Platz in unserem Leben geben. Sinnvergabe ist pro-aktiv und agierend, während ein Leben, das (vermeintlich) »keinen Sinn macht«, vorwiegend passiv ausgerichtet ist, denn es reagiert lediglich, worauf auch immer, und hat somit freiwillig die Kontrolle über seinen Sinn abgegeben, warum auch immer.

Sinn ist also eine perspektivische Entscheidung. Frage ich nach dem Sinn, bin ich bereits mitten in der Sinnvergabe, kann also nur profitieren, egal was die Antworten sind, ich bin meinem Sinn nicht willenlos ausgeliefert, sondern im Gegenteil, ich kann ihn jederzeit hinterfragen und beeinflussen. Ich trage die Verantwortung für meinen Sinn. Verweigere ich mich dieser Verantwortung, nehme ich mich also freiwillig aus dem Spiel und erlaube, dass von außerhalb über meinen Sinn entschieden wird. Wir sind als kulturelle Wesen abhängig von Sinnkonzepten. Aber diese verändern sich ständig und immer schneller, es gibt keine Sinnverlässlichkeit, allein die Vernetzung der Welt stellt völlig neue Sinnfragen, die nicht mehr nur von einer überschaubaren Zahl von Sinn-Spezialisten im Auftrag der Allgemeinheit betrachtet und bearbeitet werden – den Philosophen –, sondern von allen reflektierenden Menschen. Insofern gibt es keine Abschlussberichte mehr, keinen Report über die Summe der Forschungsergebnisse, keine Analyse und keine endgültigen Formate, an die man sich halten könnte, sondern ständig neue Perspektivenangebote durch Kooperation und Veränderung.

Das TMI-Phänomen (*T*oo *M*uch *I*nformation), unter dem wir alle angesichts der Überflutung mit Angeboten leiden, führt leicht zur Orientierungslosigkeit und schlimmstenfalls zur Verweigerung, weil die Verarbeitung aller Informationen schlichtweg unmöglich ist und uns im Hinblick auf die Masse an Möglichkeiten, die sich uns bietet, maßlos überfordert. Wir haben Angst, die falsche Wahl zu treffen, und treffen also lieber gar keine, wir verweigern, wir stellen uns passiv in die Opfer-Ecke und warten darauf, übernommen zu werden wie Arbeitssuchende vor einem Baumarkt. Wir lassen uns lieber bestimmen, statt aktiv zu sein. Wenn es uns dann schlecht geht, können wir das schön auf irgendwen oder irgendetwas schieben, so funktioniert das Opfer-Konzept. Wir reagieren nur noch schulterzuckend auf gesellschaftliche Bewegungen, als wäre das Leben ein Bus ohne Haltegriffe, in jeder Kurve fallen wir willfährig von einer Ecke in die andere und die Schuld geben wir dem jeweiligen Busfahrer.

Sinnkonzepte entstehen nicht von selbst, sie sind menschliche Produkte und setzen sich aus Erfahrung und Intention zusammen. Menschen machen Erfahrungen und veröffentlichen sie. Es entstehen Informationen über gemeinsame Schnittstellen und Austausch von Analysen und Konsequenzen und man einigt sich auf gewisse Verhaltensmuster. Die gilt es aber ständig zu überprüfen, denn hinter manchen Vorgaben stehen oft einfach nur machtorientierte Beweggründe. Gesetze werden erlassen und behauptete Sinn-Angebote gemacht, aber Sinn anzuerkennen und zu übernehmen kann nur das Resultat von Überprüfung und Vergleichen sein. Alles andere ist die bequeme Abgabe von Eigenverantwortung. Wer Sinn unreflektiert übernimmt, um zu irgendeiner Gemeinschaft zu gehören, ohne damit in Auseinandersetzung zu gehen, der hat die Berechtigung verspielt, sich über etwaige Konsequenzen zu beschweren. Selbst ernannte Sinn-Vergeber, etwa solche, die uns erklären, wer an allem Übel in unserem Leben schuld sei, stellen damit eine Erklärung für alles Böse zur Verfügung. Sie machen vielleicht das persönliche Unglück für Augenblicke erträglicher, weil es angeblich eine Sinn-Zuordnung hat, der gemeinsame Feind stärkt auch noch das Gemeinschaftsgefühl und macht sicher. Aber das ist nur ein Schein-Geschäft mit dem Sinn, das sich bitter rächen wird, wenn die erwartete emotionale Beute, die versprochene Ordnung, die persönliche Ruhe und das sorgenfreie Leben nicht eintreten, obwohl alle »Feinde« ausgemacht und bestraft wurden. Ein Ausländer, mit dem ich keinen persönlichen Kontakt habe, kann niemals schuld an meinem persönlichen Unglück sein. Natürlich können solche und ähnliche Massenhysterien nur dann stattfinden, wenn die gesellschaftliche Situation sinn-entleert oder sinn-arm ist. Der politische Niedergang einer Gesellschaft lässt solche Situationen entstehen, wie in der Weimarer Republik etwa, also ist politische Aufmerksamkeit und kritische Auseinandersetzung sinn-stiftend und sinn-erhaltend. Wer sich nicht für Politik interessieren will, es ist ja mit »Arbeit« verbunden, man muss lesen und so, der überlässt damit sein Leben unkontrolliert jenen, die vorgeben, den Sinn zu beherrschen (kein schlechter Ausdruck für das, was sie wirklich tun), und ich glaube nicht, dass irgendjemand freiwillig die Definition für den Sinn seines Lebens an andere übergeben will. So bequem ist doch niemand (hoffe ich ...).

Nehmen wir die drei tragenden Säulen der Sinn-Theorie, also *Bedeutung*, *Zweck* und *Wert*, und lassen wir die persönliche Sinn-Prüfung zu. Die Bedeutung ist Grundvoraussetzung für die Sinn-Findung. Etwas, das keine Bedeutung hat, etwas, das wir nicht kennen oder erkennen, kann für uns keinen Sinn machen. Eine Arbeit, eine Leidenschaft, ein Handeln muss Bedeutung haben, weil es bedeutungslos letztlich auch keinen Sinn ergeben kann. Meine Tätigkeit ist an ihre Bedeutung gebunden. Die ist aber an keinerlei Gesetze gebunden, muss sich nach keinen Standards richten und ist vollkommen autark in ihrer Vorgangsweise. Ich bin nicht darauf angewiesen, dass mir jemand die Bedeutung meines Tuns vorgibt, damit ich sie überhaupt erkenne. Ich kann die Bedeutung selbst vergeben. Das muss nicht heißen, dass nur ich allein mir Gedanken darüber machen soll, ich kann ebenso kooperativ herangehen wie an andere Projekte und von unterschiedlichen Perspektiven ebenso profitieren wie von den Erfahrungen anderer. Aber am Ende muss doch ich entscheiden, was mein Tun für mich bedeutet. Die Bedeutung verleiht Sinn und ist immer subjektiv, während eine behauptete Bedeutung mit Anspruch auf Objektivität verheerend sein kann, bis hin zur Sinnlosigkeit. Dagegen hilft nur die kritische Auseinandersetzung mit der Behauptung. Daher ist die Kooperation bei der Sinnsuche und -forschung überaus ratsam, um interpretatorische Fehler zu vermeiden bzw. die Gefahr des eigenen Wunschdenkens durch Perspektive zu verkleinern.

Der Sinn-Diskurs ist etwas sehr Gesundes, über den Sinn zu sprechen bedeutet schon deshalb Erholung, weil wir uns vom gewohnten geistigen und emotionalen Umfeld abstrahieren und eine neue Ebene betreten, die Sinn-Ebene von anderen. Aus der Distanz der Sinnbetrachtung werden Perspektiven sicht- und nutzbar, die aus der Nähe nicht erkennbar sind. Der persönliche Tunnelblick, das eigene Silo-Denken und die still geschlossene Vereinbarung sind so oft wie möglich zu überprüfen und zu hinterfragen. Erheben wir uns und schauen wir auf unser Leben im Adlerblick, nicht als Opfer, sondern als Gestalter. »The eagle flies on Friday ...« *(B. B. King)*

Die zweite tragende Säule ist der Zweck, und der ist ebenfalls sinnstiftend, weil er eine aktive Ausrichtung hat. Hinter dem Zweck steht immer ein Wollen, ein Ziel, ein Resultat, das es zu erreichen gilt. Wer arbeitet, erfüllt einen bestimmten Zweck, vom rein hygienischen wie Geldverdienst über den sozialen, der das Überleben sichert, bis zum verspielten, der die pure Anhäufung von Mitteln betreibt, um zu Ansehen und Macht zu gelangen.

Der Zweck allein ist aber noch nicht der Sinn. Es sind die Resultate von zweckmäßigen Handlungen, die den Sinn ausmachen. Die Behauptung, auf die sich zum Beispiel die Spieler unter den Finanzdienstleistern (sind das nicht alle ...?) immer wieder gern berufen, dass zweckmäßiges Handeln auch gleichzeitig sinnvolles ist, muss infrage gestellt werden. Es kann seinen Zweck als individueller »Reichmacher« durchaus erfüllen, aber deswegen macht es noch lange nicht Sinn.

Der immaterielle Wert des Sinns, als Teil eines emotionalen, gesellschaftlichen Wertesystems, muss den gleichen Stand und die gleiche Wichtigkeit haben wie der ökonomische Wert, sonst kann Sinn in seiner Gesamtheit nicht funktionieren. Nach dem Philosophen und Pädagogen Ernst Eduard Spranger gibt es sechs sinnstiftende Wertegebiete: biologisch-ökonomische Werte, Erkenntniswerte, ästhetische Werte, soziale Werte, Machtwerte und religiös-ethische Werte.

Auf der Basis dieser drei Sinnverständnisse, also Bedeutung, Zweck und Wert, ist es dem Menschen möglich, selbstständig zu einer Sinnfindung für sich zu gelangen. Er muss die

Bedeutung erkennen, die sein Tun für ihn besitzt, sodass es einen Zweck erfüllt und/oder einen Wert darstellt. Und wenn eine dieser drei tragenden Säulen wankt, so ist das ganze Sinnkonstrukt in Gefahr, es entstehen Imbalancen und es droht der Einsturz. Das nennen wir dann Burn-out, Midlife-Crisis oder ähnlich.

Viktor Frankl spricht in seiner logotherapeutischen Theorie vom Lebenssinn, der zu Lebzeiten gar nicht erfahrbar sei. Daher plädiert er auch dafür, die Frage nach dem Sinn des Lebens umzuwandeln in die Frage nach dem Sinn »meines« Lebens. Auch er vertritt die aktive Sinnsuche, die auf das Leben zugeht und den Sinn sucht. Wenn wir die Erfahrung unseres Handelns in unsere Sinnsuche einfließen lassen und daraus ein Sinnkonzept entsteht, dann haben wir ein Raster, ein Format, mit dem wir auch alles zukünftige Handeln bewerten und beurteilen können. Somit wird Handeln zu Sinn. Das ergibt wiederum eine interessante Perspektive auf die Arbeit an sich. Die Selbstbestimmtheit des Sinns durch das Subjekt, das (hinter)fragende Individuum, sein eigener Sinn-Vergeber und Sinn-Erhalter zu sein und sich der Auseinandersetzung zu stellen, das erscheint mir als richtiger Weg.

Eine Sinn-Krise entsteht immer dann, wenn der Mensch den Sinn seines Seins und seines Handelns nicht (mehr) erkennen kann. Das Perfide an der Sinnhaftigkeit ist ja, dass der Sinn keine permanente, sich wiederholende und manifeste Erfahrung ist, die vielleicht sogar mit einer hormonellen Ausschüttung von Belohnungsstoffen verbunden ist, sondern ein Zustand, eine Membrane zwischen dem Individuum und seiner Umwelt. Solange Sinn da ist (oder vermutet wird), gibt es keine Probleme, seine Existenz ist gleichsam seine Aufgabe. Allerdings ist es umso furchtbarer, wenn Sinn abgängig ist, denn dann ist man emotional aufgefordert, diese Lücke tunlichst bald zu schließen, und zwar nachhaltig, wenn möglich.

Die gute Nachricht: Die Suche nach dem Sinn ist weitaus einfacher, als viele es befürchten, trotz der Komplexität der Aufgabe. Es geht im Grunde nur darum, eine Beziehung zu seiner Welt, seinem Leben, seinem Handeln, seiner Arbeit zu suchen bzw. zu bestimmen. Solange dieser Prozess anhält, ist Sinn vorhanden. Der Rückzug aus diesem Prozess, die Kapitulation, die Verweigerung, das Aufgeben, das ist das eigentlich Sinnlose und unter allen Umständen zu vermeiden. Insofern ist es Hauptaufgabe einer lebendigen und sinnvollen Unternehmenskultur, dafür zu sorgen, dass eine ständige Auseinandersetzung mit der Welt stattfindet, der inneren und der äußeren, damit die Sinnbatterien gefüllt und die handelnden Personen mit Sinn-Energie versorgt sind.

Das Gegenteil von Sinn ist im Frankl'schen Verständnis der Widersinn, jener, der dem Sinnhaften widerspricht, rational und emotional. Es ist nicht der Unsinn, der ist nämlich ebenfalls Sinn, nur nicht der gewollte oder gesollte, aber eine eigene Kategorie. Im unternehmerischen bzw. wirtschaftlichen Universum hat der Unsinn einen hohen und oftmals sträflich unterschätzten Wert, weil er für Perspektivenvielfalt und Bewusstseinserweiterung sorgen kann. Denn was soeben noch als Unsinn empfunden und propagiert wurde, kann morgen schon die gelebte ökonomische Wahrheit sein und so normal wie anerkannt. Die Vision wird allzu gern als unsinnig bezeichnet, was lediglich Ausdruck einer Furcht vor Veränderung darstellt und immer die erste von vielen Prüfungen ist, die Fortschritt nun einmal zu durchlaufen hat. Das soll uns nicht aufhalten. Der Sinn als Wahl zwischen Handlungsalternativen, wie Frankl es nennt, macht den sinnsuchenden Menschen aus. Somit ist die Vielfalt von Sinn-Vorschlägen profitabel für den Erfolg eines Unternehmens.

Die *Emotions-Radix* meint übrigens nicht, dass in einem Unternehmen alle sechs Emotionen zur Gänze vorhanden und aktiv sein müssen, um Sinn zu ergeben. Es geht mehr um das Zusammenspiel der verschiedenen Emotionen, die vom Sinnzentrum mit Energie versorgt werden. Ebenso bestehen diese Emotionen nicht auf Vollständigkeit. Schnittmengen und Übergangspotenziale sind ebenso wirksam wie die reine Emotion, wenn es denn so etwas überhaupt gibt. Betrachten wir die Emotionen, überprüfen wir sie auf Existenz und Wirksamkeit, dann können wir die Ergebnisse analytisch verwerten und entsprechende Maßnahmen setzen. Die Radix funktioniert im global agierenden Mega-Unternehmen ebenso wie im Ich-Unternehmen oder in der »Firma« Familie.

Nehmen wir das Gefühl der Zugehörigkeit: Im wirtschaftlich ausgerichteten Unternehmen führt es zu Loyalität und diese lässt ein Gefühl der Zuverlässigkeit bei Kunden und Partnern entstehen. In einer Beziehung, in der Familie, in der Gruppe, überall ist es der gleiche Effekt: Fühle ich mich einem oder mehreren Partnern nicht mehr zugehörig, wird meine Loyalität leiden und meine Zuverlässigkeit innerhalb der Beziehung abnehmen. Beschwert sich ein Partner über emotionale Unzuverlässigkeit, sollte ich das ernst nehmen und untersuchen, ob und inwieweit das Zugehörigkeitsgefühl bereits leidet und welche Gegenmaßnahmen zu setzen sind. Fehlende oder mindere Leidenschaft etwa kann an der Dynamik zehren, die notwendig ist, um die Dinge flexibel und in Bewegung zu halten. Wir untersuchen Vorgänge, Situationen und Strukturen im Unternehmen auf ihren emotionalen Gehalt, weil wir wissen, dass eine einzelne Person auf ein ganzes Team sehr stark negativ wie positiv wirken kann.

Deshalb ist die Radix so aufgebaut, wie sie ist: vom Einzelnen zum Ganzen. Und in der Mitte steht der Sinn.

9. Lachen macht Sinn

»Menschen lachen in Gesellschaft ungefähr 30 Mal häufiger als allein«, schreibt David Brooks in seinem Buch »Das soziale Tier«. Lachen ist als Kommunikationsinstrument vermutlich älter als die Sprache. Jedoch: Nur 15 Prozent der Sätze, die Gelächter auslösen, sind erkennbar witzig, schreibt Brooks. Man muss kein Soziologe sein, um davon auszugehen, dass Lachen für soziale Bindung sorgt. Kein Mensch ist eine Insel, außer er bestimmt das dezidiert für sich und das ist nie gesund. Also sind wir darauf programmiert, Gruppen zu bilden. Die Gruppe hat sich von jeher, oder zumindest nach der Erfindung der Landwirtschaft, besser verteidigen und ernähren können, und die Gruppe kann gemeinsame Aufgaben und Probleme besser lösen als im Einzelkampf. Es fällt uns einfach leichter, gemeinsam zu lachen, wir fühlen uns in der Gruppe sicherer. Das ist ein starker Ur-Mechanismus und ein zutiefst menschliches Bedürfnis, das zu allerlei medialen Seltsamkeiten geführt hat.

Comedy war zwar von Anfang an ein fixer Bestandteil des Fernsehangebots, aber in den frühen Zeiten von Schwarz-Weiß-TV hätte niemand daran gedacht, dass dem Fernsehpublikum einmal hörbar gemacht wird, wann es zu lachen hat. Mit dem Soundtrack ist der Laughtrack gekommen und jetzt lachen wir mit. Gut, bei den samstäglichen Volkstheater-Übertragungen im TV aus den diversen Komödienhäusern sind wir wahrscheinlich emotional dem Publikum im Theater und seinen Reaktionen gefolgt.

Ich kann mich noch sehr genau an die Wochenenden Ende der Fünfziger des letzten Jahrhunderts erinnern, an denen die ganze Familie vor dem Fernseher saß und mit den Norddeutschen oder den Bayern gelacht hat. Das war enorm wichtig für den Wiederaufbau unserer Identität, das Nachkriegs-Trauma des Deutschseins wurde durch das Fernsehen erträglich, wurde mit der Arbeit bekämpft und schließlich zum Wirtschaftswunder. Das half zu verdrängen. Die notwendige Therapie wurde erst später in Angriff genommen, als die politische Nachkriegsgeneration Nummer eins in den Sixties dafür sorgte, dass darüber gesprochen wurde, was uns da »passiert« ist.

Im nationalen Fernsehen ist die Beziehung eines Landes zu sich selbst erkennbar und wohl jenen, die über sich selbst gut lachen können. Es ist allemal amüsanter, in einer Runde mit anderen eine gute Show zu sehen als allein, egal ob live oder aus dem TV. Gemeinsames Lachen verbindet uns, es signalisiert Zugehörigkeit. Wenn ein ganzer Saal gleichzeitig über etwas, das auf der Bühne geschieht, lacht, dann ist das eine kollektive Reaktion ohne kollektives Bewusstsein, einfach nur gefühlt, und es gibt nichts Schöneres, als der Grund dafür zu sein. Als ich zum ersten Mal mit der festen professionellen Absicht, die Menschen zum Lachen zu bringen, auf die Bühne ging und dabei kein Gerüst von Schauspiel oder Musical um mich herum hatte, war das wie eine Erleuchtung. Zumindest für mich, denn ich kann mir vorstellen, dass meine ersten Schritte als Comedian mitunter für andere mühsam waren. Aber so ist das nun einmal, wenn man etwas Neues ausprobiert. Für mich war es dringend notwendig, ich hatte Mitte der Neunziger genug Theater und Musical gespielt, meine Arbeit langweilte mich, ein gefährlicher Zustand. Also folgte ich dem alten Boulder-Spruch: »If life bores you – risk it«. Denn wer als Newcomer im Lach-Business rausgeht und seine Jokes und Geschichten ausprobiert, riskiert sein künstlerisches Leben, egal wie erfolgreich er vorher mit etwas anderem war. Es kann tödlich enden. Ich habe überlebt!

Die Verknüpfung von Lachen und Lüge ist ein Thema, das mich ebenfalls beschäftigt. Ich frage mich seit jeher, warum wir »falsch« lachen, warum wir vorgeben, etwas lustig zu finden, das uns nicht sonderlich amüsiert, mitunter nicht einmal interessiert. Es gibt den »Gefallen-Lacher«, wenn wir jemandem etwas Gutes tun wollen oder glauben es zu müssen, oft zu erleben, wenn Chefs etwas zum Besten geben. Dann wird automatisch gelacht aus Konvention, als hätten wir das im Vertrag stehen: »Sie verpflichten sich, auf die Anekdoten Ihrer Vorgesetzten entsprechend positiv zu reagieren, ansonsten droht Konventionalstrafe.« Wir lachen also aus Gehorsam. Eine Verweigerung dieses Lachens ist eine emotionale Strafe für den Vortragenden und nie einfach. Mit Scheitern umzugehen ist das Handwerk, daraus zu lernen ist die Kunst.

Wir falschlachen aber auch aus Liebe. Ist es nicht rührend, wie manche Menschen in Beziehungen sich alle erdenkliche Mühe geben, den Partner zum Lachen zu bringen, aber nicht wirklich lustig sind? Und ist es nicht total verständlich, wenn wir da falschlachen? Warum jemanden vor den Kopf stoßen, wenn es so wenig bedarf, um ihn oder sie glücklich zu machen? Ja, es ist eine Vereinbarung, er macht einen Joke, weiß genau, dass er damit nie einen ganzen Saal unterhalten könnte, aber er macht ihn für sie und sie dankt es ihm mit ein wenig Falschlachen – so what? Diese Vereinbarung entsteht aus Liebe und meint nur Liebe.

Ich persönlich kann freilich darauf verzichten, wenn ich mitbekomme, dass jemand falschlacht, macht mich das eher wütend. Ich zeige es meistens nicht, aber ich bin stinksauer, nicht über den Betrug des Lachens, sondern darüber, dass ich nicht gut genug war, einen wahrhaftigen Lacher zu erzeugen, und nicht wert genug, mir die Wahrheit zuzumuten. Es entgeht mir wertvolles Lernpotenzial. Da dringt der Profi in mir durch. Ja, Humor kann oftmals in Wettbewerb ausarten, auch privat, das ist dann genau ein paar Minuten lang lustig, aber dann oft nur noch peinlich. Zu wissen, wann es genug ist, ist die Kunst. Ebenso unangenehm finde ich es, wenn Menschen in meiner Nähe etwas zu laut lachen, wenn sie Druck auf ihre Lacher legen, damit sie überzeugender wirken. Ich höre das und es schreckt mich ab. Keine Ahnung, warum mich das so tangiert, es sind wohl meine sensiblen Sensoren, die gleich mal ausschlagen, die gleichen Sensoren, die ich brauche, um auf der Bühne mein Publikum zu lesen, zu erkennen, zu bedienen. Der Dialog Bühne – Zuschauer ist wesentlich für dauerhaften Erfolg. Wenn du dein Publikum nicht mehr lesen kannst, bist du entweder so groß, dass du eine anonyme Masse bedienst, die in jedem Fall reagiert, egal was du machst, oder du bist so schlecht, dass du dein Publikum nicht mehr verstehst und es dich wahrscheinlich auch nicht. Das wäre dann das Ende oder zumindest der Anfang einer langen und intensiven Nachdenk-Pause. Hoffentlich kriege ich es mit, sollte es bei mir mal so weit kommen.

Wir lachen auch, wenn uns etwas peinlich ist. Es ist eine menschliche Reaktion, die uns hilft, in gewissen Situationen nicht durchzudrehen. Würden wir nicht lachen, würden wir wahrscheinlich laut schreien. Lachen entspannt eben in überaus prekärer Lebenslage, es hilft uns, Zeit zu gewinnen, nach ein paar Sekunden wieder einigermaßen klar zu sehen, was Sache ist und wie es weitergehen sollte. Einmal mehr: Wer über sich selbst lachen kann, ist besser dran.

Ich war etwa 13, als ich zum ersten Mal beim Sex erwischt wurde, na ja, es war nicht wirklich Sex, ich war gerade zum Jünger der »Heiligen Kirche der Petting-Brüder« geworden, der geheimen, pubertierenden Sekte, die uns in den späten Sixties emotional total unter Kontrolle hatte. Wir waren zu jung für den Beischlaf und zu potent, um es dabei zu belassen. Ich tat alles, um mich sprichwörtlich in die Hände eines Mädchens zu begeben, und eines Nachmittags war es mal wieder so weit. Wir waren bei ihr zu Hause und hätten eigentlich Hausaufgaben machen sollen, aber es wurden »Handaufgaben«. Sie war sehr neugierig und ich nur gierig. Wir küssten uns schnell atmend, meine Rakete ging sofort in Startposition und gemeinsam traten wir in den Orbit unserer jungen Sexualität ein. Wir umkreisten den unbekannten Stern »Orgas« konzentrisch, kamen ihm immer näher, waren schon kurz vor dem Touchdown, »A small step for a man …« usw., und genau in dem Moment, als meine Rakete überschüssigen Treibstoff in den freien Raum abgeben wollte, ging die Tür zum Kinderzimmer auf und die Mutter meiner Astronautin stand vor uns. Sie sah ihre Tochter mit einem Joystick in der Hand und verlor komplett die Fassung: »Was ist denn hier los?!«, schrie sie und stampfte irgendwie komisch auf. Mir war klar, dass es jetzt weder etwas zu leugnen gab noch zu erklären, es war, wonach es aussah und jede Ausrede hätte die Situation nur noch mehr aufgeladen. Ich sah die Mutter der Milchstraße auf der Stelle tänzeln und reagierte instinktiv: Ich lachte aus vollem Halse und konnte mich auch nicht mehr beherrschen. Ich nehme mal an, dass ich den Interruptus verarbeiten musste, die Energien wollten raus, egal wie. Maman war darob noch geschockter, zumal ihre Tochter jetzt auch nicht mehr anders konnte als mitzulachen. Das machte Mutter Moral total wütend. Sie fühlte sich wohl nicht ernst genommen und schrie herum von wegen Hausaufgaben und Hausarrest und Hausrauswurf. Ich packte mein Space Shuttle also wieder ein und stolperte hinaus, immer noch kichernd. »Und du …«, schrie Mutter die Tochter an, aber weiter kam sie nicht, denn das Mädchen musste darüber schon wieder so lachen, dass es ihrer Erziehungsberechtigten die Sprache verschlug. Mehr bekam ich nicht mit, ich machte mich unverrichteter Dinge vom Acker.

Noch heute muss ich über diese Science-Fiction-Episode aus den frühen Zeiten der Raumfahrt grinsen. Lachen befreit aufgestaute Energien oder wie Freud es nennt: »Humoristischer Lustgewinn aus erspartem Gefühlsaufwand«. In seinen Schriften über Humor und den Witz beruft sich Freud auf das Über-Ich, das dem Ich in gewissen angespannten Situationen befiehlt, wie es zu reagieren hat, und vergleicht das mit dem Verhältnis Eltern und Kind. Und so war es ja auch damals, als mein Über-Ich übernahm und ich dem Elternteil ein herzliches Lachen entgegenbrachte, vielleicht auch um eine etwaige Bestrafung zu mildern. Meine Strafe hatte ich ja schon: Entbehrung, unfreiwilligen Verzicht, Verweigerung kurz vor der Hürde. Dennoch saß ich grinsend im Bus und dachte an meine Weggefährtin. Die profitierte übrigens sogar von der NASA-Episode im Kinderzimmer, wie ich später erfuhr. Nachdem sich ihre Mutter ihrer eigenen Jugend erinnert hatte, beruhigte sie sich, und nach einem »Aufklärungsgespräch« ging sie mit der Tochter zum Arzt und die bekam dann die Pille, pünktlich zum 15. Geburtstag. Den feierten wir dann gemeinsam ... im All ... mit Landung ... Lachen ist gut für die Sexualität. Davor, währenddessen und vor allem danach. Manchmal denke ich, gemeinsames Lachen ist Indiz für wahre Liebe, aber es ist wohl nur eine Täuschung des Beckenbodenmuskels ...

Gemeinsames Lachen ist also in jedem Fall gut für alle und gut für alles. Ich weiß schon, es ist eine kühne Forderung, aber gemäß dessen, was wir über das Lachen wissen, vor allem was die Bindungs- und Befreiungskraft betrifft, sollten wir vor jedem wichtigen Meeting, vor jeder Vorstandssitzung, vor jeder wichtigen Entscheidung einen Comedian oder eine Comedienne einladen. Am besten eine, die sich über die anstehenden Themen und Aufgaben klug lustig machen kann. Möglicherweise eine neue Berufsgruppe: Entscheidungs-Entspanner.

Wollen wir Gemeinschaft herstellen, so ist das gemeinsame Lachen, und zwar das spontane, das wahrhaftige, das nicht geführte Lachen, eine effiziente emotionale Maßnahme. Steht zum Beispiel ein Merger an, wollen zwei Unternehmen zu einem werden, müssten ab dem Moment, an dem klar ist, dass es dazu kommen wird, sofort Humor-orientierte Emotionalisten engagiert werden, die sich mit der Materie befassen und den Humor aus der aktuellen sowie aus der anstehenden Situation extrahieren und präsentieren. Lachen wir über unsere Aufgaben und Probleme, verlieren sie sofort an Bedrohlichkeit. Lachen ist die stärkste Waffe gegen Angst. Das ist wohl auch der Grund für die steigende Attraktivität von Humor-Content in den Massenmedien; wir lachen aus sozial-therapeutischen Gründen, als Ventilfunktion gegen gesellschaftlichen Überdruck. Daraus könnten wir auf die Formel schließen: Je höher der Druck, desto lach. Dafür spricht auch die alte Kulturweisheit, dass in schweren Zeiten vor allem das gesellschaftskritische, das politische Theater und Kabarett aufblüht und floriert.

Für Unternehmen bedeutet das in Zeiten von außergewöhnlichem Druck (also quasi immer?), dass Lachen eine wirksame innerbetriebliche Gegenmaßnahme zur Bedrohung durch Burn-out, Mobbing und andere emotionale Auswüchse nicht betreuter Angstzustände ist. Angesichts der Kosten, die solche negativen emotionalen Entwicklungen verursachen können, sind jene Ressourcen verschwindend klein, die aufgebracht werden müssen, damit Humor-orientierte Emotionalisten, Entspannungskünstler, Inspiratoren, interne Kulturmanager, wie immer wir sie nennen wollen, also Professionals, die in gemeinsamer Arbeit mit dem Unternehmen Strategien und Interventionen planen und durchführen, nahezu unwesentlich. Wenn es heißt, wir lachen die Probleme weg, dann meint es eigentlich: Wir lachen uns die Lösungen herbei. Das ist jedes Geld der Welt wert. *Lachen macht Sinn.*

10. Aufstand gibt Sinn

Emotionen am Arbeitsplatz. Sie lassen sich nicht verhindern, nur verstehen. Auch wenn jemand eine schlimme Nachricht liebevoll übermittelt, bleibt es eine schlimme Nachricht. Es geht nicht um den sanften Ton einer Stimme und das friedliche Lächeln eines verständnisvollen Gesichts. Das nervt eher, weil es oft zur Maske verkommt.

Grob geschichtlich betrachtet könnten wir sagen, dass der Kapitalismus zu einer einseitigen Wahrnehmung in Sachen Emotion gekommen ist, und das ging so: Der typische Arbeiter an einem typischen Arbeitsplatz zu Beginn der Industrialisierung im 19. Jahrhundert hat seine Arbeitsbedingungen grundsätzlich nur still erlitten, wiewohl innerlich wütend. Da gab es keine oder wenige emotionale Äußerungen, solche hätten zu Schwierigkeiten bis hin zum Verlust des Arbeitsplatzes geführt. Die Arbeit an sich war emotional unentrinnbar mit Mühsal, Verachtung und Ungerechtigkeit verbunden. Negative Werte, die die Menschen stumm dienend so lange erduldeten, bis der Leidensdruck einfach zu groß wurde und sich die aufgestauten Emotionen in Protest und Arbeitskampf entluden, zu Recht und mit Recht.

Die herrschende Arbeitsphilosophie, die eigentlich eine arbeitende Herrschaftsphilosophie war, lautete: Arbeit muss weder Spaß noch Sinn machen und Gefühle haben in der Arbeitswelt nichts zu suchen. Für die Besitzer der Produktionsmittel waren Emotionen nur störendes Übel, das sicher zu Revolte und Aufstand lenkte, wenn es nicht bereits im Keim erstickt wurde. Diese Haltung führte zu unerträglichen Arbeitsbedingungen, zu gefühlsfeindlichen Umgebungen und einem entsprechenden Führungsstil. Gefühl im Unternehmen war der ausgemachte Feind des Profits und musste daher rücksichtslos bekämpft werden. Es galt der als guter Geschäftsmann, der Emotionen weder bei sich selbst noch in seinem Unternehmen zuließ. Menschlichkeit, Rührung, Mitleid wurden in autoritäre Mäntel gehüllt und in der arroganten Pose des Wohltäters als eine Art prähistorische CSR verkauft.

Als John D. Rockefeller Ende des 19. Jahrhunderts darauf hingewiesen wurde, dass die Arbeiter auf seinen Ölfeldern und in seinen Minen unter elendigen Bedingungen dahindarbten und viele überhaupt keine Arbeit mehr hatten und Hunger litten, wurde ihm schlagartig klar, dass er es mit einem drohenden Imageproblem zu tun hatte. Eines, das sowohl ihm persönlich als auch seiner Familie, aber vor allem seinen höchst profitablen Projekten enorme Reputationsprobleme und in der Folge mögliche Profiteinbußen bescheren könnte. Also beschloss er zu helfen, und zwar öffentlich und klug inszeniert, aber ohne jegliche Nachhaltigkeit. Es ging ihm lediglich um singuläre PR-Aktionen und das waren sie dann auch: ein paar Dollar auf die arme Hand, bitte lächeln, Blitzlicht, und see you later alligator ...

Bemerkenswerterweise setzte sich die Familie Rockefeller für die Gründung von Universitäten, medizinischen Forschungszentren und Bibliotheken ein und unterstützte Priesterseminare und den Bau des World Trade Centers. Heute ist die Homepage der Rockefeller Foundation ein interessantes Kommunikations- und Kooperationsprojekt. Fortschritt geht auch mal verwunschene Wege.

In den unerbittlichen Abhängigkeitsstrukturen jener Zeit aber waren Gefühle etwas, das zu Hause zu bleiben hatte. Die Arbeiterinnen und Arbeiter der Fabriken und Förderanlagen begehrten kaum auf, denn die Hierarchien wurden als existentiell notwendig und unerschütterlich angenommen. Es gab keine Alternativen und das machte die Zustände schicksalhaft. Gefühle brachten Nachteile und Hunger. Aber als sich die ersten Aufrechten besannen und ihre Gefühle auch im Arbeitsbereich zuließen, sich über ihre Arbeitsbedingungen und Lebensumstände aufregten und beschwerten, kam die gewerkschaftliche Bewegung ins Rollen. Es wurden die klugen Fundamente der Sozialpartnerschaft gegossen, von denen wir heute noch profitieren – work in progress. Mittlerweile spielt sich das allerdings unter stark verbesserten Bedingungen und mit einigen überraschenden Wendungen (Employer Branding) ab.

Revolutionen basieren auf politischem Bewusstsein und emotionaler Kraft. Beides überzeugend vermittelt ergibt einen Sinn für Widerstand und Veränderung. Seit dieser Zeit mussten sich die Bosse, die Arbeitgeber und die Finanziers mit Emotionen im Unternehmen beschäftigen, denn die Forderungen der Arbeitervertretungen waren nicht nur Zahlen und Zeiten, sondern auch Lebenssituationen, soziale Verantwortung und Partnerschaft.

Der Sinn der Arbeit in jener Zeit war auf pures Überleben reduziert. Sich dagegen zu wehren, wäre tödlich gewesen, und so musste ein übergeordneter Sinn her, einer, der den grausamen Alltag relativierte, und der wurde gefunden: in Religion, Okkultismus, transzendentaler Abgehobenheit, Kontakt zu den Toten und allen möglichen Post-mortem-Versprechen. Wenn schon keine Hoffnung, dann wenigstens Illusion. Die »Sinnverwalter«, Kirche und andere Vereinigungen, profitierten von der gesellschaftlichen Situation und hatten wenig Interesse an Veränderung. Sie riefen zur Gnade für die geschundenen Elenden auf und machten gleichzeitig Geschäfte mit ihren Peinigern. Ich denke, so ist einer der berühmtesten Sätze von Karl Marx zu verstehen »Die Religion – Opium des Volks«. Theodor W. Adorno hatte bereits in den 40er-Jahren des letzten Jahrhunderts diesen Ansatz von Marx in seiner Kulturkritik des kapitalistischen Systems weiterentwickelt und den Begriff der »Kulturindustrie« geprägt. Eine Industrie, die ihren Konsumenten vorgaukelt, Kultur zu sein, um ihnen mit Entertainment-Sedativen den Alltag erträglich zu machen, statt aufzuzeigen, zu protestieren und die Mächtigen herauszufordern. Der arbeitende Mensch wird bei Laune gehalten. Schlager für Produktionskräfte.

Dabei ist schon bemerkenswert, dass just die christliche Religion – diese alte und mächtige Glaubens-Institution mit dem Kreuz, aufgebaut auf den Theorien des mutigen Revolutionärs aus Nazareth, Inhaberin des stärksten Brandings der Geschichte – keine Hilfe zu leisten imstande war oder sein wollte und keine politischen Wege wusste, um die menschenunwürdigen Zustände, in denen ihre Gläubigen leben mussten, zu verändern. Da stand wohl die Macht dem Sinn im Weg.

Heute werden die Sinn-Aufgaben von virtuellen Göttern übernommen. Die Sehnsucht nach Flucht ins Traumland, menschlich, legitim und a priori nicht zu verurteilen, wird im wahren Sinn des Wortes instrumentalisiert und heißt jetzt App. Wir transferieren unsere Bedürfnisse in die Cloud-Experience und überlassen sie den Netzagenten, unsere Kommunikation findet nicht mehr analog statt, sondern auf Social Platforms, und unsere Liebespartner suchen wir durch Algorithmen. Wir sind Data. Dementsprechend finden Revolutionen heute im Netz statt, Edward Snowden und Julian Assange gingen voraus, und die Nutzung kommunikativer Technologien hat bei den jüngsten Revolutionen wie dem Arabischen Frühling, den Aufständen in Libyen, Syrien und in der Ukraine bereits eine wesentliche Rolle für die Reaktionen der globalen Öffentlichkeit und die Maßnahmen der Politik gespielt. Good News, schließlich hat das Internet dafür gesorgt, dass kein Despot mehr so ohne Weiteres davonkommt, irgendwann landen sie alle in Den Haag. Aufstand macht Sinn.

Aufstand in der Wirtschaft ist gut. Aufstand bedeutet Erneuerung. Aufstand ist in jedem Fall besser als sinnlose Routine und Langeweile. Wer gegen etwas aufsteht, arbeitet mit Emotion, deshalb ist Aufstand auch Bindung. Und Emotionen vermitteln Botschaften. Kommt es zu derartigen

Emotionen bzw. Aktionen im Unternehmen, dann bedeutet das zunächst, dass es den »Aufständischen« etwas wert ist, sich für Veränderungen einzusetzen, dass sie sich gebunden fühlen, dass ihnen ihr Arbeitsumfeld wichtig ist, ihre Abteilung, ihr Unternehmen. Widerstand aus Loyalität – emotional plausibel. Als Mitarbeiter, dem etwas an seiner Arbeit und deren Umfeld liegt, habe ich die Pflicht, auf Missstände aufmerksam zu machen, und muss bereit sein, an deren Behebung mitzuarbeiten. Als Führungskraft sollte ich konstruktive Kritik und Widerstand als Zeichen von emotionaler Bindung und Loyalität anerkennen, bevor ich in die Falle antiquierter, uniformierter Reaktionen verfalle und versuche, die ausgemachten »Feinde« zu disziplinieren bzw. zu eliminieren. Niemand ist treuer als eine Mitarbeiterin, deren Verbesserungsvorschläge angenommen und umgesetzt wurden.

11. Sinnlosigkeit erzeugt Langeweile

Der Sinn, den Viktor Frankl für das Individuum einfordert, ist keiner, der als göttliche Gabe von irgendwo herkommt, nichts, das uns zugeteilt wird, geschenkt, verliehen oder überlassen wird, sondern etwas, um das wir uns selbst kümmern müssen. Nicht umsonst spricht Frankl nicht vom Sinn *des* Lebens, sondern vom Sinn *meines* Lebens. Jeder ist für seinen Sinn verantwortlich. Das Leben an sich ist schon sinngebend, wenn wir nur nach Sinn streben, es bietet sinnstiftende Konstrukte und Denkweisen an, aber wir müssen auf das Leben zugehen, bereit und willens sein für diese Reise. Insofern bedient Viktor Frankl den ursprünglichen Wortsinn des Reisens, der da ist: sich auf den Weg machen. Zwei Wege sind interessant: Sinn als etwas, das vom Subjekt aus vergeben wird, und Sinn, der vom Menschen entdeckt und festgelegt wird.

Viktor Frankl meint, dass wir heute nicht mehr im Zeitalter der sexuellen Frustration leben, wie Freud es einschätzte, und auch nicht mehr im Zeitalter der frustrierten Macht, nach Adler, sondern mittlerweile seien wir existenziell frustriert. Frankl: »Im Gegensatz zum Tier sagen dem Menschen keine Triebe, was er zu tun hat, und im Gegensatz zu früher sagen ihm heute auch keine Traditionen mehr, was er tun soll. Und so weiß er nicht mehr, was er eigentlich will« (»Über das Leben«). Die Logotherapie stellt den »Willen zum Sinn« ins Zentrum, hier korreliert Frankl mit Freud, dessen Lehre sich ebenso darauf verlässt, dass bereits die aktive Beschäftigung mit den Themen und Problemen eine therapeutische Wirkung hat. So ist es auch mit dem Sinn in der Wirtschaft und dem Sinnangebot im Unternehmen. Allein die Anerkennung dieses Themas und die Beschäftigung damit produzieren Sinn, bieten den Menschen Perspektiven und Bewertungskriterien abseits der rein wirtschaftlichen Überlebensmechanismen.

Frankl entwickelte die psychotherapeutische Methode der »Paradoxen Intention«, nach der ein Klient absichtlich dazu angeleitet wird, eine neurotische Verhaltensweise auszuüben. Ziel ist es dabei, diese im Endeffekt zu überwinden. Die »katalytische Funktion des Therapeuten«, wie Frankl sie nennt, also die emotionale Begleitung von sinnsuchenden Prozessen, kann enorme Wirkung erzielen. Ein Mensch, der unter Stottern leidet, kann durch Frankls »Paradoxe Intention« seine Behinderung überwinden, indem er sich fest vornimmt, beim nächsten Meeting unbedingt zu stottern. Zunehmend wird es ihm schwerfallen, diese selbst gestellte Aufgabe zu erfüllen. Es findet ein interner Kampf der Emotionen und körperlichen Reaktionen statt, der dazu führt, dass die Störung den Patienten nicht mehr überraschen kann, sondern nunmehr geführt und kontrolliert ist, und das bedeutet in der Konsequenz, dass sie ganz weggelassen werden kann. Die rücksichtslose Konfrontation mit den eigenen Problemen ist der Weg, individuell und organisatorisch. Es geht nicht mehr darum, die Defizite zu verheimlichen, zu verdecken, als Thema zu vermeiden, sondern im Gegenteil darum, den dafür notwendigen Zeit- und Energieaufwand zu nutzen, indem man an die Wurzeln der Defizite geht, die Aufgaben offen und ehrlich behandelt und nach strukturellen und emotionalen Lösungen sucht.

Umgelegt auf das unternehmerische Umfeld würde das bedeuten, dass sich die Mitarbeiter eines Unternehmens einmal fest vornehmen, die Arbeitsabläufe zu verlangsamen, zu stören, die Strukturen durcheinanderzubringen, getroffene Entscheidungen zu ignorieren usw. Die Mutwilligkeit einer solchen Aktion schafft eine Perspektive, die es erlaubt, die Absurdität sofort zu erkennen und in Zukunft auch als solche zu entlarven. Unternehmenstheater funktioniert. Da gibt es ganz wunderbare Weltengänger wie meine Kollegin Andrea Schörghofer-Tomassich, die seit vielen Jahren sehr erfolgreich so arbeitet. Da werden Kundengespräche in übertriebener Weise inszeniert, Kommunikationsfehler der handelnden Personen aus dem Unternehmen Comic-ähnlich ausgestellt, Worthülsen und inhaltsleere Pamphlete humoristisch überzeichnet und Werte des Unternehmens, die zwar postuliert, aber nicht gelebt werden, auf unterhaltsame Weise bloßgestellt usw.

Eine starke Rolle im Leben der Menschen spielt die Fadesse, eine gesellschaftliche Verfallserscheinung. Die Langeweile, ob nun individuell oder institutionell, ist ein gefährlicher Sinnvernichter. Sie setzt sich durch ihre schleichende Entwicklung nahezu unbemerkbar fest und ist dann, wie Efeu an der Wand, kaum noch zu bewältigen. Kollektive Unaufmerksamkeit ist der Wegbereiter. Es war, so manche Geschichtsforscher, auch die Langeweile, die für den Ersten

Weltkrieg gesorgt bzw. ein kriegsbereites Sentiment ermöglicht hat. Es brauchte den ultimativen Kick.

Wenn Sinn also keinen Platz mehr hat, als kognitive und emotionale Instanz des Menschen, und somit nicht existiert, dann tritt sein Gegenteil in Erscheinung, das Nichtvorhandensein von Sinn. Während der Sinn als solches nicht wirklich feststellbar ist, nur fühlbar, dringt die Sinnlosigkeit in alle Atome des menschlichen Daseins und tut ihr lähmendes, zerstörerisches Werk. Sinn ist also weder Ding noch Mensch oder die ganze Welt, sondern eine Beziehung zur subjektiven Wirklichkeit. Diese Beziehung will hergestellt sein. In durchgehend erfolgreichen Situationen eines Unternehmens wird der nicht empfundene oder nicht bewusst registrierte oder nicht angenommene Sinn genau diese Fadesse erzeugen, die sich negativ auswirken kann, und eine Situation kreieren, in der das Unternehmen zwar sehr erfolgreich ist, sich dieser Erfolg aber nicht emotional auf seine Menschen überträgt. Es entsteht ein Motivations-Vakuum. Daher muss hier gestört werden. Die künstlich herbeigeführte Störung von sich wiederholenden Abläufen und Strukturen ist eine mögliche Antwort, wie Reinhard K. Sprenger ausführt. Insofern kann Erfolg also auch eine Bedrohung sein, kulturell in jedem Fall und mittelfristig auch wirtschaftlich, denn Langeweile wird sich immer auf die Produktivität auswirken, von der vernachlässigten Innovation ganz zu schweigen. Es ist überaus ratsam, dass erfolgreiche Unternehmen ihr Radar auf höchste Sensibilität einstellen und ständige Überprüfungen durchführen, ob sich kulturelle Gewohnheiten eingestellt haben, die unbemerkt zu Langeweile werden können. In diesem Fall sind Interventionen einzuleiten und in aller Konsequenz durchzuführen.

So viel steht fest: Eine Idee zu haben und diese in ein Unternehmen zu verwandeln, das Menschen Arbeit und Einkommen sichert, das hat in jedem Fall Sinn. Aber damit ist die Sinnverpflichtung nicht vorbei, sondern fängt erst an. Der Sinn, der außerhalb der wirtschaftlichen Paradigmen wirkt und eine emotionale Vereinbarung mit dem Sinnträger, also dem Subjekt (Selbst) darstellt, steht lediglich zur freien Verfügung. Jeder kann zugreifen, muss aber nicht. Es gibt kein Gesetz zur Sinnpflege in der Wirtschaft, aber es wäre eine gute Idee.

Gefühle transportieren Botschaften

12. Die Welt ist eine Bühne (echt jetzt … so banal?)

Doch – die Welt ist eine Bühne! Bei öffentlichen Auftritten begibt man sich ohne Rüstung und Visier in die Hände einer hungrigen Meute, die über dich entscheidet. Wenn sie dich versteht, ist alles gut, manchmal sogar sehr gut, bis hinauf zu den Abenden, die so orgiastisch sind, dass du dein ganzes Leben daran denken wirst. Du kannst nicht immer gewinnen, das ist unmöglich, meistens agierst du in einem Durchschnittsbereich, auf den du dich mit dir und deinem Qualitätsanspruch an dich geeinigt hast. Aber wenn du nicht gewinnst, wenn du verlierst, ist es eine Demütigung, für das Publikum, für dich und für das Unternehmen, zum Beispiel das Theater. Um das zu verhindern, um den richtigen Weg zu finden, bedarf es, im Sinne von trial and error, der wiederholten Demütigung. Ein Schauspieler kann sich entweder hinter einer Rolle verstecken oder sie erleben wollen, was mit wesentlich mehr Risiko verbunden ist, aber im Falle des Erfolges auch mit mehr emotionalem Profit. Wenn ein Schauspieler auf Nummer sicher geht, kann das durchaus unterhaltsam sein, aber es ist nie ehrlich. Der Mann kann es sich verdient haben, wenn er nach Jahrzehnten der Tourneen durch kleine Orte und auf kleinen Bühnen, in engen Garderoben und schmuddeligen Hotelzimmern endlich sein Nummer-sicher-Format gefunden hat, das ihm erlaubt, mit weniger Aufwand mehr wirtschaftlichen Ertrag zu erreichen. Aber er ist nicht mehr mutig, er ist nicht mehr authentisch, und der Mann ist mit hoher Wahrscheinlichkeit auch nicht (künstlerisch) glücklich.

Erfahrene Entertainer verfügen über Autopiloten, die sofort aktivierbar sind, wenn es die Umstände verlangen, ein unruhiges Publikum etwa, ein schlechter Saal, ein seltsamer Anlass oder wenn Menschen Entertainment aufgezwungen wird, ob sie wollen oder nicht. Mitarbeiter eines globalen Unternehmens treffen sich zum Beispiel einmal im Jahr, um von der Konzernführung zu erfahren, was für die Zukunft geplant ist, wo die Aufgaben, wo die Erträge liegen, aber vor allem, um Kollegen zu treffen und sich über Märkte, Menschen und Mechanismen auszutauschen. Eine kluge und emotionale Planung eines solchen Events sieht das voraus und programmiert für den Anlass maximal etwas Background-Musik, um den Gästen die unangenehme Wahl zwischen Tisch und Bühne zu ersparen. Den Fight am Tisch, zwischen Austausch mit den Kollegen und Aufmerksamkeit für die Bühne, gewinnt immer der Austausch, die Information. Das ist die emotionale Ausgangslage für den auftretenden Künstler. Er muss jeden Moment damit rechnen, einen nach dem anderen im Publikum zu verlieren, bis das Desinteresse sich wie ein Buschfeuer flächendeckend verbreitet hat, und aus diesem ist noch niemand zurückgekehrt. Wenn das dein tägliches Brot ist, dann brauchst du eine dicke Haut. Das ist durchaus erlernbar, ich habe Kommerzbands erlebt, die hatten einen Schutzschild um sich herum wie das Raumschiff Enterprise. Sie standen stundenlang auf der Bühne und waren unberührbar, weder durch Lob noch durch Tadel. Sie befanden sich in einem energetisch geschützten Raum ihrer selbst und ignorierten das Publikum, so wie auch umgekehrt. Geht, klar, ist dann aber kein schöner Beruf mehr.

Wir sind alle immer auf der Bühne. Vom simplen Erscheinen am Arbeitsplatz (»Was hat sie denn heute wieder an?«) über das Kopierer-Gespräch (»Vielleicht habe ich eine Chance bei ihr/ihm.«), die Projektbesprechung (»Ich sage nichts, bevor ich etwas Falsches sage.«) bis zum großen Jahres-Event mit Reden hinter Holzgerüsten. Aus dem Theater wissen wir, dass selbst die besten Monologe der Literatur, schlecht oder falsch vermittelt, schnell entwertet werden können. So verhält es sich auch mit Botschaften, denn selbst die größten Vorhaben, die attraktivsten Produkte und die klügsten Strategien werden nicht greifen, wenn sie falsch oder emotionslos vorgetragen werden. Natürlich kann man berechtigterweise davon ausgehen, dass die Mitarbeiter kapieren, was ihnen da vorgestellt wird. Sie haben das Grundwissen, die Expertise, den Überblick, aber das simple Verstehen der Fakten macht noch keinen Enthusiasmus, die Logik eines Vorgangs noch keinen Mut, und in Aussicht gestellte Zahlen sorgen noch lange nicht für Energieschübe und Umsetzungs-Leidenschaft. Das kann nur die Emotion, ihr muss Rechnung getragen werden. Aber wie?

Wir haben mittlerweile ein stark erweitertes wissenschaftliches Wissen zu den emotionalen Themen unseres Zusammenlebens und somit auch eine neue Sprache zur Verfügung. Das ermöglicht es uns, zwischen den Welten von Wirtschaft und Kunst zu kommunizieren, mit dem Ziel, selbst die kompliziertesten Produkte und Vorgänge auf ihre emotionalen Inhalte zu überprüfen. Künstler erarbeiten Botschaften, setzen sie emotional um und kommunizieren sie ebenso. In der Entertainment-Industrie werden wir ständig mit neuen Herausforderungen konfrontiert, müssen stets neue Ideen und neue Botschaften er- und vermitteln und deren Aufnahme- und Übermittlungsinstrumente permanent erneuern, erweitern und wirksam halten. Das ist der Job. Natürlich wiederholt sich alles, die Musik hat nur die zwölf Töne zur Verfügung, die seit Menschengedenken immer wieder neu kombiniert werden. Die Variationen des Hamlet-Monologs sind mehr oder weniger alle durch, aber er kann dennoch stets aufs Neue überraschen, Qualität vorausgesetzt. Und wie viel exakter kann der Gitarren-Sound eines Carlos Santana noch kopiert werden? Richtig, es ist nicht der Teig, der den Erfolg ausmacht, sondern was wir daraus backen: Es ist die Botschaft.

Wenn jemand mutig auf eine Bühne geht und dort ehrlich um seine Botschaften kämpft, wird ihm ein professionell dürftiger Vortrag wahrscheinlich eher verziehen als einem selbstverliebten Profi, der vor lauter Ego und Eitelkeit die Inhalte in den Hintergrund verbannt, zugunsten seiner Persönlichkeit und wie er sich empfindet. Das Publikum bemerkt alles, wägt ab und entscheidet emotional über Erfolg und Niederlage. Eine ganz einfache Überprüfung dieses Gesetzes ist im Entertainment zu beobachten, wenn etwa ein Künstler das Publikum zum Mitklatschen auffordert. Das ist in unseren Gefilden nicht gerade etwas, zu dem die Menschen gezwungen werden müssen, ist doch das geradlinige Mitklatschen von Viertelnoten seit jeher eine Art gesellschaftlich vereinbartes Zeichen für Stimmung und gute Laune. Wer klatscht, hat's fein, egal wobei, Hauptsache man kann von sich sagen: »Ich hab's fein gehabt, weil ich hab ja mitgeklatscht.« Umso tragischer, wenn es nicht klappt, wenn niemand mitklatscht, wenn eben keine Stimmung aufkommt. Das Produkt auf der Bühne mag gut sein, tadellos, bis hin zu technisch perfekt, aber es fehlt der berühmte Funke. Da spielen dann doch Ehrlichkeit und Wahrheit große Rollen in der Empfindung des Publikums. Die Ehrlichkeit hinter dem Produkt, der Dienstleistung, an das zu glauben, was man vorträgt, in aller Ehrlichkeit seine Arbeit zu leisten, ohne seine Verletzbarkeit zu verbergen, und über die Machtvergabe ans Publikum zu einem glücklichen Ergebnis zu kommen. Niederlagen sind unter Lehrgeld zu verbuchen und es ist dafür zu sorgen, dass sich Fehler nicht wiederholen. Ein schlecht gespielter Hamlet-Monolog bedeutet nicht, dass Shakespeare ein schlechter Autor ist. Das Produkt bleibt unangetastet gut, es ist nur die Chance vertan worden, dies auch so zu kommunizieren. Die Wahrheit zu akzeptieren, seine Persönlichkeit und seine Fähigkeiten ganz in den Auftrag zu legen und mit den Ergebnissen wahrheitsgemäß umzugehen, das ist der Weg. Keine Hintertüren, kein Verstecken, keine Ausreden. So kann aus einem Loser ein Winner werden, denn es ist diese Haltung, die dem Erfolg Tür und Tor öffnet, wenn sich Vortragender und Publikum den Gewinn des Augenblicks teilen.

Preparation is everything. Probenzeiten für Kulturprodukte variieren mit den verschiedenen Medien, Märkten und Philosophien. In der Schauspielschule nimmst du dir alle Zeit der Welt und es sind eher die Proben, die den wesentlichen professionellen Gewinn für alle Beteiligten bringen, und die Aufführungen sind dann die emotionale Belohnung. Es gibt eine beachtliche Spanne, große Theateraufführungen können durchaus sechs bis acht Monate geprobt werden, während Broadway-Produktionen auch schon mal mit vier Wochen auskommen müssen. Es liegt alles in der Vorbereitung dessen, was die Produktion leisten, wie sie aussehen und welche emotionale Wirkung sie erzielen soll. Dabei ist der künstlerische Anspruch ebenso ernst zu nehmen wie der wirtschaftliche. Die Balance macht den Unterschied. In der Branche der frei arbeitenden Theater-Produzenten am Londoner Westend oder am Broadway ist es seit 150 Jahren Grundvoraussetzung, ein »Weltengänger« zu sein, um in diesem Spiel profitabel zu überleben. Also einer, der beide Welten versteht, die künstlerische und die wirtschaftliche, sie respektiert und sie miteinander verbinden kann.

Nun ist die Zeit für neue Wege, neue Kooperationen, neue Aufgaben gekommen, um mit den Instrumenten von Kunst und Kultur emotionale Arbeit im wirtschaftlichen Kontext zu leisten. Emotionale Begleitung von Change-Prozessen, Innovationsförderung, interne/externe Kommunikation, Markenarbeit, Werteforschung und Sinnsuche etc. Dafür stellt die Wirtschaft Ressourcen zur Verfügung, um Kunst, Kultur und Entertainment zu ermöglichen, und wenn diese Produkte auch noch wertvolle Arbeit für das Partnerunternehmen leisten (Image, Reputation, Marke etc.), dann ist der Sinn dieser Zusammenarbeit offensichtlich und für alle nachvollziehbar, emotional wie wirtschaftlich. Alle haben etwas davon, Unternehmen, Kunst, und Publikum (Konsumenten). Win win – win.

Kommunikation nach innen muss nicht die gleichen Inhalte und Formate haben wie jene nach außen. Wenn ein Unternehmen einsehen muss, dass seine Mitarbeiter nicht automatisch stolz, glücklich und motiviert sind, nur weil die Produkte oder Dienstleistungen des Unternehmens am Markt erfolgreich sind, dann ist das zunächst nichts Ungewöhnliches, bedarf aber emotionaler Maßnahmen, um Spirit, Anerkennung und Identifizierung zu stärken. Um den emotionalen Zustand eines Unternehmens festzustellen und gegebenenfalls zu verändern, braucht es Profis und Tools, die imstande sind, diese Zustände zu erkennen, zu analysieren und zu verändern. Es geht darum, Kommunikationskanäle im Unternehmen zu erkennen, die offiziellen und die inoffiziellen, und diese mit emotionalen Botschaften zu versorgen. Wertedarstellung und Zielevermittlung sind solche Aufgaben, ebenso wie die ständige Überprüfung der Außendarstellung des Unternehmens (Marke, Reputation, Employer Branding etc.). Für diese Aufgaben braucht es die bereits oben erwähnten Weltengänger. Künstler sind in der Regel mit den notwendigen Voraussetzungen für eine solche Arbeit aufgewachsen, haben sie perfektioniert und immer wieder unter Beweis gestellt. Aus einem Text, einer Idee, einer Vorstellung schließlich ein Erlebnis zu machen, das nachhaltig wirkt, das ist das tägliche Brot, die Zen-Übung, die Berechtigung zum Sein. Von der Pfauenfeder bis zum Maschinengewehr kennen Profis ihre Einsetzbarkeit, die Verhältnismäßigkeit und die Wirksamkeit ihrer Instrumente und Techniken. Das stellt wertvolle Ressourcen für den unternehmerischen und wirtschaftlichen Einsatz dar. Es ist oft viel einfacher, als Sie jetzt vielleicht denken. Es geht manchmal einfach nur darum, allen Beteiligten klarzumachen, dass ihre Leistung anerkannt wird, wie diese Leistung nach innen auf die Ergebnisse wirkt und nach außen auf die Reputation. Ja, wie sie vielleicht sogar den Coolness-Faktor des Unternehmens unterstützt und somit auch dessen Mitarbeiter cool macht und wie wichtig jede einzelne Persönlichkeit nicht nur arbeitstechnisch, sondern auch emotional für das Unternehmen ist. Man beschwört gemeinsame Werte und stellt ein gewisses Sinnangebot zur Verfügung.

Natürlich sind Geld und Macht der Freiheit von Kunst oft im Weg gestanden, gleichwohl hat beides für den Weiterbestand und Fortschritt der Kunst gesorgt. Die Missverständnisse zwischen Kunst und Kapital waren und sind immer kultureller Art und diskutierbar. Die Probleme liegen oft in der Kommunikation, in der Vermittlung zwischen unterschiedlichen Interessen, bis hin zum Wording und der eigenen Interpretation von Begriffen und Werten. Kunst und Kultur werden zwar theoretisch als lebensnotwendig anerkannt, als tragende Säulen einer zivilisierten Gesellschaft, aber in der Praxis herrscht die Hierarchie der Geber und Nehmer. Die kunst- und kulturaffine Geisteshaltung eines Unternehmens wird durch Ankäufe, eigene Galerien, willkürliche Sponsorships bis hin zur Namensgebung für Fußballstadien postuliert, aber echte Zusammenarbeit findet zu wenig statt, und das geht leider von beiden Seiten aus. Dem Künstler wird nicht zugetraut, das Wesen von

Wirtschaft zu erkennen, mehr noch, er gilt als ideologischer Feind von Geschäften und Profiten. Das kommt nicht von irgendwoher, dafür haben wir Künstler schon selbst jahrhundertelang gesorgt, durch Desinteresse, durch aufgebauschte Klischees und künstliche Feindbilder. Künstler verlangen mitunter exorbitante Preise und Gagen für ihre Arbeit, nicht selten als eine Art Schmerzensgeld für nicht zu erwartende Anerkennung (ich gehe später darauf ein), aber oben angekommen hat sich noch kein Künstler über Geld beschwert.

Ich persönlich habe auch meine schlechten Erfahrungen gemacht in der Zusammenarbeit von Kunst und Wirtschaft. Als ich vor vielen, vielen Jahren meine damalige Hausbank bat, mich bei den wirtschaftlichen Aspekten meiner künstlerischen Arbeit, wie Businessplan, Cashflow, Buchhaltung, Reserven etc., zu unterstützen, taten die Damen und Herren Banker meine aufrichtige Bitte mit einem ungläubigen Grinsen ab. Sie meinten, bei mir liefe doch alles so glänzend, ich solle mir keine Sorgen machen und einfach nur »gut bleiben und schön singen«. Dabei war alles, was ich damals wollte, nur ein paar kompetente Aussagen, jemanden, der sich mein Ein-Mann-Unternehmen anschaut, damit ich keine Fehler mache und alles verliere. Aber nein, es kam den Bankern offenbar aussichtslos und unnütz vor, einem Künstler all das zu erklären, er versteht's ja doch nicht oder kann es nicht umsetzen. Doch wenn dann der große Crash kommt – und ich bin damals ganz knapp vorbeigeschrammt –, ist der Jammer groß, dann will's keiner gewesen sein und niemand hat's gewusst. Die Bank ist übrigens heute in ausländischem Besitz. Warum überrascht uns das nicht …?

Es wäre doch interessant, wenn sich Kunst und Kultur mit all ihrer Kraft, ihren Instrumenten, ihren Radaranlagen und emotionalen Computern an die Aufgaben aus Wirtschaft und Industrie machen würden, um zu sehen, wo diese Art zu arbeiten hinführen kann und welche Ergebnisse hier zu erzielen sind. Mit diesem Gedanken und dieser Erfahrung hat alles begonnen bei mir, bei meinem Unternehmen und auch bei diesem Buch.

13. Burn-out: wenn die Gefühlsbalance verlorengeht

Burn-out ist eine Katastrophe, die durch emotionale Entscheidungen bzw. Entscheidungsschwäche entsteht, durch Emotion beschleunigt wird und somit von den Betroffenen ebenso wie von Organisationen auch nur emotional bewältigt werden kann. Burn-out ist die Geschichte der Ja-Sager.

Ich habe, wann immer ich gebeten wurde, mir etwas zum Thema Burn-out zu überlegen, stets darauf bestanden, den Begriff Burn-out zu vermeiden. Balance – nichts anderes ist es. Wer unter Burn-out leidet, hat die Balance für seine persönlichen Verhältnismäßigkeiten verloren, die Balance zwischen Arbeitswelt und Privatwelt, die Balance zwischen Selbstbewusstsein und Anerkennung von außen. Die komplette Hingabe an die Arbeitswelt, die Bestimmung des Jobs als des einzig Wichtigen im Leben, das ist eine schleichende Entwicklung, ohne bewussten Entschluss, denn wer beschließt schon aus Gründen der Arbeitsbewältigung eine Krankheit zu riskieren, die in aller Konsequenz zum Totalausfall führen kann? Das kann niemals sinnvoll sein, schon gar nicht für das Unternehmen als temporären Nutznießer solch freiwilliger Überforderungen. Jack Welch, der legendäre General-Electric-Chef, vom US-Magazin *Fortune* zum Manager des 20. Jahrhunderts gekürt, meint in seiner bekannt rauen Art dazu: »So etwas wie Work-Life-Balance gibt es nicht, es gibt nur Work-Life-Entscheidungen, die macht man, und die haben Konsequenzen.« Typisch Welch, passt zu seiner 20–70–10-HR-Philosophie: »20%

der Mitarbeiter sind top, die müssen gehegt und gepflegt und großzügig belohnt werden, 70% sind gutes Mittelmaß und müssen durch Betreuung und Incentives animiert werden, so rasch wie möglich zu den 20% aufzusteigen, und 10% sind hoffnungslos und zu entlassen.« Aus der Welch-Perspektive ist Burn-out also nichts anderes als die Konsequenz freier, individueller Entscheidungen, die nichts mit den Strukturen im Unternehmen oder in der Gesellschaft zu tun haben und somit auch nicht in der Verantwortung von Leadership liegen. Da irrt der Mann gewaltig.

Wie fängt Burn-out an? Mit einem bzw. einer Reihe von Missverständnissen. Zunächst haben wir den Mitarbeiter, der qua seiner persönlichen, psychischen und charakterlichen Bauart eine derart verinnerlichte Beziehung zu seinem Job aufbaut, dass ihm der emotionale Rückzug ins Private/Persönliche immer schwerer fällt. Eine Art vorauseilender Gehorsam zwingt sie oder ihn dazu, sich nahezu ausschließlich mit dem Job zu beschäftigen. Die Versuche, sich weiterhin auch um Privatleben, Familie, Freunde, Hobbys, Leidenschaften etc. zu kümmern, fallen zunehmend schwerer, denn die emotionale Belastung bleibt nicht am Arbeitsplatz zurück, sondern geht mit nach Hause. Die Gespräche in der Familie, im Freundeskreis werden monothematisch nur noch um die Arbeit geführt. Der Gefährdete versucht Mitgefühl und Anerkennung zu lukrieren und erhält doch nur Kopfschütteln, wenn auch nicht offen. Die Nächte werden immer unruhiger und der Körper schickt seine Warnungen aus, blinkende Ampeln, die leider nur zu selten erkannt und befolgt werden.

Warum machen wir das? Die Gründe sind so mannigfaltig wie der Mensch selbst, das geht von der Sozialisierung in frühen Jahren über das Lob, das vielleicht nie oder viel zu selten kam, bis hin zu gesellschaftlichen Zwängen, denen man sich ausgesetzt wähnt. Nur der Erfolgreiche zählt, das fängt schon beim Kennenlernen an, denn die erste Frage lautet nie »Wovon träumst du?«, sondern immer »Was machst du?«. Dabei spürt der junge Mensch bereits, dass er danach bemessen wird, womit er sein Geld verdient bzw. in welcher Ausbildung er steckt. Daran wird sich auch im späteren (Berufs-)Leben nichts mehr ändern.

Ich weiß noch, wie die Burn-out-Diskussion angefangen hat: Die Häufigkeit des Symptoms wurde anerkannt, Fachleute wurden befragt, und die Dringlichkeit zu reagieren wurde beschlossen. Das ergab bei den Verantwortlichen bereits das Gefühl, diese Bedrohung so gut wie besiegt zu haben, denn jetzt brauchten sie ja nur noch das zu tun, was sie immer tun, wenn sie etwas zu verkünden hatten: Broschüren, Rundmails, Seminare zur Früherkennung, Zettel an Pin-Wänden usw. Aber die Leser geben einer Broschüre etwa die gleiche Zeit wie einem YouTube-Movie. Wenn das Teil nicht sofort interessiert und überzeugt, wird es beendet. Next Klick. Die braven Broschüren mit ihren vollgetexteten Layouts haben doch noch nie eine Chance gehabt, und in sehr vielen Fällen wird das auch gar nicht erwartet, weil es sich ohnedies um Alibi-Broschüren für Alibi-Aktionen handelt, die ein Alibi-Bekenntnis dokumentieren sollen. E-Mails an alle haben eine noch kürzere Halbwertszeit. Es genügt der Begriff Burn-out im Betreff und der Finger ist schneller auf der Löschtaste als die Transferzeit in die persönliche Relevanz. Burn and out. Kategorische Ablehnung einer immanenten Bedrohung als Konsequenz gesellschaftlicher Opfer-Ächtung. Das machen wir übrigens gern: Wir brandmarken unsere Schwächen und unsere Schwachen, wir glauben tatsächlich, eine Gesellschaft der Starken zu sein, indem wir die Schwachen ignorieren, tabuisieren und sogar kriminalisieren, wie etwa in Sachen Drogensucht. Es ist gar nicht so lange her, dass über die Krankheit Krebs nur hinter vorgehaltener Hand gesprochen wurde. Am liebsten hätten wir alle Erkrankten auf eine Krebs-Insel verbannt. Aus den Augen – aus dem Sinn.

Die ethisch vernachlässigte Gesellschaft wendet emotionalen Druck an, um die schwachen Elemente ihrer Art zu isolieren. Diese unausgesprochene Vereinbarung ist ein Wesensmerkmal kollektiver Verdrängung. Nur irgendwann wird die Situation so offenkundig und prekär, dass reagiert werden muss. Dann finden Seminare zur Früherkennung von Burn-out im Unternehmen statt, das Thema kommt so schambehaftet daher wie das Gespräch darüber, denn wer sich für Prävention interessiert, hat entweder schon ein Problem oder ist auf dem besten Weg dorthin, in jedem Fall ein Loser. Diese Haltung wird vom Betroffenen schließlich als Selbstbild angenommen, der diabolische Kreis schließt sich, und die Selbstzerstörung kann ungestört ihr Werk tun. Der Druck der Märkte und Zahlen ist enorm, die persönliche Angst des Einzelnen vor Liebesverlust, Arbeitsverlust und Sinnlosigkeit, dazu die Rücksichtslosigkeit von Strukturen und Organisationen – das alles führt dazu, dass sich Millionen Menschen selbst für etwas bestrafen, von dem sie gar nicht genau wissen, was es ist.

Burn-out hat eine perfekte Assistentin – die Scham. Betroffene wollen weder sich noch irgendjemand anderem gegenüber und schon gar nicht ihren Vorgesetzten eingestehen, dass sie überhaupt ein Problem haben. Sie wollen nicht darüber sprechen, geschweige denn Veränderungen einfordern, nicht bei sich und nicht beim Unternehmen. Aber wer unter Burn-out leidet, ist in den Augen vieler nicht mehr belastbar, persönlich abgewirtschaftet, kein Asset mehr, ein Fall für gesellschaftlichen Sondermüll. Die Umgebung bewegt sich auch nicht, die Angst um die eigene Position wiegt schwerer als das Mitgefühl, niemand kümmert sich um das Wohl seiner Mitbewerber, jeder sorgt für sich selbst. Wir spielen Wirtschafts-Quartett. Zynismus schlägt Solidarität und Einzelkampf schlägt Kooperation. Es besteht in sehr vielen Organisationen zwar eine klare Haltung zu dieser Krankheit, aber außer der deklarierten Einsicht, dass sie schlecht ist, steht man dem Dämon der stillen Verzweiflung schulterzuckend gegenüber. Verantwortliche haben Angst, die eigenen Strukturen konsequent zu hinterfragen, es könnte ja etwas herauskommen. Mitgefühl und Veränderung setzen erst dann ein, wenn die Symptome bereits ausgebrochen sind und wirtschaftlichen Schaden angerichtet haben, vorher wird lieber nicht gefragt. Junge Manager werden jenen Uneinsichtigen ähnlich, die mit dem starren Blick nach vorn über die Straße gehen und sich denken: »Wenn ich die Autos nicht sehe, können sie mich auch nicht überfahren.« Und wenn sie unversehrt auf der anderen Straßenseite angekommen sind, weil die Autos für sie gebremst haben, ist ihre Theorie bestätigt: »Ich denke mir meine eigene Wirklichkeit«, und die Quantentheoretiker jubeln. Das Leben bremst aber vor niemandem und das Motherboard des Shareholder-Value hat keinen Port für Emotion.

Die Offenlegung des Notstands ist die Grundlage zur Veränderung. Es bedeutet, dass jemand bereit ist, eine solche Situation anzunehmen, Verantwortung zu übernehmen und die notwendigen Veränderungen voranzutreiben. Dies gilt für das Individuum ebenso wie für das Unternehmen und die Gemeinschaft. Das Thema an sich erzeugt mittlerweile enorme Aufregung, die mediale Schlachtquote ist dramatisch höher als die angebotene Lösungsquote, und das nervt. Als würde man tagein, tagaus mit einem Lautsprecherwagen durch die Straßen fahren und verkünden: »Ihr seid alle krank oder gefährdet, und wir haben keine Lösung für euch, aber das wollten wir unbedingt verkünden!« Die pure, theoretische und fachlich korrekte Thematisierung ist nicht genug, es bedarf emotionaler Maßnahmen, um Akzeptanz und Veränderung zu erreichen. Alle Partner müssten glaubhaft kommunizieren, dass sie bereit sind, ihren Teil zu leisten und Systeme und Strukturen, auch die eigenen emotionalen, überprüfen und gegebenenfalls verändern zu wollen. Glaubwürdigkeit durch maßnahmengestützte Empathie, damit muss auch der Shareholder zu leben lernen. Wählen wir ruhig die emotionale Form der Botschaftsübertragung, die Thematisierung ohne Anklage, keinen erhobenen Zeigefinger, keine schlechte Stimmung, sondern eine sachlich-positive Atmosphäre, um Antworten zu finden. Dann haben wir eine Chance, Inhalte zu vermitteln, diese aufzunehmen und nachhaltig zu verarbeiten. Gutes Entertainment kann auch hier die Botschaften ungleich besser kommunizieren als PowerPoint und Salven von überkorrekten Begriffen.

Niemand kann sich aus der Verantwortung stehlen, weder Unternehmen noch Politik oder Gesellschaft. Kooperation ist gefragt. Unternehmen müssen bereit und imstande sein, Maßnahmen zu treffen, Änderungen vorzunehmen, sich philosophisch und betrieblich neu zu positionieren, um die Symptome von Burn-out zu behandeln, funktionierende Präventiv-Maßnahmen zu installieren und irgendwann das Problem komplett zu eliminieren. Es geht hier vor allem um Unternehmenskultur. Therapien sind einzigartig und hochsensibel, so wie ihre Ursachen. Betriebliche Lösungen von der Stange und Katalogprodukte aus der Unternehmensberatung als Alibi-Aktionen sind gefährlich und können kontraproduktiv wirken. Leicht durchschaubare Checkbox-Philosophien strahlen die Willkür und Hilflosigkeit ihrer Auftraggeber aus, sie verstärken das Opfergefühl und die Einsamkeit der Betroffenen und vergrößern das Problem emotional. Schlimmes Beispiel: Foxconn, der taiwanesische Handy-Hersteller, der durch seine grausamen Arbeitsverhältnisse weltbekannt wurde, sah sich mit Suiziden von Mitarbeitern am Arbeitsplatz konfrontiert. Die Menschen wollten lieber sterben, als weiterhin in dieser aussichts- und sinnlosen Lebenssituation zu verbleiben, und sie sprangen zum Teil Hand in Hand aus den Fenstern. Die Reaktion des Unternehmens? Als erste »Gegenmaßnahme« ließ Foxconn seine Mitarbeiter einen Vertrag unterschreiben, der ihnen bei Strafe verbot, Selbstmord zu begehen. Kein Witz!

Burn-out ist im künstlerischen Beruf leider ebenso normal wie in allen anderen Sparten. Freude und Leidenschaft, die mit dem künstlerischen Beruf assoziiert werden, sind insofern überschätzt, als sie niemanden vor der Burn-out-Falle schützen. Ja sie können sogar verstärkend wirken, weil der selbst auferlegte emotionale Druck dadurch größer wird. Fällt eine Darstellerin aus oder braucht ein Darsteller vielleicht ein paar Tage Auszeit, weil er seit Monaten ohne einen Tag Pause durchgearbeitet hat, kommen die Zweitbesetzungen bzw. die Swings ins Geschehen. Swings sind hoch qualifizierte Profis im Musicalgeschäft, die bis zu zwölf verschiedene Rollen und Positionen im Stück lernen müssen, um immer bereit zu sein, kurzfristig einzuspringen, falls ein Darsteller oder eine Darstellerin wegen Krankheit oder Verletzung ausfällt. Ein beinharter Job und eine etwas fatale Position. Im professionellen Musical-Business ist es einerseits so ungemein wichtig und wertvoll, diese guten, verlässlichen und hoch engagierten Professionals im Ensemble zu haben, und andererseits ist es leider so schwer für diese Leute, Karriere zu machen. Denn hat eine Company einmal solche Allrounder gefunden, werden sie immer wieder genau für die Position des Swings engagiert – des Immer-für-alles-Einsetzbaren. Der Irrtum dabei: Künstler glauben natürlich, dass sie für ihren Einsatz, ihre Dynamik und ihre Loyalität irgendwann belohnt werden und mit einer größeren Rolle, ja vielleicht sogar einer Hauptrolle, besetzt werden. Das wird aber nicht passieren, weil es weit weniger gute Kandidaten für Swing-Positionen gibt als für Hauptrollen. Der Druck des Daily Business ist viel zu groß und man braucht diese Kräfte wie Wasser in der Wüste, um das Geschäft zu retten. Es geht um bis zu hunderttausend Euro, die eine abgesagte Vorstellung kosten könnte. Also werden diese wunderbaren, vielseitigen, hoch talentierten und disziplinierten Kräfte zwar immer einen Job haben, aber Karriere werden sie aller Voraussicht nach keine machen, dafür sind sie zu gut. Absurd – aber leider wahr.

Ich bin vollkommen überzeugt, dass es auch in Wirtschaft und Industrie die »Swings« gibt – Menschen, die sich schnell in alle möglichen Positionen hineinarbeiten können und deshalb gern als »Ausputzer«, als »Retter« eingesetzt werden. Ich finde, sie werden zu wenig bedankt und mitunter gar nicht wahrgenommen, sie sind irgendwie selbstverständlich, eine Art Inventar, und das geht so nicht. Ich kann mich an das grausame Beispiel einer wunderbaren Kollegin erinnern, die mich bereits bei den Proben im Wiener Ronacher durch ihre Exaktheit, ihre Bühnenpräsenz und ihre professionelle Einstellung sehr beeindruckt hatte. Ich bin von jeher ein gruppendynamischer Charakter im Theater, ich scherze gern und versuche im Rahmen des professionellen Auftrags, eine humorvolle und lockere Atmosphäre durch meine Persönlichkeit einzubringen. Diese Kollegin war sehr nett, aber ich habe sie nie herzhaft lachen oder gar flirten gesehen. Das war nicht drin, sie war stets von einem überaus professionellen Schutzschild umgeben, was sich auf der Bühne ausgesprochen attraktiv und faszinierend machte, und das ist ja die Hauptsache. Ich habe sie oft beobachtet, wie sie tanzte, wie sie wirbelte und ohne die kleinste Unsicherheit in ihre Schlussposition kam, sie war einfach sehr schön anzusehen. Zudem hatte sie das, was so wertvoll bei Menschen, die tanzen, ist: Sie veredelte ihre Schritte und Bewegungen mit ihrer Persönlichkeit, sie machte aus ihrer Position eine Hauptrolle, man konnte nicht die Augen von ihr lassen. Sie kennen das bestimmt auch, wenn Sie im Musical sitzen oder im Ballett, und eine Persönlichkeit beeindruckt Sie so sehr, dass Sie bei jedem Auftritt und jeder Szene immer nur diesen Menschen suchen und von ihm gar nicht genug bekommen können. Da sollten manche Hauptdarsteller eigentlich einpacken und dankbar sein, dass sie von einer solch hohen emotionalen Qualität umgeben sind. Leider findet das aber in den meisten

Fällen nicht statt, die Damen und Herren in den vordersten Positionen sind allzu oft zu sehr mit sich selbst beschäftigt, um sich für diese leidenschaftliche Art von Teamwork zu bedanken, ja sie nehmen sie nicht einmal wahr. Schande über uns.

Vorschlag: Erheben wir diese Positionen zu dem, was sie sind: Spezialisten. Wertschätzen wir diese Menschen für das, was sie vermögen: höchste Flexibilität, verlässliche Qualität und persönliches Engagement. Swings erbringen die größten Loyalitätsbeweise und sorgen für eine Unternehmenskultur der Leidenschaft und der Identifizierung mit dem Produkt und dem Unternehmen. Sie sind Leader, die als Assistenten verkleidet sind. Lassen wir sie hochleben, holen wir sie aus der Ecke der Ignoranz heraus und veröffentlichen wir ihre Leistungen in regelmäßigen Abständen durch Anerkennung, Lob und Dankbarkeit. Sorgen wir dafür, dass das gesamte Unternehmen diese Mitarbeiter erkennt und respektiert, und verdeutlichen wir den Wert, den diese wunderbaren Menschen für das Unternehmen schaffen und erhalten.

Vielleicht hätte diese Art der Wertschätzung meine Kollegin von damals gerettet, vielleicht hätte man das Schlimme, das dann passiert ist, verhindern können. Eines Tages nämlich war sie nicht mehr da, und wir gingen davon aus, dass sie schlicht und einfach am Ende ihrer Kräfte war und einfach nur ein paar Tage Ruhe brauchte. Denn vor dem spürbaren Versagen des eigenen Körpers geben solche Leute nicht auf, da müssen schon ganze Muskelpartien den Gehorsam verweigern, bevor sie sich im Theater krankmelden. Aber sie kam nicht mehr zurück, und später erfuhren wir, dass sie an einem schweren Burn-out-Syndrom erkrankt war und in ihrem Heimatort im Krankenhaus lag. Ob sie jemals wieder arbeiten wird, wissen wir nicht, aber ich persönlich hoffe es sehr, weil sie so eine außergewöhnlich gute Kraft war. Ich wünsche ihr, dass sie den Sprung in die Darsteller-Elite schafft und Rollen erhält, die ihrem

Talent entsprechen, und dass wir alle unsere Einstellung zu den Swings um uns herum wesentlich verändern und diese Positionen und ihre Besetzungen als eigene Werte-Kategorie installieren, samt adäquater Bezahlung, Respekt, bis hin zu einer eigenen Wettbewerbs-Kategorie samt Preisverleihung: »Swing des Jahres«. Ich hoffe, sie liest das hier, damit sie weiß, dass ihre Not und Pein letztlich doch einen Sinn hatte, auch wenn diese meine Vision noch eine Zeit lang braucht, bis sie umgesetzt und implementiert ist.

14. Warum Sparen Emotionen verkürzen kann

Kultur-Unternehmen tragen natürlich die Verbreitung von Kunst als Auftrag vor sich her, können diesem Auftrag aber heute nicht mehr entsprechen, ohne auch die wirtschaftlichen Aspekte gebührlich zu bedenken und zu pflegen. Hat ein Theater zu wenige eigene Einnahmen, vielleicht weil es künstlerische Angebote macht, die von den Konsumenten nicht angenommen werden, und/oder Kosten entstehen lässt, die selbst bei gutem Geschäftsverlauf nicht gedeckt werden können, dann wird das Konsequenzen haben, in den meisten Fällen einen Wechsel der Führungspersönlichkeiten. Darin besteht also kein Unterschied zwischen Kunst und Wirtschaft. Beide sind gut beraten, ihre Philosophie, ihren Auftrag bzw. Unternehmenszweck, ihre Strukturen und ihre Unternehmenskultur zu überprüfen, sonst werden sie die immer gleiche negative Situation erleben, nur mit neuen Protagonisten.

Ich möchte die Parallelen noch ein wenig weiterspinnen: Wenn wir die Implementierung von emotionalen Strukturen, von Werten als Orientierung und die Sinnforschung in der Wirtschaft einfordern, müssen wir natürlich auch die wirtschaftlichen Aspekte und Perspektiven in der Kunst ins rechte Licht stellen. Das kann der Kunst nur guttun, schließlich unterliegt sie am Ende auch der wirtschaftlichen Bewertungsart. Das Bild, das Objekt, die Show, das Foto, das Buch, die Aktion etc., alles hat seinen Preis, darum geht es, danach wird bewertet, und damit wird gedealt. Natürlich liegt der wahre Wert eines Kunstwerks in seiner Idee bzw. der Übersetzung in etwas Erlebbares, aber bereits der nächste Schritt ist existentiell, nämlich die Veröffentlichung, und die ist wiederum eng an wirtschaftliche Gesetze gebunden. Alles hat am Ende seinen Preis und je eher wir begreifen, Künstler und Wirtschaftstreibende gleichermaßen, dass es um die richtige Balance zwischen Wirtschaftlichkeit und Kultur geht, und keinesfalls um die Ablehnung der jeweils anderen Philosophie, desto eher werden wir voneinander und miteinander profitieren. Dazu gehört zunächst das Verständnis füreinander, kognitiv und emotional, wer wir sind, was wir tun und warum wir es tun. Des Weiteren das Selbstbewusstsein, seine eigenen Defizite als solche anzuerkennen, sowohl individuell als auch institutionell, und die Offenheit für Analysen und Maßnahmen der anderen Art. Das hat Zukunft, das macht Sinn.

Ein Beispiel aus meiner Geschichte: Kurz nachdem ich 1993 die letzte Vorstellung von »Das Phantom der Oper« gespielt hatte, entschloss ich mich zu einer neuen Karriere, indem ich mein eigenes Bühnenformat entwickelte. Ich wusste, dass es sehr unwahrscheinlich war, dass ich in absehbarer Zeit eine ähnliche Rolle wie die des »Phantoms« ergattern würde, um meinen Lebensstandard und meine berufliche Laufbahn auf dieser Schiene weiterzubefördern. Also tat ich das, was Clayton Christensen als »Disruptive Innovation«, also als »störende Erneuerung« bezeichnet, freilich ohne davon jemals gehört oder gelesen zu haben: Ich erfand mich neu, und zwar am diametralen Ende meines beruflichen Spektrums. Ich ging in ein kleines Theater, das sich im Keller eines herrschaftlichen Hauses auf der Linken Wienzeile in Wien befand, das K & K-Theater, und fing an, meine eigene Show zusammenzustellen, mit der Hilfe von Hans Peter Heinzl, seines Zeichens damals führender Kabarettist des Landes und Besitzer des Theaters. Natürlich nahm ich enormes Kundenpotenzial aus der legendär erfolgreichen Phantom-Serie mit sowie Vorteile bei PR, Marketing etc., aber es war doch etwas ganz und gar Anderes, was ich da anbot. Gestern noch eine mystifizierte Figur des menschlichen Abgrunds, heute ein Solo-Künstler, der über das Leben erzählt. Schnell musste ich lernen, dass es keinen Ticketverkauf geben wird, wenn ich in meiner eigenen Show nicht auch singen würde. Also kam die Band dazu und das war der Anfang des Formats, wie es heute noch funktioniert.

Der Erfolg kam wahrlich nicht über Nacht, aber er gab mir und meiner neuen Strategie recht und sorgte für ein erfolgreiches künstlerisches Leben in relativer Unabhängigkeit und Selbstbestimmung. Ab da konnte ich mich ganz in Ruhe entscheiden, ob ich weiter meine Shows schreibe und spiele oder ein neues Musical-Angebot annehmen würde, einen Film, TV oder anderes aus meiner Berufswelt. Das war eine Großtat, eine enorme Leistung, die ich aber (Gott sei Dank) nicht als solche empfand, weil ich mit großer Leidenschaft ans Werk ging, das ich nur stemmen konnte, weil ich ahnungslos war, worauf ich mich da eingelassen hatte. Genialer Dilettantismus. Weder hatte ich Vorstellungen von dem wunderbaren Leben, das mir diese Anstrengung ermöglichen würde, noch von den Widerständen, die mir am Weg begegnen sollten. Schon gar nicht habe ich mich mit Konsequenzen befasst, die ein Scheitern mit sich gebracht hätte. Ich hatte so viel Spaß, wenn ich ehrlich bin, dass ich meine wirtschaftliche Sorgfalt vernachlässigte. Das gute Gefühl der Arbeit und der Erfolg beim Publikum gaben mir alles, was ich suchte und wollte: Sinn. Es machte einfach Sinn, sich auf die Bühne zu stellen und seine Geschichten zu erzählen, Songs zu singen und Szenen zu spielen, zum Gaudium oder Erstaunen der Menschen, meiner Konsumenten. Nun gut, das ging seinen Weg, und irgendwann ergab sich die Frage, ob es nicht eine gute Idee wäre, die Angelegenheiten rund um die Vermarktung des Produkts Goebel außer Haus zu geben, Booking und Marketing. Die Agenten und Manager, mit denen ich darüber sprach, machten alle den gleichen Vorschlag: weg mit der Band oder Cut auf zwei Musiker. Sie bewerteten ein erfolgreiches Produkt aus rein wirtschaftlicher Sicht, ohne die Gründe des Erfolgs im Einzelnen zu bedenken, eine arrogante Vorgangsweise gegenüber dem zahlenden Publikum, das so für selbstverständlich genommen wird. Ich lehnte ab, ich war empört, ich fühlte mich irgendwie degradiert. Wirtschaftlich ging es um Maximierung der Einnahmen durch Minimierung der Ausgaben und das klingt durchaus vernünftig, ist aber zu kurz gedacht. Der emotionale Output eines Abends, wie ich ihn mache, ist wesentlich größer, direkter und nachhaltiger, wenn wir ihn musikalisch hochwertig unterstützen. Die Vielfalt des sinnlichen Angebots stärkt die Position am Markt und das Konzert-Feeling zusätzlich zur Comedy ist für den Konsumenten ein Asset, das sich wertvoll auf die Kartenpreise auswirkt. Ich habe also nicht nur die Vorschläge der Damen und Herren Manager abgelehnt, sondern auch die Zusammenarbeit mit ihnen. Das wiederum hat dazu geführt, dass ich meine Vorstellungen vom Business, meine Management-Anforderungen und meine Wirtschaftlichkeit definiert habe, mir gute Mitarbeiter gesucht habe und jetzt mein eigenes Management betreibe. Wirtschaftlich und künstlerisch klug, weil die Produktqualität gesichert ist und die 25% Agentur-Abgabe im eigenen Unternehmen bleiben.

Das gilt für jedes Produkt und jede Dienstleistung. Die emotionalen Leistungen sind unbedingt einzubeziehen, wenn es um Bewertungen geht. Das können Verpackungen sein, Marketing, bis hin zu einer Autotür, die aufgrund von leichterer Bauweise nicht mehr schwer und schön ins Schloss fällt, sondern das gleiche banale »Klack« macht wie alle anderen Autotüren am Markt. Man soll nicht unterschätzen, wie derartige sinnliche Argumente, wie der Sound einer Autotür, Menschen vom Kauf überzeugen oder abhalten können, ohne dass sie es überhaupt registrieren, geschweige denn formulieren können. Entscheidet das Unternehmen falsch, sitzt die Führungsriege in Stuttgart und rätselt, warum ihre neuen Modelle so wenig Anklang finden, obwohl sie am neuesten Stand der Produktentwicklung sind, kann das Folgen haben. Die einfache Rechnung kann sich also fürchterlich rächen, wenn man die emotionalen Dimensionen seines Produkts unterschätzt oder gar nicht wahrnimmt. Ein Buch, so habe ich gelernt, darf nicht zu dünn und nicht zu dick sein, was bedeutet, dass die Autorin vielleicht 200 Seiten Beiwerk schreiben muss, um ihre 30-seitige Aussage an die Konsumentin zu bringen, oder der Autor auf die gleiche Anzahl an Seiten verzichten muss, damit der potenzielle Käufer nicht abgeschreckt ist von der immensen Leseaufgabe, die ihn im Falle eines Kaufs erwartet. Ich möchte an dieser Stelle einmal mehr Steve Jobs erwähnen, der von jeher und unglaublich konsequent darauf bestanden hat, dass Apple-Produkte nicht nur praktisch und funktionssicher sind, sondern auch schön und ästhetisch ansprechend, und zwar egal, was dies an Mehrkosten verursacht. Denn Sparen an falscher Stelle kann Emotionen verkürzen. Wir danken es ihm alle und schreiben unsere Bücher weiterhin auf Mac.

Ich reagierte damals instinktiv auf die Vorschläge der Manager, der Originalität meines Produkts wegen und zum Teil auch egoistisch, denn ich fühlte mich so viel besser mit einer Band auf der Bühne, ich liebe die kleinen Momente zwischen uns, die Blicke, die emotionale Unterstützung meiner Musiker. Das hat sich in 25 Jahren nicht geändert.

15. Worthülsen-Sandwich

Kommunikation ist ein Hund! Sie ist das Fundament von Kultur, und Kultur lässt sich zwar erweitern, durchaus auch unterdrücken, aber nie verändern oder gar auslöschen. Die Chinesen versuchen es seit 60 Jahren in Tibet – erfolglos. Leider herrscht nach wie vor in sehr vielen Unternehmen und unverändert die (Un-)Kultur: Oben werden die Beschlüsse gefasst und nach unten befohlen. Es wird erwartet, dass diese verstanden und umgehend umgesetzt werden. Geschieht das nicht, gibt es personelle Konsequenzen. So läuft Retro-Management.

Was passiert hier? Stellen wir uns das wie ein Sandwich vor, die obere Scheibe Brot ist das Management, die untere die Mitarbeiterin. Dazwischen haben wir nur heiße Luft, Befehle, Anordnungen, Direktiven. Ein Luftsandwich ist also hart an der Grenze zur Ungenießbarkeit, trocken bis zum Abwinken, lieblos, un-kulinarisch. Unternehmen, die jedoch ein Stück Fleisch (okay, Tofu …) zu bieten haben, mit etwas Salat, Zwiebeln, Tomaten, vielleicht sogar noch eine würzige Sauce, werden die besten Mitarbeiter anziehen und an sich binden.

Was passiert? CEO und Management sagen: »Die da unten setzen unsere Ideen nicht richtig um«, während die da unten meinen: »Die kapieren gar nichts da oben.« Worum geht es? Wichtig wäre, keinen Einzelkampf mehr zu führen, sondern zur Co-Produktion zu finden, sagt Nilofer Merchant in ihrem Bestseller »The New How«, in dem sie für kollaborative Strategien in modernen Unternehmen wirbt. Natürlich macht die Forderung nach Zusammenarbeit im Unternehmen sofort Sinn, klingt gut und kann nur gut sein, wir sind dafür. Aber damit ist es nicht getan. Es braucht Strukturen und Kultur. Unternehmen erkennen zwar, dass sich etwas ändern muss, kulturell, kommunikativ, im Wissensmanagement etc., aber die Maßnahmen wirken oft seltsam uniformiert. Da werden Papiere entworfen und präsentiert, Forderungen gestellt und Pläne gemacht, aber niemandem fällt auf, dass die neuen Wege in alten Schuhen gegangen werden sollen. Strukturen werden entworfen und als Einbahnstraße kommuniziert, ohne darauf zu achten, ob diese auch emotional angenommen werden. Das hat auch sehr viel mit Wording zu tun. Man muss kein Sprachwissenschaftler oder Psychologe sein, um zu erkennen, dass eine Sprache, die hierarchisch oder gar arrogant angelegt ist, Kooperationen erschweren oder verhindern wird. Botschaften erwecken Emotionen, daher ist es nicht damit getan, seine Botschaft zielgerecht zu formulieren und abzuschicken, sondern die emotionale Botschaftskraft zu überprüfen auf ihre Inhaltlichkeit und Eindeutigkeit.

Radikal, wie ich bin, schlage ich vor, seine Botschaften zunächst emotional zu erforschen, also: Welches Gefühl will ich erzeugen?, und nicht: Welche Gesetze will ich verankern? Wenn ich mein Ziel-Gefühl weiß, dann kann ich dazu die richtige Formulierung und Übertragungsweise entwickeln. Daniel Kahnemann plädiert für die »kognitive Leichtigkeit«, wenn wir es zum Beispiel über die Wiederholung von Begriffen unserem emotionalen Gehirn leicht machen, Assoziationen und Zuordnung zu entwickeln, die sowohl dem Verständnis als auch der Verankerung der Botschaft dienen. Es geht um emotionale Sprache, eine Domäne der Kunst.

Ich lese etwa zum Thema »Führungstalente intern«: »MitarbeiterInnen mit Führungstalent müssen gefunden, weitergebildet und in die Führungsaufgaben integriert werden«. Und empfinde gleich drei Mal hintereinander die »MitarbeiterInnen« in eine passive Position gezwungen. Er oder sie *wird* gefunden, *wird* ausgebildet und *wird* schließlich integriert. Wie wilde Tiere, die man im Urwald sucht, findet und fängt, um ihnen Tricks beizubringen, die sie dann im Unternehmens-Zirkus aufführen sollen. Aber der Applaus gilt natürlich dem Dompteur. So wird das nichts.

Die Sprache ist wesentlicher Bestandteil der Unternehmenskultur und gestaltet jeden Prozess mit. Deshalb ist sie ebenso aufmerksam zu beobachten wie alle anderen Prozesse im Unternehmen. Wir haben zunächst nichts anderes als die Sprache, um zu zeigen, wofür wir stehen und wie es um unsere Werte bestellt ist. Selbst wenn wir diese Werte längst leben, wird es niemand merken, wenn die Unternehmensführung es nicht thematisiert. Ich habe mit Unternehmen zusammengearbeitet, die ganz tolle Sachen machen, etwa auf dem Gebiet von CSR oder Klima und Nachhaltigkeit. Sie leben also durchaus coole Werte, aber verstecken sie regelrecht. Da werden ganze Fuhrparks auf ökologisch vernünftige Fahrzeuge umgestellt, Firmensitze von der Fassade bis zur Küchenabluft klimagerecht renoviert und automatische Lichtabschaltung für unbenutzte Räume installiert. Aber es wird nicht darüber gesprochen oder geschrieben, geschweige denn in die Marken-Kommunikation aufgenommen. Es ist faszinierend zu beobachten, wie sich manche Unternehmen und Unternehmer das Leben selbst schwer machen, indem sie ihre Werte, ihre positive Politik und ethischen Botschaften lieber verheimlichen, statt sie zu nutzen. Warum das so gehandhabt wird, bleibt uns verborgen, vielleicht ist es die Furcht, dass Kunden und Partner sich unter Umständen düpiert fühlen, wenn sie selbst noch nicht so weit sind?

Was steckt dahinter? Angst – was sonst? Vielleicht die Angst, der Forderung nach hundertprozentiger Abdeckungs- und Hinterfragungskonsequenz doch nicht entsprechen zu können. Eine perfide Strategie, die von vielen Mitmenschen und mitunter auch von den Medien gepflegt und aufrechterhalten wird, weil sie sich durch die Philosophien und Handlungen anderer ertappt fühlen und beweisen wollen, dass jene, die versuchen, einiges richtig zu machen, ja auch nicht ernst zu nehmen sind, weil sie eben nicht *alles* richtig machen. Dem Veganer wird vorgeworfen, Lederschuhe zu tragen, der Pazifist wird mit der Entführung des eigenen Kindes konfrontiert und Klimaschützer sollen ausschließlich mit dem Fahrrad unterwegs sein. Kritiker wollen unbedingt beweisen, dass niemand das Recht hat, irgend etwas zu kritisieren, solange er oder sie nicht zu einhundert Prozent auch selbst danach lebt. Teilerfolge zählen ebenso wenig wie Diskussionen zur Bewusstmachung. Einzig der lückenlose Nachweis kritisch-konsequenter Lebensweise befugt zur Meinungsveröffentlichung, wer das nicht kann, hat das Maul zu halten. Dahinter steckt der quälende Gedanke: »Ich weiß, ich sollte mich anders benehmen, aber ich bin zu schwach, und deshalb beweise ich allen, die darauf aufmerksam machen, dass sie selbst nicht 100%ig so leben und deshalb zu schweigen haben.«

Diese Haltung setzt sich auch in Unternehmen fort. Jenen, die versuchen ethisch, moralisch und sozial zu denken und zu handeln, wird bei nächster Gelegenheit sofort genau das vorgeworfen, nur weil sie vielleicht einmal unpopuläre Entscheidungen treffen müssen. Äpfel und Birnen – völlig inakzeptabel. Das erinnert mich an oftmals gehörte Absagen von künstlerischen Beiträgen für Weihnachtsfeiern in Unternehmen. Da heißt es dann: »Wir würden Sie ja so gern engagieren und unsere Mitarbeiter wären auch sehr froh, Sie zu erleben auf der Feier, aber wir wissen genau, dass uns das bei den nächsten KV-Verhandlungen vorgehalten wird, als unnötige und luxuriöse Ausgaben, oder wenn wir Mitarbeiter entlassen müssen.«

Auseinandersetzung ist wichtig. Notwendige Maßnahmen nicht ausreichend zu erklären, wichtige Botschaften in Form von Worthülsen zu transportieren, das Warum zu verschweigen, das sind alles kulturelle Zustände, die den Mitarbeitern emotional ausrichten: »Wir glauben, dass du das sowieso nicht kapierst, was wir dir zu sagen haben, also ersparen wir uns die Mühe, keine Zeit für dich.« Wenig später kommt dann aber das E-Mail, das zur Karriere im Unternehmen aufruft: »Haben Sie Ideen zum Unternehmen? Fällt Ihnen etwas auf? Wollen Sie Karriere machen, ohne den Arbeitsplatz wechseln zu müssen? Dann melden Sie sich, wir sind gespannt auf Sie.« Und die Mitarbeiter sind emotional verunsichert, welche ihrer Gefühle für das Unternehmen nun richtig sind. Man will mir nichts erklären, aber man will meine Ideen. Ja, wie jetzt …?

Machen wir einen Sprung in die Theaterwelt: Ein Regisseur spricht mit seinen Darstellern, um sie zu überzeugen, ihre Spielweise dem Konzept anzugleichen. Er möchte sie dafür gewinnen, die Geschichte auf eine ganz bestimmte Art und Weise zu erzählen, und er wird alles versuchen, um das zu erreichen. Wenn er es in seiner Sprache nicht schafft, wird er – wenn er gut ist – die Sprache seiner Darsteller benutzen, Geschichten erfinden, um seine Punkte klarzumachen. Mir hat mal einer gesagt, dass er eine Szene nicht so »gelb« von mir will, eher »ocker«, »tiefes Ocker«, aber ich habe damals genau gewusst, was er meinte. Ich brauche das von meinen Regisseuren, wenn jemand nicht mit mir spricht, bin ich nicht selten verunsichert und setze auch mal eine Szene in den Sand. Ist mir gelegentlich beim Film passiert, als einfach keine Zeit zum Reden war und ich völlig verunsichert ans Werk ging. Kann mir das bis heute nicht anschauen, ich schäme mich … mehr gelb als ocker …

Deshalb ist die interne Kommunikation so enorm wichtig, denn sie erzeugt Gefühle, die sich auswirken, und sollte deshalb in jedem Unternehmen hervorragend und teuer besetzt sein. Sie ist dafür zuständig, die Botschaften im Sinne des Unternehmens und seiner Ziele zu formulieren und zu kommunizieren. Sie hat die Aufgabe, die Dinge so zu erklären, dass sie von den jeweils nächsten Überbringern mit möglichst wenig »Stille-Post-Verlust« weitergegeben werden kann. Das ist nicht nur eine sprachliche Herausforderung, sondern vor allem auch eine emotionale. Nicht nur wegen der richtigen Sprache und Formate, sondern die Botschaften selbst müssen hinterfragt werden, ob sie fertig gedacht und richtig ausformuliert wurden, was dahintersteht und was sie bewirken sollen. Dies kann heilsam sein, deckt Flüchtigkeitsfehler auf und durchbricht den ganz normalen Tunnelblick.

Der Ablauf stellt sich dabei so dar: Analyse – Botschaften – Maßnahmen. Wir kennen die Situation – wir formulieren entsprechende Botschaften – wir entwickeln Maßnahmen. Bei den Maßnahmen schlage ich vor: Preparation – Celebration – Dripping. Preparation bedeutet die inhaltliche und formative Vorbereitung auf die Aufgabe. Celebration wandelt diese Ergebnisse in Erlebnisse um, die live oder virtuell zelebriert werden. Damit werden emotionale Anker für den dritten Schritt gesetzt, das Dripping. Botschaften, Philosophien und Ziele werden durch emotionale Signale verankert, die später immer wieder angetriggert werden können, um die damit verbundenen Emotionen abzurufen und zielgerecht einzusetzen. Diese Signale können jeglicher sinnlicher Art sein, also sprachlich, indem ich zum Beispiel eine Art Schlachtruf initiiere, der alle immer wieder an die Ziele eines Change-Prozesses erinnert. Bei einer Musical-Produktion in Wien gab es gleich zu Beginn der Proben eine starke kollektive Verunsicherung, die ich, damals Dienstältester und quasi Leitwolf, versuchte emotional aufzufangen, als ich die Parole »Welturaufführung – geht scho'!« erfand und installierte. Das half uns ungemein, und bis heute grüßen wir von damals uns gern so. Das kann musikalisch sein, indem ich einen Song fest mit einer Botschaft verankere und diesen dann als Klingelton für die Mitarbeiter zur Verfügung stelle, bis hin zur olfaktorischen Verankerung, indem ich einen bestimmten Geruch mit einer bestimmten Botschaft verbinde und den Geruch in der Folge strategisch einsetze. Ich rieche den Duft des Meeres und

»es« erinnert mich, dass ich der Meere zuliebe den Drucker auf doppelseitige Beschriftung einstelle, um ein einfaches Beispiel zu nehmen.

Wenn man einmal den modernen Weg der emotionalen Botschaftsvermittlung gegangen ist, gibt es kein Zurück mehr. Die Zeiten, in denen Worthülsen von oben nach unten befohlen wurden, sind vorbei, die neue Generation wird sich das nicht mehr gefallen lassen. So gesehen fragt man sich unwillkürlich, wie die alte Form der Kommunikation überhaupt so lange überleben konnte. Die Antwort darauf liegt in den allermeisten Fällen bei den Mitarbeitern, die oft genug nicht wegen, sondern trotz unzureichender Botschaftsvermittlung gut gearbeitet haben, sie haben sie schlicht und einfach ignoriert oder bestenfalls eigenständig für sich übersetzt. Der Mitarbeiter, das intuitive Wesen, erkennt also ein Luftsandwich sofort und denkt sich seinen eigenen Tofu-Burger hinein, um einen emotionalen Mindestnährwert sicherzustellen. Kann sein, muss aber nicht sein. Verlassen sollten Sie sich nicht darauf.

16. Sprachschluchten

Menschen lieben Sprache. Moderne Menschen lieben verkürzte Sprache. Sprache ist, wenn richtig eingesetzt, ein unschlagbares Tool für nahezu alle Begehren. Sie kann aber ebenso eine zerstörende Waffe sein.

Im unternehmerischen Bereich hat sich oftmals eine »Zwei-Welten-Sprache« etabliert, die letztendlich niemandem zugutekommt. Die Sprache von oben und die von unten. Nehmen wir zum Beispiel das soeben besprochene Worthülsen-Sandwich, wenn Leitsätze, Anweisungen etc. von oben nach unten kommuniziert werden, ohne darauf zu achten, dass die Sprache eine solche ist, die überall und auf allen Ebenen verstanden wird. Botschaft einer Großbäckerei: »Die angespannte Marktsituation erfordert Produkt-Innovationen, die im adäquaten ökonomischen Entwicklungsraum stattzufinden haben und in ihrer Außenwirkung marken-affin und abschluss-effizient sind.« Alternative: »Liebe Kollegen, checkt mal, was die Leute gerne hätten, und baut ein paar Vorschläge, die kostengünstig zu produzieren sind, zu unserem Image und Angebot passen und von den Kunden sicher gekauft werden.« Und wenn die Innovation angenommen wird, erhält sie den Namen des Innovators, Goebel-Törtchen oder so …

Oft wird bereits die wesentliche Frage ignoriert, ob die Botschaft zunächst einmal von ihren Vermittlern verstanden und angenommen wurde. Ist dem nämlich nicht so, dann entstehen Störungen wie das »Stille-Post-Syndrom«, wenn Botschaften nur formal und nicht inhaltlich weitergetragen werden. Sprachschluchten treten auf, wenn Botschaften sprachlich unnötig kompliziert und mitunter regelrecht verschlüsselt vermittelt werden, nur weil sich niemand die Mühe macht, die zu vermittelnden Inhalte in eine Sprache zu wandeln, die von allen kognitiv *und* emotional und somit nachhaltig verstanden wird. In Ermangelung sprachlicher Beweglichkeit zieht sich das Management gern auf eine uniformierte Sprache zurück, auf den kleinsten gemeinsamen Sprach-Nenner, auf eine tradierte Aneinanderreihung von Begriffen, die zwar rein formal das beschreiben, was zu vermitteln ist, aber emotional signalisieren, dass man sich keine Mühe gemacht hat, seine Sprache auf Verständlichkeit und Vermittlungsqualität zu überprüfen.

Der logische Schluss für den Adressaten kann nur bedeuten, dass es dem Absender schlicht und einfach egal ist, ob seine Message ankommt oder nicht, sie muss so oder so befolgt werden. Man ignoriert die großen emotionalen Schluchten, die sich aus dieser Kommunikations-Philosophie ergeben, wenn eine »Fremdsprache« ein »Fremdgefühl« auslöst und Menschen sich nicht zugehörig fühlen, weil sie nicht verstehen, was gemeint ist. Das ist so, als wenn Sie in einer Beziehung stets eine dritte Person brauchen, die Ihnen übersetzt, was Ihr Partner meint, wenn er etwa sagt: »Mein emotionaler Synapsenschluss wird durch deine Präsenz positiv stimuliert«; dann heißt das: »Ich fühl mich wohl in deiner Nähe.« Unternehmen akzeptieren leichtfertig, dass falscher oder unvollständiger Sprachgebrauch, um nicht zu sagen Sprachmissbrauch, eine Unternehmenskultur negativ beeinflusst, Betriebskindergarten hin, CSR her.

Der Irrtum liegt in der Gewichtung. Für viele Institutionen und Persönlichkeiten liegt die Hauptarbeit in der Analyse von Situationen und der Festsetzung der anschließenden Maßnahmen. Als Beispiel: Eine Fertigteilhaus-Firma erlebt schwere Umsatzeinbrüche und man kommt drauf, dass die Verkäufer übersatt und selbst mit den dezimierten Provisionen im Vergleich zu ihrem persönlichen Arbeitsaufwand durchaus zufrieden sind. Das Unternehmen beschließt, dass neue Anreize geschaffen werden müssen, vielleicht durch einen internen Wettbewerb mit einem Incentive als Siegerpreis. Die Vermittlung dessen ist dann ein Appendix, der irgendwie erledigt werden muss. Er wird delegiert und die Überprüfung, ob und wie diese Kommunikation stattfindet, passiert nicht. Die Hauptarbeit ist getan, man hat analysiert, glaubt zu wissen, woran es liegt, und hat Gegenmaßnahmen beschlossen.

Als Nächstes erwarten alle in der Führungsetage steigende Umsatzzahlen durch jubelnde Außendienstmitarbeiter, die eine Karibik-Reise gewinnen wollen. Kann aber sein, dass es nicht so kommt. Was nutzt der beste Maßnahmenbeschluss, wenn die Maßnahmen nicht entsprechend umgesetzt werden? Und die (nachhaltige) Umsetzung hängt wesentlich von der Sprache ab. Seine Mitarbeiter als Software zu betrachten, der man nur die richtigen Befehle zu geben hat, wirkt sich in der Konsequenz fatal auf die Produktivität aus. Das ist

Kommunikations-Feudalismus, sprachliches Preußentum, es wird mit alt-militaristischen Philosophien umgegangen, die am liebsten noch das Knallen von zusammengeschlagenen Stiefelabsätzen als Zeichen der erfolgreichen Übertragung der Botschaften vernehmen würden. Nichts anderes ist es nämlich, wenn Maßnahmen in möglichst unpersönlichem Behörden-Wording übertragen werden, wenn an den wahren Gründen vorbeiagiert wird, wenn gemutmaßt, statt geforscht wird. Man könnte zum Beispiel daraufkommen, dass die Marke des Fertigteilhauses, die seit 25 Jahren treue Dienste geleistet hat, aber nie inhaltlich neu befeuert und aufgeladen wurde, nunmehr ermüdet und unattraktiv ist.

Dazu kommt, dass vorauseilender Gehorsam von Mitarbeitern des Managements keinerlei Spielräume für Emotion und Fantasie zulässt, sondern stets nur darauf bedacht ist, keinerlei Angriffsflächen zu bieten. Karriereplanung gegen die Unternehmensinteressen. Allerdings kommen diese Defizite dann trotzdem zum Vorschein, wenn festgestellt wird, dass Anordnungen gar nicht oder nur mangelhaft funktionieren und dies auf die Führungskräfte zurückfällt, die dann wiederum die Qualität der Analyse und der Maßnahmen in Zweifel ziehen. Zu spät, das hätten sie gleich tun sollen, aber da fehlte es an Mut und Rückgrat. Jetzt schließt sich der Kreis des Kommunikationsteufels, und die Mitbewerber ziehen links und rechts vorbei.

Ein anderer Aspekt unmoderner Unternehmenskultur ist es, in Krisen zunächst und ausschließlich die Schuldigen auszumachen, um sie zu bestrafen. Damit ist die Sache dann auch erledigt, strukturelle oder gar philosophisch-kulturelle Defizite werden erst gar nicht gesucht, man könnte ja fündig werden. Diese dann auszumerzen, würde außerdem viel Arbeit bedeuten und vielleicht auch auf Defizite jener Führungspersönlichkeiten hinweisen, die diese Strukturen und Philosophien überhaupt erst zugelassen haben. Nein, kommt gar nicht in Frage, da ist es schon viel bequemer, einzelne Sünder an den Karriere-Pranger zu stellen. Negative Mitarbeiter-des-Monats-Philosophie. Heraus kommt wieder einmal nur die Killer-Emotion Nummer eins: Angst.

Framing nennt die Wissenschaft jenes Phänomen, das besagt, dass jede Entscheidung von einem bestimmten sprachlichen Kontext beeinflusst wird. Sagt eine Chirurgin ihrem Patienten, dass 15% einer bestimmten Operation schiefgehen, dann kann es gut sein, dass der Patient nicht einwilligen wird. Sagt sie ihm jedoch, dass 85% der OPs gut verlaufen, wird sich der Patient beruhigt in die Narkose begeben. Wir framen und wir lassen uns framen. Beim Frühstück: »Du machst immer so wenig Kaffee …« und schon fühlt er sich angegriffen, infrage gestellt, in der Defensive und wird sauer – Communication dead end. Sagt sie aber: »Ooooch, Kaffee schon aus?« – schon springt der edle Ritter auf und reitet mit tollkühnen Brüh-Plänen gen Küche …

Dan Ariely, der mehrere Bücher über irrationale Entscheidungen und deren (emotionale) Hintergründe geschrieben hat, sagt zu seinen Erfahrungen mit der Irrationalität: »Wenn ich aus den in meinem Buch geschilderten Forschungsarbeiten eine zentrale Lehre ableiten sollte, dann würde sie lauten, dass wir nur Schachfiguren in einem Spiel sind, dessen treibende Kräfte sich weitgehend unserem Verständnis entziehen. Wir glauben für gewöhnlich, dass wir am Ruder sitzen, das heißt, unsere Entscheidungen und den Lauf unseres Lebens letztlich bewusst kontrollieren, doch leider hat diese Wahrnehmung mehr mit unseren Wünschen – mit unserem hehren Selbstbild – als mit der Wirklichkeit zu tun.«

Der Mensch ist nicht stets konstant in seinem Verhalten, geistvoll, besonnen und lässt sich durch nichts aus der Ruhe bringen, er trifft seine Entscheidungen allein auf der Basis von Anreizen, wie David Brooks in »Das Soziale Tier« meint.

Wir wissen, nicht nur durch die Erkenntnisse der inneren Funktionsmechanismen des menschlichen Gehirns, sondern auch durch die Wahrnehmung, dass die Volkswirtschaften eben nicht nach einem Gleichgewichtszustand streben, dass Menschen nicht verlässlich immer konsumieren und schon gar nicht berechenbar sind. Die traditionelle Wirtschaftswissenschaft räumt auch durchaus ein, dass menschliche Fehler passieren. Allerdings hält sie diese für vorhersagbar, systemisch und mit mathematischen Formeln berechenbar. Das wird nicht aufrechtzuerhalten sein, die Erkenntnisse der Neurowissenschaften werden dafür sorgen, dass die Verhaltensökonomie nicht mehr in die Abteilung Psychologie verbannt werden kann, um dort als Zulieferer und Dienstleister ihre Dienste abzuleisten, sondern in die Wissenschaft des wirtschaftlichen Zusammenlebens übernommen werden wird. Es duftet nach Revolution.

Bei den Vorbereitungen, die wir für unsere Entscheidungen treffen, beziehen wir uns auf gewisse Entscheidungsarchitekturen, eine unbewusste Gesamtheit von Strukturen, die uns hilft, diese Entscheidungen vorzubereiten. Dabei kommen wieder die Heuristiken ins Spiel, die uns die Konsequenzen unserer Entscheidungen in einer Art »Wenn-dann-Faustregel« erfassbar machen, die im Gehirn gespeichert sind und durch den Kontext aktiviert werden. Will ich mich aus einer ungesunden Beziehung lösen, denke ich über die Konsequenzen nach und habe Bilder meiner zukünftigen Lebenssituation im Kopf, die meine Handlungen und Entscheidung beeinflussen. Und diese sind stark mit unseren Gefühlen verknüpft, die uns Botschaften senden. Sehe ich mich vereinsamt zu Hause sitzen, ohne mit jemandem sprechen zu können, keine Aussicht auf eine neue Beziehung, und andere selbstzerfleischende Visionen, dann werde ich meinen Wunsch nach Trennung überdenken und möglicherweise gar nicht erst veröffentlichen. Denke ich aber auf der anderen Seite darüber nach, wie schön das Leben sein würde, wenn ich wieder Single wäre, wenn ich ausgehen und allen sozialen/amourösen Kontakten ohne Schuld und Reue nachgehen könnte und mich in eine völlig neue, schöne, gesunde Beziehung einbringen, dann rückt es schon näher, das: »Du, wir müssen reden …«.

17. Einfach cool

Ich habe viele coole Menschen in meinem Leben kennengelernt. Die ersten waren die GIs, die US-amerikanischen Besatzungssoldaten, mit denen ich Anfang der 1960er zusammentraf. Sie vermittelten mir ein völlig neues Bild von Lebenslust, zwischenmenschlichem Umgang und der radikalen Trennung zwischen Arbeit und Freizeit. Von den kulturellen Revolutionen wie Rock 'n' Roll, Live-Entertainment und so manch anderen zuvor unbekannten Möglichkeiten, Spaß zu haben, einmal ganz abgesehen. Diese Typen in Jeans, Turnschuhen und blütenweißen T-Shirts waren einfach cool, wie sie sprachen, wie sie sich bewegten, wie sie miteinander umgingen. Das war eine Erleuchtung für mich und gleichsam eine Vorgabe, außerhalb der bundesdeutschen Direktiven für Spaß und Benehmen im öffentlichen Raum. Ich habe sie geliebt, ich habe von ihnen gelernt, und sie haben meinen Horizont radikal erweitert. »Let's have some fun!« war ein Spruch, eine Philosophie, von der ich gar nicht wusste, dass sie überhaupt erlaubt war. Wie gesagt, es waren gerade mal 20 Jahre vergangen, seit Deutschland schamvoll gezwungen war, sich seinem kollektiven Trauma zu stellen, was zunächst auch nicht besonders gut gelang. Da kam uns, als erster Generation, die keine direkte Schuld traf, die weltweite kulturelle Revolution der Sixties gerade recht, und die Amis, wie wir sie nannten, brachten nur Gutes: freies, exaltiertes Tanzen zu neuer, junger Musik, mörderische

Stereoanlagen, grenzenlose Spontaneität und eben diese Philosophie des »having a good time«, was auch den Einsatz von Alkohol und anderen Substanzen einschloss. Legal – illegal – scheißegal war ein Spruch, der dieser Lebensart entsprach. Ich hing mit den Soldaten in ihrer Freizeit ab, ich arbeitete in ihren Bars und Clubs und ich hatte viele Freunde unter den Kids der US-Offiziere, für die es sogar eigene High-Schools gab. Der Umgang mit ihnen hat mein ganzes Leben bestimmt, meine amerikanischen Freunde waren cool, alle, und ich wollte es auch sein. Diese menschlich-emotionale Komponente des Marshall-Plans hat mich für mein ganzes Leben geprägt.

Ein weiteres Mal, viel später, erlebte ich, was cool bedeutet, als ich in den 1980ern einmal mit Niki Lauda in München unterwegs war. Wir waren gemeinsam bei einem Medientermin und danach stürzten wir uns ins sagenumwobene Münchner Nachtleben. Als wir zur berühmt-berüchtigten Disco P1 kamen, winkte uns der Security-Goliath vor dem Eingang schon von Weitem zu und machte Platz, damit wir bequem durch die Trauben von nervösen Menschen kamen, die top gestylt auf Einlass hofften. Wir betraten den Club und die Menschen teilten sich angesichts des Herrn Lauda wie das Rote Meer vor Moses, es war eine gewaltige Erfahrung. Eine Kopfbewegung des Geschäftsführers genügte und acht Leute gaben sofort ihren Tisch auf, um dem Weltmeister und seiner Entourage Platz zu machen. Das war schon irgendwie cool, aber die Essenz von Coolness war die Reaktion von Niki, nämlich gar keine. Dieser Empfang, samt der kollektiven Aufmerksamkeit, um nicht zu sagen Huldigung, die ihm entgegengebracht wurde, änderte nichts an seinem Benehmen, nichts an der Art, wie er sprach oder worüber. Ich stellte fassungslos fest, dass der ganze Rummel völlig an ihm vorbeiging, er nahm ihn offenbar nicht ernst. Das war das erste Mal, dass ich erlebte, wie sich jemand dem eigenen Mythos verweigert, ohne Kraftanstrengung, indem er einfach auf die Essenz seiner selbst bestand, und die war einfach cool. Ich war begeistert und dankbar für diese Lektion.

Cool – ein Begriff, der immer wichtiger wird für die Marke, für das Unternehmen, für den Wettbewerb, obwohl es keine eindeutige Beschreibung gibt, weder was genau damit gemeint ist noch wann er anzuwenden ist. Es gibt keine Richtlinien, keine Gesetze, »cool« ist offenbar ein intuitiver Begriff, der immer dann zum Einsatz kommt, wenn gewisse emotionale Voraussetzungen gegeben sind. Cool wird benutzt, wenn es sonst zu lange dauern würde, eine Person oder eine Situation in all ihren Einzelteilen zu erklären. Dennoch ist dieses Wort ungemein wertvoll, wenn es auf ein Unternehmen, auf dessen Arbeit und Botschaften angewandt wird. Niemand will uncool sein. Cool ist ein hoher Employer-Branding-Wert und wird dennoch im offiziellen Business-Sprachgebrauch immer noch als unwesentlich, schnoddrig, frech und unelegant abqualifiziert. Weit gefehlt, denn cool ist der Kampfruf des emotionalen Wettbewerbs und wer ihm nicht folgt, ist gut beraten, ihm wenigstens nicht im Weg zu stehen. Cool im unternehmerischen Universum ist ein Orientierungswert für alles, was über Zahlen und Märkte hinausgeht, für das Gefühl, zu einer bestimmten emotionalen und philosophischen Galaxie in diesem Universum zu gehören und sich damit zu identifizieren, und das kann ein Unternehmen sein. Die Menschen sind bereit, für »cool« zu arbeiten, sich einzusetzen, nicht einforderbare Leistungen zu liefern. Cool ist ein aktiver Begriff, aber nicht zur Selbstvergabe geeignet. Es kommt einfach nicht gut, wenn sich jemand selbst als cool bezeichnet, weder als Person noch als Unternehmen. Cool ist also eine Auszeichnung, die wir uns alle verdienen müssen.

Wer als Unternehmen steigendes Einkommen und eine verlässliche emotional positive, offene Atmosphäre bzw. Kultur anbieten kann, bekommt die besten Mitarbeiter, denn am Markt vermitteln sich die emotionalen Werte eines Arbeitsplatzes weitaus schneller als die sogenannten hygienischen wie Geld, Status, Karrieremöglichkeiten etc. Wenn es sich verhindern lässt, will niemand in einem atmosphärisch schlechten Unternehmen sein, nur weil es außergewöhnlich gut zahlt. Der »Bohrinsel-Effekt« – wenn es ausschließlich ums Geldverdienen geht, wenn jemand sich bewusst und zeitlich begrenzt auf das Abenteuer einer wesentlichen Reduktion seiner persönlichen Bedürfnisse zugunsten hygienischer Faktoren einlässt, allen voran das Geld – ist wahrscheinlich nie Teil einer mittel- oder langfristigen Karriereplanung, sondern eher als lukratives Timeout zu betrachten. Das kann durchaus cool sein, aber so eine Bohrinsel ist ab der zweiten Woche nicht mehr cool, sondern nur noch mühsam und hart. Coole Arbeitsplätze sind beliebter und wertvoller denn je und coole Arbeitgeber können es sich sogar leisten, nicht so gut zu zahlen wie andere vergleichbare Arbeitgeber am Markt, weil sie eben cool sind, und das wiegt mehr als Geld. Coole Unternehmen haben keine Employer-Branding-Probleme, bekommen immer die besten Mitarbeiterinnen am Markt und entwickeln sich von innen heraus, ohne auf Marktbewegungen im Nachhinein reagieren zu müssen, weil sie diese Bewegungen zum Teil selbst erzeugen. Innovation ist cool. Eine Tischlerei im fünften Wiener Gemeindebezirk kann ebenso cool sein wie Google, Facebook, Red Bull und vorläufig auch noch Apple. Cool ist eine Sache der Einstellung, der Philosophie, des Zugangs und der Haltung. Cool ist ein Wert und Cool macht Sinn. Sind Sie cool? Ihr Unternehmen? Wenn Sie jetzt gedacht haben: »Wir müssen nicht cool sein, nur effizient«, dann haben Sie sich getäuscht.

Wenn es ein Kompliment gibt, das altersübergreifend und für alle sozialen Schichten gleich gültig ist, dann wohl die Zuschreibung, cool zu sein. Es bezeichnet eine vernünftige Reaktion, eine gewisse Übersicht, eine Balance im Denken und Handeln und den entspannten Umgang miteinander. Cool kann erotisch sein, muss aber nicht. Darin liegt eine sehr nützliche Erklärung der Aussagekraft von Cool, denn wenn jemand unter allen Umständen cool sein will, etwa durch Kleidung oder Benehmen, wirkt das ab einem gewissen sensiblen Grad als uncool. Das Begehr wandelt sich in sein Gegenteil, und meistens wird das von den Betroffenen nicht einmal registriert.

Begrifflich betrachtet stammt »cool« als Allround-Begriff im täglichen Sprachgebrauch aus den 1940er-Jahren des letzten Jahrhunderts. Kurze Zeit später wurde es in den USA, ausgehend von der starken Jazz-Szene New Yorks, zu einem Qualitätsbegriff für Musik (Cool Jazz), für Songs, Philosophie, Haltung und vieles mehr. Es fungierte als gesellschaftlich-sprachliches Bindemittel für Leute gleicher Einstellung, als Codewort für Menschen, denen man vertrauen kann. Durch die Parallelität der Entwicklung des Jazz in den USA und in Europa der 1950er-Jahre, vor allem in Paris und Teilen Skandinaviens, gelangten der Begriff und seine Konnotation in unseren Sprachgebrauch und ist bis heute geblieben.

Cool hat eine italienische Mutter und die heißt: »Sprezzatura«. Dieser Begriff hat schon seit Jahrhunderten einen fixen Platz im italienischen Sprachgebrauch, wurde zur Beschreibung von Kunst und Künstlern verwendet, etwa bei Raphael und seinem Portrait des Baldassare Castiglione oder bei da Vinci und seiner Mona Lisa. Bei der Zuordnung dieses Begriffs ging es um Körperhaltung, Handhaltung, Lächeln usw., denen eine gewisse Grandezza attestiert wurde, eine Entspanntheit der sozialen Stellung entsprechend – diese Leute waren cool. Shakespeare benutzte das Wort unter anderem in seinem »Hamlet«, im »Sommernachtstraum« und im »Othello«, wiewohl es in den Übersetzungen nicht als solches bedacht wurde.

Cool als soziale Wertung war historisch wohl am

stärksten im Amerika der 1950er und 1960er, als damit die Art und Weise beschrieben wurde, mit der schwarze Männer sich bewegten, wie sie nicht auf die offen rassistischen Angriffe und Demütigungen reagierten, sondern Fassung behielten, eben cool blieben. Außerdem hatte diese Art des öffentlichen Auftritts etwas Erotisches, spielte mit dem Minderwertigkeitsgefühl des weißen Mannes und seiner Angst, die weiße Frau an den schwarzen Mann zu verlieren. Der schwarze Mann begegnete dieser »weißen Verzweiflung« mit dem gleichen Lächeln wie der rassistischen Überheblichkeit und blieb – cool. Das stärkte das Gefühl der Schwarzen und schwächte die Position der Weißen.

Es wäre übrigens ein Irrtum zu glauben, dass schon cool ist, wer cool spricht. Nichts ist schlimmer als jemand, der von seiner Durchschnittlichkeit durch überbetont coolen Sprachgebrauch ablenken will. Auch im wirtschaftlichen Bereich geht es weder um den simplen Einsatz von coolen Begriffen noch um eine neue sprachliche Geschäftsgarderobe, niemand will eine Führungspersönlichkeit so reden hören: »Hey, Peeps, wir werden das vierte Quartal geschmeidig verbuchen und dann ins neue Jahr chillen.« Beschämend. Damit sind wir wieder bei den Sprachschluchten.

Wenn wir ehrlich sind, wollen wir alle cool sein, auf die eine oder andere Art. Und so wichtig und richtig es ist, sich in jungen Jahren an Vorbildern zu orientieren und gewisse Charakter- und Wesenszüge, die einem an anderen gefallen, zu übernehmen, so wesentlich ist es später, als erwachsener Mensch, sich an seiner eigenen Persönlichkeit zu orientieren, gewachsen aus Erfahrung und Gelerntem, und zu dem zu stehen, was man (geworden) ist, wie man sich selbst empfindet und was man von sich hält. Kritisch, aber nicht selbstbeschädigend, in gesunder Distanz, aber nicht außer sich, wohlwollend, aber nicht narzisstisch. Nichts ist cooler als jemand, der gut mit sich ist. Und nein, es hat nichts mit Aussehen, Geld, Macht oder Symbolen zu tun. Zuhören ist cool, über sich lachen können ist cool, für seine Überzeugungen einzustehen ist cool, Lernfähigkeit ist cool, Integrität ist cool. Cool fällt nicht vom Himmel, es ist das Resultat reflektierender interner Arbeitsprozesse, die dem Ich zugutekommen. Fangen Sie gleich an: »Ich möchte bei mir gern (hier einsetzen) ... verändern und cooler werden.« Sie können es denken, also können Sie es auch durchziehen.

Gefühle schaffen Werte

18. Angst – unser innerer Säbelzahntiger

Angst ist ein Riesenthema in unserem Leben – es gibt niemanden, der nicht davon betroffen ist.

Was ist sinnvoll an Angst? Grundsätzlich alles. Als Reflex lebenserhaltend. Als Zustand, wenn angenommen und bearbeitet, kann sie Ausgangspunkt für sinnvolle Veränderung sein, Heilung, wenn Sie so wollen. Wenn jemand Panikattacken hat, ein im wahren Sinne des Wortes furchtbarer Zustand, wird er oder sie in Therapie gehen, um dem Einhalt zu gebieten, und damit ist der erste Schritt zur Heilung (was immer jeder darunter verstehen mag) getan. Wie sollten wir gesellschaftlich mit der Angst umgehen? Offen, empathisch, verständnisvoll und tabufrei würde helfen. Angst ist nicht zu verhindern, weil sie ein Reflex ist, der in Bereichen unseres Gehirns stattfindet, die sich unserer bewussten Kontrolle entziehen. Wir können aber sehr wohl lernen, mit ihr umzugehen und unsere emotionalen Landschaften mit so viel guten Gefühlen wie möglich zu versorgen; das wird unsere Entscheidungen positiv beeinflussen und die Angst bändigen.

Seit frühesten Zeiten, als wir noch in Höhlen lebten und täglich auf der Suche nach Nahrung waren, sorgte die Angst dafür, dass wir anfingen zu laufen, wenn wir einem

Säbelzahntiger begegneten, weil wir uns nicht darauf verlassen konnten, dass er vielleicht gerade gefressen hatte und uns jetzt mal in Ruhe lässt. Angst als Überlebensmechanismus. Heute kommt die Angst perfider daher, ist geschickter geworden und mächtiger. Der Säbelzahntiger lebt mittlerweile in uns selbst, das macht die Sache so kompliziert. Ich persönlich habe ja nun wirklich ziemlich viele Säbelzahntiger mit auf den Weg bekommen, in meiner Kindheit, meiner Sozialisierung, meinen Beziehungen und auch in meiner Karriere. Als Künstler hat man am Anfang die Angst, nicht wahrgenommen zu werden, Angst, nicht zum Zuge zu kommen, keinen Job zu bekommen, Angst, sich geirrt zu haben. Später hat man Angst vor schlechten Rollen, schlechten Kritiken, schlechten Regisseuren und schlechten Kollegen. Bemerke: Es gibt kein schlechtes Publikum, wer im Zuschauerraum sitzt, ist automatisch gut. Es folgt die Angst, dass man die nächste Audition nicht schaffen wird, die nächste Karrierestufe nicht mehr erreichen wird, in die nächst hintere Bühnenreihe wird rücken müssen und schließlich die ultimative Angst: Karriereende. (*Einsatz Musik, schwer, dramatisch Gustav Mahler.*) An diesem Punkt spielt das Alter eine besonders grausame Rolle, vor allem bei Frauen im Showbusiness. Es gibt nach wie vor weitaus weniger gute Rollen für Frauen als für Männer. Frauen werden nie ausschließlich aufgrund ihrer Leistung und Qualität beurteilt, egal, ob von Kritik oder Konsument, sondern immer auch wegen ihres Aussehens, mit ganz wenigen Ausnahmen. Das bedeutet eine existentielle Abhängigkeit von Äußerlichkeiten, was dazu führt, dass die Darstellerin einer Massenmörderin sehr wohl darauf achten muss, dass sie selbst in den Knastszenen noch figurbetont und gut geschminkt in ihrer Zelle sitzt.

In Hollywood gehört die Schauspielerin ab 30 zum alten Eisen und wird automatisch zur »Charakterdarstellerin« (als müssten Menschen unter 30 keinen Charakter haben bzw. darstellen können), und sie hat mit dem Erreichen ihres 31. Lebensjahres so gut wie alle Chancen auf eine Weltkarriere verspielt, wenn sie nicht schon ein Weltstar ist, und selbst dann muss sie weiterkämpfen. Der Jugendwahn ist eine Geißel und wir haben jeden Tag Angst, erwischt zu werden. Gerade Schauspieler fallen gern auf typische Selbstüberzeugungs-Substanzen rein: Alkohol, Drogen, religiöser Fanatismus etc. Und das war's dann auch schon mit der Karriere, es geht bergab, und selbst Rehab ist bei Finanziers von Filmen, TV oder Live-Produktionen kein überzeugendes Argument. Außer du bist Robert Downey jr., und mit jedem seiner Filme sehen wir, wie sehr es sich gelohnt hat.

Unser Dasein ist begleitet von Ängsten, je früher wir uns mit ihnen beschäftigen, desto größer ist die Chance, mit ihnen umgehen zu lernen. Angst geht nicht weg, so habe ich es erfahren, sie erneuert sich ständig, sie sucht sich immer neue Motive und Zugänge, und sie arbeitet verdammt clever. Angst kann Motor sein, aber auch Erstarrung. Menschen tun aus Angst so vieles, was sie sonst nicht tun würden, aber diese Entscheidungen werden weder autonom noch selbstbewusst gefällt. Ich werde nie vergessen, wie enttäuscht und entsetzt die Menschen von sich selbst waren, als sie erzählten, wie sie 2010 bei der tragischen Love-Parade in Duisburg in eine Massenpanik gerieten und um ihr Leben kämpften, indem sie über am Boden liegende, schreiende Menschen kletterten, um der lebensbedrohlichen Situation zu entkommen. »Das hätte ich nie von mir gedacht ...«, war die Aussage eines jungen Mannes und er weinte bitterlich.

Angstgesteuertes Führen ist ein absolutes No und die volle Antiquität, eine billige Ablenkung von Inkompetenz und Werte-Armut. Ein Unternehmen, das sich solche Führungspersönlichkeiten gefallen lässt, hat seine Fluktuationszahlen, seine schlechte Unternehmenskultur und seine katastrophalen Employer-Branding-Werte wohl verdient.

Aus solchen Mitarbeitern offene und kommunikationsbereite Führungspersönlichkeiten zu machen bedeutet, ihnen ihre eigene überwältigende Angst zu nehmen. Das liegt zu einem Teil in der gesellschaftlichen Verantwortung, das richtige emotionale Umfeld dafür zu entwickeln, zu einem weiteren Teil in der Verantwortung von Wirtschaft und Unternehmen. Empathische Manager werden bereits wie Platin gehandelt, weil sie so effizient sind, aber zum größten Teil muss sich jeder Einzelne selbst kümmern. Wenn es allerdings von Seiten der Wirtschaft und der Unternehmen Widerstand gibt, wenn die Gesellschaft die unerlässliche Achse zwischen persönlicher Selbstentwicklung und Karriere verleugnet und uns vorgaukelt, es gehe auch ohne persönliche, charakterliche Entwicklung, indem man einfach nur das Spiel beherrscht, dann wird es auch für die oben angesprochenen Angst-Leader keinen Grund geben, sich mit sich selbst zu konfrontieren, sich zu ändern und neue Wege zu gehen. Sie werden so lange ihr Unwesen treiben, wie man sie lässt. Es geht nicht nur um eine Arbeitsatmosphäre der Unterdrückung und Drohung, wie sie in manchen Unternehmen immer noch herrscht, sondern leider auch um Individuen, die sich selbst in gesunder Organisationsumgebung freiwillig in diese emotionalen Situationen begeben, ja sie regelrecht suchen und sogar emotionale Angebote machen: »Bitte unterdrücke mich, ich brauche das, um gut zu sein.« Menschen erlauben es, ja fordern mitunter dazu auf, dass andere sie unterdrücken und erniedrigen, oft aufgrund von Ängsten, die aus der Kindheit resultieren, oder weil sie es schlicht und einfach so gelernt haben. Diese Angebote als Führungspersönlichkeit zum eigenen persönlichen Vorteil auszunutzen, ist so unethisch, wie einen Blinden zu berauben.

Angst hat also grundsätzlich ihren Sinn (siehe Säbelzahntiger), aber sie kann sich rasch zu einer überbordenden Belastung entwickeln, komplett aus dem Ruder laufen und schließlich ein ganzes Leben übernehmen. Zugegeben, es ist für einen Leader verführerisch, angstbestimmte Mitarbeiter auch auszubeuten. Angst macht devot, und Unterwerfung ist beliebt bei Managern, weil es auf diese Art einfacher ist, die eigenen Interessen durchzubringen. Aber nicht immer, nicht in jeder Hinsicht und nie langfristig. Innovation fällt beispielsweise gleich aus dem System heraus, die lässt sich nämlich durch Angst weder erzeugen noch beflügeln. Angst bei Mitarbeitern ist zeitsparend, weil man nichts erklären muss, nur befehlen, und Angst bedient die Eitelkeit der Macht, vor allem jener Macht, die nicht sinnvoll genutzt wird.

Angst im Unternehmen macht keinen Sinn, sie zahlt sich nicht aus, sie macht keine guten Gefühle, führt zu Burn-out und anderen emotionalen Katastrophen. Erkennen wir eine solche Persönlichkeitsstruktur bei Mitarbeitern, tun wir gut daran, uns nicht verführen zu lassen, sondern dagegenzuhalten, diese Menschen zu stärken, etwa durch Lob und Aufmerksamkeit, sie aufmerksam zu machen, wenn sie in ihre Muster verfallen, und eine vertrauensvolle Beziehung aufzubauen. Klingt mühsam? Ja, bringt aber großartige Leistung, auf die wir uns auch langfristig verlassen können.

Eigentlich müsste jedes Unternehmen einen CEmO beschäftigen, also einen Chief Emotional Officer, der sich um die emotionale Wirklichkeit im Unternehmen kümmert, um die emotionale Botschaftsübertragung, das emotionale Krisenmanagement, Forschung und Entwicklung und die emotionalen Dimensionen von Employer Branding, Innovation, Change, Kooperation, Networking usw. usw. Der CEmO wäre somit auch für den unternehmerischen Sinn zuständig. Damit sind nicht Businesspläne gemeint oder Geschäftsziele, sondern der übergeordnete Sinn, den das Unternehmen für sich bestimmt hat. Das können aber nur jene Unternehmen glaubhaft vermitteln und nutzen, die diesen Sinn auch leben. Authentizität, Glaubwürdigkeit, also unternehmerisches Verhalten, das mit den Werten übereinstimmt, sind die Wege zu Produktivität, Loyalität und guter Kultur im Unternehmen. Dazu gehört auch die Kritikfähigkeit.

Unternehmen, die sich pro-aktiv um ihre Sinnfrage kümmern, haben die weitaus besseren Karten gegen Angst als jene, die davon ausgehen, dass jegliche Angst, die nicht im Unternehmen erzeugt wird, gefälligst dort behandelt werden soll, wo sie entstanden ist, also im Privatraum. Es gilt der Umkehrschluss: Positive Emotionen wie Enthusiasmus, Leidenschaft, Kommunikationsfreude, Loyalität, Neugier etc. sind ja auch nicht unbedingt im Unternehmen entstanden, sondern werden von privaten Menschen in den professionellen Raum eingebracht. Der Sinn als emotionale Grundsicherung im Unternehmen ist ungemein wichtig, aber er entsteht nicht als Naturphänomen, sondern muss gewollt, erarbeitet und gepflegt werden. Auch erfolgreiche Organisationen können ein Sinnproblem haben, vielleicht weil die Herausforderung fehlt.

Wenn Fadesse die Schwester der Wiederholung ist, dann ist Sinnlosigkeit die Tochter der Routine. Lasst uns also auf Sinnsuche und Werteforschung gehen, um der Angst, der Fadesse und der Routine auf den emotionalen Pelz zu rücken.

19. Event – emotionale Visitenkarte

Manchmal träume ich von Unternehmens-Events, weil sie mich offenbar so beschäftigen. Der zentrale Mittelpunkt, der Anlass und die Aufgabe eines Events kann doch nur eine Botschaft sein. Seinen Gästen, Partnern und Mitarbeitern einen schönen Abend zu schenken, ist zwar nett und redlich, aber anachronistisch. Kein Unternehmen kann es sich mehr leisten, seine Events emotional nicht zu nutzen. Das Unternehmen präsentiert sich, seine Philosophie, seine Produkte und seine Dienstleistungen in Form von emotionalen Botschaften. Wer die Sprache der Emotion unterschätzt oder gar ignoriert, wird intern und extern bestraft.

Kultur und Entertainment sind enge Verwandte von Wirtschaft und Industrie. Von den Hofnarren im Mittelalter über die Maler in Diensten von Kirchenfürsten bis zu den Galerien und Kunsthäusern von Banken, Versicherungen und Werbeagenturen. In den letzten 60 Jahren sind Ideologien einer inhaltlichen und emotionalen Zusammenarbeit zwischen Künstler und Auftraggeber zu oft im Weg gestanden. Schuld daran sind beide: Der Künstler, der in seiner panischen Furcht vor Korruption und Vereinnahmung eine nahezu natürliche Feindschaft zu Kapital und Unternehmertum aufbaut, während Wirtschaft und Industrie den Künstler seit jeher als Almosenempfänger oder pure Dienstleistungsmaschine sehen und behandeln, ohne inhaltliche Einbindung und oft auch ohne gebührlichen Respekt. Heute sehen wir die großartigen Chancen, die sich aus dieser partnerschaftlichen Zusammenarbeit ergeben können, als profitabel für beide.

Auf der einen Seite haben wir eine politische Entwicklung, in der Künstler von Kürzungen und Streichungen öffentlicher Subventionsgelder in ihren Existenzen bedroht sind und somit ihr Potenzial nicht entwickeln können, was der Kultur eines Landes und seiner Menschen großen Schaden zufügen kann. Kultureller Stillstand ist der Tod von Entwicklung, Produktivität und Konsum.

Auf der anderen Seite haben wir Industrie und Wirtschaft, die über die notwendigen Ressourcen verfügen, um die Lücken zu schließen, die sich durch den Rückzug der öffentlichen Hand aus Kultur und Entertainment auftun. Es ist mehr als verständlich, dass der »neue« Partner weder das bei

Politikern so beliebte Gießkannen-Verfahren weiterführen noch seine Investitionen ohne verbriefte Gegenleistung tätigen will. Das Prinzip Leistung – Gegenleistung muss also neu definiert werden. Künstler waren gewohnt, Unterstützung und Subvention weitgehend ohne inhaltliche Bedingungen und künstlerische Vorgaben zu erhalten.

Dem Corporate Partner ist es verständlicherweise nicht mehr genug, als Finanzier oder Sponsor genannt zu werden, er will mit seiner Botschaft in das Produkt. Das bedeutet natürlich nicht, dass der Opernsänger sich verpflichtet, in seiner Arie dreimal den Namen eines japanischen Autoherstellers unterzubringen (was angeblich wirklich einmal stattgefunden haben soll), sondern die sensible und künstlerisch vertretbare Form der Präsentation von Botschaften.

Die logischen Partner müssen also zueinander finden, aber nicht auf ausgetretenen Wegen, sondern an den modernen Knotenpunkten und Verteilerkreisen gemeinsamer Interessen und Ziele. Das erfordert vom Corporate Partner ein philosophisches Umdenken in Sachen Emotion und ein neues Vertrauen in Kultur und Kunst als Werkzeuge. Es geht um intensive Kommunikation, um Informieren und Zuhören, darum, Wege und Ziele zu definieren und dann nicht mehr aus den Augen zu verlieren.

Es hat keine Zukunft mehr, auf Nummer sicher zu spielen, also einen Event auszurichten, der eine oder mehrere künstlerische Darbietungen beinhaltet, die von der Stange gekauft werden, nach Kriterien, die einzig auf Status, Bekanntheits- oder Beliebtheitsgrad der Künstler ausgerichtet oder auch einfach egal sind. Eine solche distanzierte Haltung ist spürbar. Die Künstlerin spult ein Programm herunter, von dem sie annehmen kann, dass es nichts mit ihrem Auftraggeber und dessen Botschaften zu tun hat und auch nicht haben soll. Sie weiß und spürt, dass die Gäste des Abends mehr oder weniger zwangsbeglückt werden, was sich natürlich auf deren Reaktionen auswirkt. Schwache Reaktionen bleiben auch dem Gastgeber nicht verborgen und das unbefriedigende Resultat wird ungerechterweise der Künstlerin angelastet. Die kann aber nun wirklich nichts dafür und kämpft einen einsamen Kampf gegen die Prädispositionen einer veralteten Event-Kultur, den sie eigentlich gar nicht mehr gewinnen kann. Verlieren kann man diese Kämpfe weder aufrecht noch stolz, der Niedergang eines Künstlers bei solchen Veranstaltungen ist emotional ungeheuer demütigend. Nichts ist schlimmer für einen Performer, als ignoriert zu werden. Also wird die Künstlerin ihren Preis durch ein entsprechendes Schmerzensgeld erhöhen, der Teufelskreis schließt sich und alle haben verloren: der Gastgeber, weil der Event keinen gemeinsamen emotionalen Höhepunkt verzeichnen kann, die Basis für nachhaltige Botschaftsvermittlung, die Künstlerin, weil sie unter ihrem Wert geschlagen wird und keine emotionale Gage (= Reaktionen) erhält, und die Gäste, weil sie Zeit und Energie eingesetzt haben, ohne Inhalte dafür zu bekommen.

Wenn Kultur nur der Haken auf einer Checkliste ist, überträgt sich dieses Desinteresse emotional auf die Gäste und wirkt kontraproduktiv zur Idee des Events, egal was sie ist oder sein soll. Reine Geldvernichtung. Wollen Sie sich das leisten?

Ein kultureller Vortrag, ein Act, wie es so schön heißt, egal ob Musik, Tanz, Schauspiel, Comedy oder Lesung, hat eine reelle Chance, zu überzeugen und seine Botschaften zu vermitteln, wenn er nicht gegen archaische Gewohnheiten wie Tischgespräche oder störende Innenarchitektur ankämpfen muss. Eine Stunde ungeteilte Aufmerksamkeit ist jedem Gast zuzutrauen, auch vor dem Essen. Leider wird das immer noch nicht erkannt und es werden nach wie vor Abläufe ritualisiert und durchgezogen, die es der Botschaftsvermittlung enorm schwer machen. Wie könnte, ja wie sollte es denn sein?

Bedienen wir doch ein durch und durch menschliches Ritual und gehen wir »ins Theater«. Wenn möglich in einer dafür adaptierten Architektur, damit meine ich, dass ein Theater, also eine Bühne und davor Sesselreihen, schnell und unkompliziert in ein Restaurant verwandelt werden kann. Es braucht flinke Helfer, die wissen, was sie tun, ein durchdachtes Lichtkonzept und gegebenenfalls einen Moderator, der so einen Umbau, wenn er denn im Beisein des Publikums stattfinden muss, so kommentieren kann, dass Entertainment daraus wird. Natürlich ist es ideal, wenn Theater und Restaurant in separaten Räumlichkeiten untergebracht und unkompliziert miteinander verbunden sind, aber das können die meisten Locations (noch) nicht leisten.

Nach dem Show-Act ist alle Zeit der Welt, um über das soeben Erlebte zu diskutieren, da sind dann die großen Tische ideal und kein Tisch ist mehr ohne Gesprächsthema. Die emotionale und intellektuelle Befruchtung, provoziert durch das gemeinsam erfahrene theatralische Erlebnis, sorgt für nachhaltige Emotionen im Sinne der Botschaften. Das ist der moderne Event, das sind die neuen Rituale, das ist der Mehrwert.

Wenn ich nach dem Warum einer Einladung frage, höre ich von Unternehmen immer wieder die gleiche Antwort: »Wir wollen unseren Mitarbeitern und Partnern etwas Gutes tun, einen schönen Abend schenken.« Gut, aber machen wir uns nichts vor: Das Freizeitangebot auf der einen und die zuvor beschriebenen Zustände auf der anderen Seite bringen es nun einmal mit sich, dass der Gast, der Partner, die Eingeladenen und Angesprochenen wahrscheinlich nicht automatisch in verzückte Begeisterung ausbrechen, nur weil ihnen ein Unternehmen demnächst »einen schönen Abend« schenken will. Diese Erwartungshaltung von Seiten des Gastgebers ist naiv bis arrogant, sie unterstellt, dass die Gäste sonst nichts mit ihrer Freizeit anzufangen wissen. Das Gegenteil ist der Fall, und was diese hart geprüften

Menschen als einen schönen Abend für sich empfinden, wissen wir nicht, aber wir gehen davon aus, dass wir das bessere Angebot haben.

Eine Einladung zu einem Event ist das emotionale Wappenschild eines Unternehmens. Es repräsentiert den Geist, die Haltung und die Geschichte der Gastgeber. Je mehr ein Unternehmen auf sich hält, desto respektvoller geht es mit der Zeit seiner Gäste um.

Diese emotionale Situation teilt sich der Unternehmens-Event übrigens auch gern mit Theater, Oper, Ballett, Musical, ja sogar mit Popkonzerten. Ich saß mal im Stadion neben einem Geschäftsfreund, der noch vor Beginn des Stones-Konzerts eingeschlafen war und nicht mehr aufgewacht ist. Er hatte mich vor Wochen eingeladen, ausgezeichnete Plätze ganz vorn vor der Bühne, ich habe sehr gern zugesagt und mir ging es auch gut dort. Doch schon auf der Hinfahrt hatte er mir sein Leid geklagt, über unmenschliches Timing, seine Termine im Halbstundentakt, gesellschaftliche Zwänge etc., aber auch, dass er sich freue auf den Abend, weil ich als Künstler ihm erlaube, einfach er selbst und relaxt zu sein. Da wusste ich noch nicht, was er damit meinte, diesen armen Kerl konnte nicht einmal Keith Richards wach halten.

Es gibt Rituale, die sind unumstößlich. Wir feiern bei der Geburt. Wir trauern beim Tod. Ein Gastgeber lädt ein.

Das ist so alt wie die menschliche Kultur. Die Gäste kommen, man begrüßt und versichert sich der gegenseitigen Wertschätzung, um sich in der Folge seinen Platz am Feuer zu suchen. Heutzutage ist es privat der Salon, die Bar oder die Terrasse. Man parliert und amüsiert sich. Wir trinken, wir essen, wir reden. Niemand würde auf die Idee kommen, während des Essens den Fernseher aufzudrehen und seinen Gästen bis zum Dessert schweigendes Zuschauen zu verordnen. Genau das aber geschieht bei vielen Events.

Irgendwann einmal hat es angefangen, und mittlerweile scheint es in Stein gemeißelt zu sein: Die Gäste werden mit Cocktails und Fingerfood empfangen, in der Folge erwartet sie ein mehrgängiges Menü, das zwischen Hauptgang und Dessert durch einen künstlerischen Vortrag planmäßig unterbrochen wird. Sie *müssen* jemandem bei der Arbeit zuschauen. Musiker, Comedians, Schauspieler, Vorleser etc. bemühen sich redlich, eine theaterähnliche Atmosphäre aufzubauen, was natürlich nur bedingt gelingen kann – wenn überhaupt, angesichts von Neon-erleuchteten Räumen, Menschen an großen runden Tischen, viele davon mit dem Rücken zur Bühne gewandt.

Folgendes passiert emotional: Die »Show-Einlage« (ein Begriff, der nicht umsonst an Suppe erinnert) beginnt also. Der Gast bei Tisch hat es schwer: Eben noch alles und jeden auf der Welt kommentiert, von der Politik über die Wirtschaft bis zum Wetter, hat er eine Art Tisch-Atmosphäre aufgebaut, was nicht immer einfach ist, wie wir wissen, und jetzt sollen alle plötzlich still und aufmerksam sein. Das funktioniert natürlich nicht so wie im Theater, wo alle wegen der Vorstellung gekommen sind. Und so beginnen leise Kommentare, werden Witze gemacht und Gelächter bricht sich die Bahn. Im Grunde warten alle nur darauf, dass sie wieder miteinander plaudern können. Die Künstlerin bekommt das natürlich mit, wird nervös, fängt an zu schwitzen, gibt Gas, kämpft heroisch. Das wird als Verzweiflung interpretiert und macht den Vortrag nicht spannender, Mitleid kommt auf. Am Ende kämpft jeder gegen jeden und keiner gewinnt, schon gar nicht der Gastgeber.

Die unangenehmste Erfahrung machten wir einmal in einem Promi-Skiort in Österreich, als die örtliche Skischule ein Jubiläum feierte und uns einlud, unsere aktuelle Show im Festzelt zum Essen zu spielen. Wir hätten vorgewarnt sein müssen, angesichts eines rigiden Tagesablaufs für die

Gäste, der um elf Uhr vormittags mit einer Fahrt auf den Hausberg begann, dort oben mit allerlei Darbietungen weiterging, gefolgt von der Abfahrt ins Tal und einem Arbeitsnachweis der lokalen Blasmusik, unterbrochen von Reden und Ansprachen. Schließlich torkelten die hart geprüften Gäste ins Festzelt, wo wir dann auch noch Aufmerksamkeit verlangten, die man uns (verständlicherweise) schlichtweg versagte. Der Gig war ein Desaster.

Die emotionale Ausrichtung eines Events ist heute wesentlich, Unternehmen wissen, wie wichtig es ist, Gefühle zu kreieren und zu kommunizieren, weil sie wissen, dass diese guten Gefühle auf ihr Unternehmen strahlen werden. Eine Botschaft, die nicht emotional verankert ist, wird sich ungleich schwerer vermitteln. Auch jene, die behaupten, sie haben und wollen gar keine Botschaft, sondern nur ihren Gästen etwas Gutes tun, haben eine Botschaft, nämlich keine zu haben. Wenn ein Event einfach nur stattfinden soll, dann genügt es, gewisse formale Regeln zu befolgen und nichts Grundsätzliches falsch zu machen. Es wird nichts riskiert, alles ist von der Stange, vor allem der Ablauf.

Aber die Gier ist ein Luder und macht vor nichts Halt. Es gibt sogar eine Art Entertainment-Gier, wenn Auftraggeber für ihren Event immer noch mehr haben wollen. Am liebsten würden sie das Essen viermal unterbrechen und dauernd etwas Neues auf der Bühne passieren lassen und alle müssen aufmerksam sein. Ein Albtraum. Der Star des Abends soll für alles herhalten: mit dem Gastgeber beim Eingang die Gäste begrüßen, danach eine Talkshow mit dem Generaldirektor machen, im Anschluss etwas singen und spät am Abend noch einmal auf die Bühne und die berühmt-berüchtigte Tombola moderieren.

Schweißgebadet wachst du auf und bist erleichtert, dass es nur ein Traum war. War es das wirklich …?

20. Soul Survival oder: Die Kultur des Scheiterns

Ich bin in meiner Welt, die sich nicht in Berufliches und Privates trennen lässt, so oft gescheitert und immer öffentlich, dass ich mich schon lange hätte zu Tode schämen müssen, hätte ich nicht immer wieder einen Weg gefunden, gewinnbringend damit umzugehen. Meine Kindheit hat es mit sich gebracht, dass ich sehr früh gelernt habe, mit Zurückweisung zu leben sowie mit dem persönlichen, privaten, professionellen und öffentlichen Scheitern. Wer das halbwegs gesund überlebt, hat Chancen und vielleicht sogar einen Vorteil im Leben. Soul Survival.

Ich hatte das Glück, in Zeiten des gesellschaftlichen Umbruchs sozialisiert zu werden (1968er), in einer Jugendkultur, in der das Scheitern durch simple Leidenschaft ad absurdum geführt wurde. Die gemeinsame Vision einer neuen Gesellschaft allein war schon ein so großer persönlicher, emotionaler Gewinn, dass es keine Niederlagen gab, nur Lernpotenzial. Alles wurde damals politisch definiert und analysiert, so auch das Scheitern, es wurde in der Philosophie des vietnamesischen Volkes und dessen genialen Führers Ho Chi Minh als Lernprozess betrachtet, der letztlich doch zum Sieg führt. Im Zentrum steht der Sinn, der den entscheidenden Vorteil bringt, weil die Soldatin, die für die Freiheit ihres Landes und seiner Menschen kämpft, mit so viel Einsatz, Leidenschaft und Überzeugung ans Werk geht, dass sie nahezu unschlagbar wird. Ein militärisches Resilienz-Prinzip. Es ging nicht um Aggression oder Verteidigung, sondern um Haltung.

In der Gruppe gehen unterschiedliche Typen auf verschiedene Arten mit Schuld und Scheitern um. Es gibt die Fremd-Strafer: Menschen, die immer andere Menschen verantwortlich machen und abstrafen. Die Verweigerer: Sie leugnen jegliche Verantwortung und verweigern sich der Schuld und der Strafe. Die Selbst-Strafer: Menschen, die jede Schuld sofort auf sich nehmen und somit auch jede Strafe. Dann gibt es noch Untergruppen, darunter so illustre wie etwa die Explodierer, die sofort wütend und irrational werden. Wirft man ihnen Scheitern vor, dann drehen sie vollkommen durch und werden übermäßig emotional, Persönlichkeiten, bei denen sich niemand wirklich wundern würde, wenn sie eines Tages mit der Pumpgun im Büro stehen. Oder die Lobes-Junkies, die immer gelobt werden müssen, egal wofür und egal ob verdient. Werden sie nicht genug beachtet, winseln sie wie Hunde, die nicht ins Schlafzimmer dürfen. Beschwichtiger, jene, die überhaupt keinen Handlungsbedarf sehen, sorgen für Verniedlichung statt Auseinandersetzung und sind Fortschritts-Verhinderer in Demutshaltung. Und dann sind da die Teflon-Typen, die sich persönlich mit jedem Erfolg ihres Teams schmücken, sich aber bei Erfolglosigkeit beklagen, wie sehr das Team versagt hat. Leute, die geschickt genug sind, damit nichts an ihnen hängen bleibt. Anthony Hayward von BP zum Beispiel. Der hatte schon lange vor dem tragischen Unglück der explodierten Öl-Plattform den Spitznamen »Teflon-Toni«. Und so hat ihn die Welt ja auch erlebt, als der Wahnsinn mit der Bohrinsel losging. Es war so lange keine Katastrophe, bis man sie ihm nachwies, und es war so lange keine persönliche Verantwortung, bis man ihm auch diese nachwies. Die vierzig Milliarden Dollar, die das Desaster seine Ex-Firma bis jetzt gekostet hat, haben ihm nicht geschadet. Er sitzt wieder an oberster Management-Stelle im Energie-Geschäft.

Ein guter Manager, so heißt es, ist einer, der im Falle des Erfolges aus dem Fenster schaut und im Falle des Scheiterns in den Spiegel – und nicht umgekehrt.

Wer hat behauptet, das Leben sei gerecht? Unrecht passiert, Sie werden bei einer Postenvergabe übergangen, Sie haben die Arbeit geleistet und jemand anderer übernimmt das Lob dafür etc. Wir wissen alle, wie es ist, zu scheitern, obwohl wir alles richtig gemacht haben. In einer emotional belastenden Situation der empfundenen Ungerechtigkeit sind wir gut beraten, unsere Impulsivität zu kontrollieren. Wir haben ein Recht auf unsere Gefühle, aber es ist nicht ratsam, sie unmittelbar nach ihrem Entstehen auch gleich öffentlich kundzugeben. Das führt sicher zur Auseinandersetzung und ganz schnell geht es nur noch um den Konflikt und nicht mehr um die Sache. Eskalation.

Fragen Sie in Mitarbeiter-Interviews nach dem Scheitern. Hat jemand Mühe, sich zu erinnern, wann, wo und wie er oder sie gescheitert ist, dann können Sie davon ausgehen, dass Sie es mit einem Verweigerer zu tun haben, sie können sich nicht erinnern, weil sie in ihrer Begriffswelt nicht gescheitert sind. Die äußeren Umstände waren schuld, die handelnden Personen, die Konstellation der Sterne oder das Wetter. Dem Scheitern die Anerkennung zu verweigern heißt auch das Lernpotenzial abzulehnen.

Es gibt natürlich auch jene, die schon einmal gescheitert sind und die zeigen, dass sie weiter neugierig und selbstbewusst genug sind, um wieder aufzustehen, und den Mut aufbringen weiterzugehen. Die wollen wir.

Zu welcher Art gehören Sie?

21. Das Hohelied des Lobes

Das Lob gehört zur Kultur, aber wir loben ja kaum noch. Du wirst nicht gelobt, weil alles, was du richtig machst, eine Selbstverständlichkeit ist, aber geht etwas schief, bist du sowieso der Idiot des Monats und hängst gerahmt in der Lobby. Da könnten wir ein paar Anleihen in der Pornoindustrie machen, die loben noch. Die loben die ganze Zeit, das Lob ist sozusagen Bestandteil des Erfolges, ohne Lob gibt es gar kein Geschäft: »Oh, du wunderbarer Liebhaber, noch nie hat mich ein Mann (eine Frau) so glücklich gemacht ...!« Die Philosophie des Lobes ist in der Pornoindustrie fest verankert, von den gutturalen Soundtracks der Produkte über die gegenseitige Huldigung der Darsteller bis zu grandiosen Preisverleihungen der Industrie, und alles lobt sich in höchsten Tönen. Lob als erotischer Business-Motor.

Lob will gut überlegt und strategisch richtig eingesetzt sein. Wir unterscheiden zwischen persönlichem Lob, Aug in Aug vorgebracht, und öffentlichem Lob. Öffentliches Lob scheint den meisten leichter zu fallen. Seltsamerweise wird ein persönlich ausgesprochenes Lob unter vier Augen vom Lobenden manchmal als Schwäche empfunden, eine gewisse Unsicherheit bei Wortwahl und Körpersprache entlarven das. Dabei sind gerade Gelobte so tolerant, ein Lob kann doch eigentlich daherkommen, wie es will, Hauptsache es ist an mich gerichtet und glaubhaft, wobei wir bei der Glaubhaftigkeit sogar noch bereit sind, Abstriche zu machen, so gut tut uns das Lob. Daher ist jegliche Angst vor der formalen Ausführung eines ehrlichen Lobes völlig unberechtigt. Tell it like it is!

Im Theater wird die Schauspielerin auch nicht gelobt für jeden Satz Text, der ihr noch einfällt. Es wird eher das kollektive Arbeiten gelobt, die Interaktivität zwischen den Darstellern, die Umsetzung der gemeinsamen Strategie mit der Regie. Hat die Regisseurin einen guten und richtigen Einfall, so mündet das nicht gleich in minutenlangen Applaus der Schauspieler, sondern es wird ausprobiert, emotional beurteilt und bei Übereinstimmung angenommen. Wenn es also passt und der Einfall hilft, die Geschichte zu erzählen und die Botschaft verständlicher zu machen, dann ist dieses Puzzle-Teil richtig und fügt sich in das große Ganze nahtlos ein, es vervollständigt das Bild. Das Produkt, das Stück, das Musical, die Oper, das Bild, das Werkstück, das ist jeweils das Wichtigste, und nicht der ausführende Mensch. Und es geht immer um Wege. Wenn ein Weg funktioniert, wenn die Darstellerin ihrer Figur im Sinne des Konzepts nahekommt und deshalb berührt, wenn ihre Arbeit der Botschaft dient und nicht der persönlichen Befindlichkeit oder gar der Hyäne-Eitelkeit, dann ist das Lob nur noch die Äußerung einer inneren Wahrheit, aber deshalb nicht weniger willkommen. Lob ist am besten, wenn es bestätigt und nicht definiert. Sie spüren es selbst, wenn es richtig ist, Sie erkennen es an dem Schub von Glückshormonen. Es gibt der Arbeit einen Sinn.

Übermäßiges oder voreiliges Lob ist nicht ungefährlich, auch in der Kunst. Als Lobender laufen Sie Gefahr, nicht ernst genommen zu werden, und als Gelobte(r) ist es ab jetzt sehr verführerisch, zu versuchen, jede Aufgabe immer auf dem gleichen Weg zu erreichen. Daran ist nichts Verwerfliches, aber Kunst ist nicht beherrschbar, sie entsteht auf eigenen Wunsch und so, wie sie will. Manchmal leicht, mühelos, wenn die Intuition übernimmt und die Darsteller sich trauen, wenn man schon beim Lesen des Buches die Bilder auf der Bühne klar vor den Augen hat, wenn im Stein oder im Holz das Kunstwerk schon beim ersten Anblick erkennbar ist. Wenn der Diamant der Erkenntnis nur ein paar Zentimeter unter dem Sand liegt und Sie förmlich über ihn stolpern. Manchmal lässt sich das Glück nicht verhindern, egal wie viel Mühe Sie sich geben. Es will zu Ihnen und es wird Sie erreichen, auch gegen Ihren Willen.

Kunst ist vergleichbar mit Golf – man fängt jedes Mal von vorne an. Man kann sich nicht auf vergangene Erfolge verlassen, muss ständig ehrlich gegen sein Handicap arbeiten und sich der Aufgabe konzentriert und ganzheitlich stellen, persönliche Befindlichkeiten und Situationen sind zu Hause zu lassen (wenn das überhaupt möglich ist). Talent ist das gottgegebene Instrument, das sich selbst spielen kann, Kontinuität dagegen ist schwere Arbeit. Die Verlässlichkeit des Künstlers als Mitarbeiter bedeutet, dass er oder sie immer wieder mit aller zur Verfügung stehenden Kraft, Intensität und Ausdauer versuchen wird, die gestellte Aufgabe zu lösen. Scheitern ist stets eine Option und alles andere als willkommen, aber nicht verteufelt und verdammt. Shit happens.

Künstler, denen es um ihren Content geht, um die Geschichten, die Gefühle, die wissen, dass sie sich mit dem ganzen Sein ihrer Aufgabe zu widmen haben. Es passiert, dass man seine Ziele nicht erreicht, das liegt in der Natur der Sache, man kann nicht alles schaffen, aber beim Künstler ist dieses Scheitern öffentlich, beim Schauspieler etwas mehr als beim Bildhauer, aber deswegen nicht weniger schmerzhaft. Öffentliches Scheitern ist so furchtbar, wie öffentlicher Erfolg wunderbar ist. Ich lernte diese Lektion in beide Richtungen, als ich am Burgtheater in einer schwierigen Rolle mit einem Regisseur arbeiten musste, der nahezu ausschließlich auf sogenannte Brüche aus war. Er unterbrach alle paar Minuten die Probe, meistens wegen mir, schrie und wütete herum, warum ich nicht imstande sei, diese Brüche zu spielen, die er von mir verlangte, wie langweilig meine Angebote seien, wie vorhersehbar meine Figur und dass er nicht mehr wisse, wie er es mir beibringen soll und ich solle jetzt gefälligst diese Scheiß-Brüche in meiner Figur sichtbar machen. Es war wirklich heavy Beschuss und ich war am Boden zerstört, konnte kaum noch atmen, zumal in diesen Proben immer wieder Kollegen vom Haus saßen, die theoretisch alle für meine Rolle infrage gekommen wären. Ich war der Neue, ich hatte die Rolle und musste dies nicht nur vor dem Regisseur rechtfertigen, sondern auch vor den nicht gerade wohlwollenden Konkurrenten im Zuschauerraum – es war schlicht die Hölle.

Etwa eine Woche vor der Premiere nahm mich der genervte Regisseur zur Seite und meinte, er müsse jetzt mit mir spazieren gehen. Wir verließen spontan die Probe und die verdutzten Kollegen und gingen zwei Stunden durch die Stadt. Dabei führten wir ein tiefgründiges, offenes und ehrliches Gespräch, in dessen Verlauf ich ihm meine Angst vor ihm, vor den Kollegen und letztlich vor der Aufgabe eingestand. Es war schließlich meine erste Rolle am Burgtheater. Und dann sagte er etwas Wichtiges, ich weiß noch heute ganz genau, wo das war, er sagte: »Hör zu, du bist doch jetzt schon so viel besser als diese ganzen Schwächlinge. Du machst alles richtig, aber eben nicht konsequent, irgendwas hält dich noch zurück, deine Brüche wirken abgestoppt, die verhungern, bevor sie noch wirken können. Lass doch bitte mal die ganze Goebel-Sau raus.« Das war der Satz, der alles veränderte. Ich wusste offenbar nicht, dass ich das durfte, ja sogar sollte, aber ich wusste, wie das geht.

Am nächsten Tag kam ich zur Probe und ließ die Goebel-Sau raus, und zwar die ganze. Und wieder schrie der Regisseur mit mir, aber diesmal Sätze wie: »Na also, geht doch!« oder »So! Und warum musste ich mir jetzt vier Wochen lang diese andere Scheiße ansehen?« Und immer wieder: »Jawoll!« Emotionstriumphe, die still in mir tanzten, und ich verlor sofort 50 Kilo Gestein, das sich um mein Herz angesammelt hatte.

Die Produktion wurde ein Riesenerfolg und bekam viel Lob, sowohl für die Inszenierung als auch für mich persönlich. Das Leben ist voller Brüche.

22. K.o. in der ersten Runde – oder Chef im Ring

Fans des Boxers Mike Tyson fuhren seinerzeit Stunden durch Eis und Schnee, um ihr Idol irgendwo kämpfen zu sehen. In der Halle angekommen, hielten sie Plakate in die

Höhe, auf denen stand: »1st round!!« Sie erwarteten also nicht nur ein K.o. in der ersten Runde, ja sie verlangten es sogar von ihrem Idol. Nun sollte man meinen, dass jemand, der für sein Ticket 100 US-Dollar oder mehr bezahlt, auch ein Maximum an Genuss dafür erwartet, also mindestens sechs Runden spannendes Kampfgeschehen, gekrönt durch ein knackiges K.o. Aber nein, es gibt auch die qualitative Komponente der maximalen Erwartung, wenn sie nur spektakulär genug erfüllt wird und, wie im Fall von Mike Tyson, eine außergewöhnliche Serie weiterführt.

Was bedeutet das? Zunächst müssen wir die Paradigmen von Quantität und Qualität überprüfen, und zwar für den Konsumenten, den Kunden, den Zuschauer. Nehmen wir einen Consulting-Auftrag, von dem sich ein Unternehmen eine gewisse Qualitätssteigerung erwartet, bei seinen Produkten, im HR-Bereich oder in der Produktivität. Diese Dienstleistung ist für einen gewissen Zeitraum anberaumt und geordert, oft in Wiederholungen oder Variationen, die sich über mehrere Wochen oder Monate hinziehen können. Was passiert jedoch, wenn die ins Visier genommenen Ziele bereits nach dem ersten Seminartag erreicht werden, wenn die Botschaften erstaunlich schnell greifen und die neue Philosophie in Rekordzeit implementiert werden konnte? Man sollte meinen, dass alle in so einem Fall happy sind, sich über die gewonnene Zeit freuen und jene Berater, die ihre Aufgaben so eindrucksvoll erledigt haben, gebührend feiern und wieder engagieren bzw. weiterempfehlen werden. Das entspricht natürlich nicht der herrschenden Situation am Markt und das Beispiel ist ja auch rein hypothetisch, denn weder zählt die vorzeitige Erledigung von Consulting-Aufgaben zu den Usancen des Geschäfts noch hat man je von der vollen Vergütung eines Auftrags trotz oder gar wegen vorzeitiger Erledigung gehört. Dennoch, Mike Tyson hat selbstverständlich für jeden seiner frühzeitig gewonnenen Kämpfe die gleiche Gage bekommen, so als hätte er alle zwölf Runden gekämpft. Und was noch erstaunlicher ist, das Publikum ist mit diesem Deal einverstanden und hat keinerlei Regressansprüche, wenn der Kampf vorzeitig entschieden wird. Ich möchte allerdings erwähnen, dass ein Boxpublikum in der Regel sehr wohl sauer reagiert, wenn ein Kampf aus Verletzungsgründen, wie etwa einem »Unintentional Headbutt«, also einem unabsichtlichen Kopfstoß, vorzeitig beendet wird. Ebenso wenn ein Kämpfer trotz klar ersichtlicher Unterlegenheit des Gegners »den Sack nicht zumacht«, wie es so schön heißt, wenn er den endgültigen K.o. nicht herbeiführen kann oder will, sondern am Ende des Kampfes »nur« nach Punkten gewonnen hat. Da fühlt sich ein Publikum um sein Spektakel beraubt und in seiner Daumen-rauf-Daumen-runter-Power nicht ernst genommen. Wie das Publikum reagiert, hat also immer mit Qualität zu tun, zumindest beim Boxen, und weniger mit Quantität.

Dieses Beispiel lässt sich nicht so ohne Weiteres auf Kunst und Kultur übertragen, denn kein Opernbesucher würde noch vor dem zweiten Akt gehen, nur weil der Hauptdarsteller das hohe C bereits einmal kräftig und rein gesungen hat. Auf der anderen Seite hat man schon von Theaterproduktionen gehört, wie etwa einer „Romeo und Julia“-Inszenierung vor vielen Jahren in Wien, von der es hieß, dass sie einen Besuch, also das Ticket, allein schon wegen des ersten Akts wert sei, weil der Darsteller des »Mercutio« kurz vor der Pause seinen Map-Monolog so spektakulär präsentiert, dass man danach getrost nach Hause gehen kann, ohne das Gefühl haben zu müssen, im zweiten Akt Wesentliches zu verpassen, nach dem Motto: Besser wird's nicht. Spektakuläre Minimalisten haben in der bildenden Kunst ihren fixen Platz und Preis, ebenso ihre Kollegen in der Musik. Allen voran Altvater Philip Glass, von dem es heißt, dass der Minimalismus seiner Kompositionen dazu führt, dass der Hörer/Seher das Werk besonders konzentriert verfolgt, um jede noch so kleine Veränderung auf keinen Fall zu versäumen. Alles nichts gegen Mike Tyson. Der sagte übrigens wiederholt zu einem unserer Hauptthemen in diesem Buch: »Angst ist wesentlich für meine Kämpfe, wenn ich keine Angst mehr habe, dann gehe ich nicht mehr in den Ring.« Und das von einem Mann, der in jeden seiner Kämpfe wie ein wildes Tier eingestiegen ist, was uns nur beweist, dass sich Angst unterschiedlich ausdrückt und nicht immer und unbedingt passiv und abwartend sein muss. Angst und Aggression sind miteinander verankert, das eine erzeugt das andere.

Wir trainieren hart und konsequent, wollen immer besser werden und den Erwartungen, die wir an uns selbst stellen, entsprechen. Dennoch verlieren wir den einen oder anderen Kampf, aus welchen Gründen auch immer, aber wenn wir alles gegeben haben, ist das auch in Ordnung. Doch wir haben bereits vor der ersten Runde verloren, wenn wir Angst haben, wenn wir uns die Aufgabe nicht zutrauen, wenn wir uns nicht darauf freuen, zeigen zu können, wer hier der Chef im Ring ist. Ehrliche Selbsteinschätzung, intensive Zusammenarbeit mit dem Team, die richtige Einstellung und der unbedingte Siegeswille, das sind die Ingredienzen, die uns unsere Kämpfe gewinnen lassen und schließlich für das schönste Lob sorgen, das es gibt: wenn wir uns in voller Überzeugung selbst loben können. Tyson tut das auch.

23. Spektakel vor und hinter der Bühne

Ich möchte Ihnen eine nicht untypische Situation aus der Theaterwelt vorstellen: Ein Musical hat Premiere, vielleicht sogar eine deutschsprachige Erstaufführung oder gar eine Welt-Uraufführung, wenn es sich um eine Originalproduktion handelt. Das war in Wien von jeher ein großes gesellschaftliches Ereignis mit entsprechender Medienpräsenz und Verbreitung. Es ist eine Ehre und Auszeichnung, zu einem solchen Event geladen zu sein. Der Druck auf die Künstler ist immens, es herrscht eine enorme Erwartungshaltung, schließlich wurde wochenlang getrommelt und geworben durch PR und Marketing. Ein Entertainment-Unternehmen ist auf den Vorverkauf angewiesen und muss deswegen bereits früh mit der Kommunikation beginnen, und da wird viel versprochen. Diese Versprechen auch einzulösen liegt schließlich zur Gänze in den Händen der Künstler auf der Bühne, egal wie gut der rote Teppich vorbereitet wurde, und gleichgültig, wie viel Glamour im Publikum sitzt. Prominente Persönlichkeiten, Fachpublikum, Kollegen – die Fotografen kommen mit dem »Abschießen« von bekannten Gesichtern gar nicht nach. Das sind zwar Pluspunkte für die Arbeit der zuständigen PR-Abteilungen, aber es nutzt die beste Eventplanung nicht, wenn schließlich das Produkt auf der Bühne versagt.

Die Nervenschlacht, die Elektrizität und der Society-Buzz ergeben eine Mischung, der man sich nicht entziehen kann. Da geht die Schlacht um die Tickets direkt über in die Schlacht um die besseren Tickets. Es reicht vielen nicht mehr, dabei zu sein, sie müssen auch prominent platziert sein. Man sitzt eben nicht hinter Herrn XY oder Frau Z, das wird doch registriert, es droht Reputationsverlust. Es geht ja nur um die paar Minuten vor Beginn, in der Pause und am Ende der Show, in denen man sich so gern beobachten lässt, wenn man vor allen anderen sitzt, vielleicht sogar in der Schaufenster-Reihe Numero Uno. Was passiert genau? Großbürgerliche Muster schlagen durch, kulturell gelernte Reaktionen. Du meine Güte, als wäre es wirklich wichtig, wo man in einem Theater sitzt. Es gibt sogar Menschen, die kommen gar nicht, wenn sie nicht die ihrer Selbsteinschätzung entsprechenden Plätze bekommen, je lauter die Forderung, desto unwesentlicher die Person. Ich meine ja, dass man auf sie ruhig verzichten kann. Mir gefällt dieses lächerliche Theater im Theater allein schon deshalb nicht, weil es so überhaupt nichts mit dem zu tun hat, was das Wichtige und Wesentliche des Abends ist: das, was auf der Bühne passiert. Aber bemerkenswert ist es allemal, dass das Theater, zumindest in manchen Städten (Wien, New York, Berlin, Zürich etc.), noch eine derart wichtige Rolle spielt. Tut gut.

An dieser Stelle möchte ich die Geschichte eines leitenden Mitarbeiters eines Kulturunternehmens erzählen, dessen Frau selbst einmal Künstlerin war und deshalb eine besondere Beziehung zum Theater hat. Leider musste sie ihre Karriere der Familie wegen aufgeben, was nie einfach ist. Bei einer Premiere im eigenen Unternehmen fiel nun dieser Mitarbeiter der oben beschriebenen infantilen Premieren-Balz emotional zum Opfer und begann bereits Wochen vor dem großen Abend seinen ganz persönlichen Kampf um Tickets. Die herrschende Unternehmenspolitik des Hauses war aber, dass sämtliche Mitarbeiter erst dann mit ihren Ticketwünschen zum Zug kommen, wenn alle externen Begehren befriedigt sind, also Publikum, Politik, Medien usw. Das war von allen akzeptiert und gelebt. Nicht aber von diesem Mann. Statt loyal zu sein und das Unternehmensziel einer unkomplizierten Premiere zu unterstützen, unternahm er alles, um zu seinen persönlichen Premierentickets zu kommen. Es gab Stimmen im Unternehmen, die vermuteten, dass der Mann vielleicht auch im Auftrag seiner Gattin handelte. Er war so stur und intrigant, dass er schließlich dort landete, wo er von Anfang an hin wollte: im Parkett. Dort stolzierte er nun vor Beginn der Vorstellung mit seiner Frau den Gang auf und ab, um seinen Sieg zu feiern, und ahnte nicht, welches Unheil er damit anrichtete. Natürlich wurde er bemerkt, das war ja wohl auch Sinn seines persönlichen Theaters, und seine Kolleginnen und Kollegen, die an diesem Abend ihren

Dienst verrichteten bzw. jene, die sich an die Spielregeln gehalten hatten und irgendwo am dritten Rang eine Karte zugelost bekommen hatten, waren not amused at all. Sie ärgerten sich, zu Recht, wie ich meine, und fragten sich, warum just dieser Mann solche Topkarten bekommen hatte und um welche Privilegien es sich wohl handeln mochte. Das erzeugte in der Konsequenz so viel Unruhe, dass es zum Thema im ganzen Unternehmen wurde und für die Abteilung Human Resources zu einem Riesenproblem. Es war natürlich nicht damit abgetan, dass die verantwortliche Instanz im Haus sich dafür entschuldigte. Sie war einem üblen Trick des Mitarbeiters aufgelaufen, er hatte schlicht und einfach behauptet, seine Tickets wären mit der Direktion abgesprochen und es sei für das Theater wichtig, dass er im Parkett sitze. Nicht schlecht, Herr Specht. Frechheit siegt.

Plötzlich war das Thema Loyalität im Unternehmen sehr viral, ob denn wohl diese Art von Persistenz und Brutalität der neue Weg sei, um persönliche Agenden durchzusetzen? Es brodelte, es roch nach Verunsicherung, um nicht zu sagen, es stank nach Verweigerung und es kehrte erst wieder Ruhe ein, als man in der Unternehmensführung so klug war, diesen Fall offen zu kritisieren und gleichzeitig alle anderen, die sich an die Vereinbarung gehalten hatten, öffentlich zu loben. Die Frage, die sich bei dieser Geschichte stellt, ist natürlich: Warum hat sich dieser Mann so aufgeführt und was war so viel stärker als seine Loyalität? Denn fest steht auch, dass er viel zu intelligent war, um nicht abzusehen, was sein Verhalten anrichten würde. Aber warum war ihm das egal? Oder hat er zwischen seinen persönlichen Interessen und jenen des Unternehmens abgewogen? Ist das nicht verständlich, ein normaler Vorgang? Was passiert da? In solchen Momenten ist jeder allein, da gibt es niemanden, der wie ein Coach neben dir steht und Anweisungen gibt, an Ziele, Pläne und Vorhaben erinnert und zur Disziplin mahnt. Jetzt sollten jene Emotionen greifen, die an den Sinn erinnern, an Loyalität und Stolz.

Gehen wir's durch: Loyalität entsteht aus dem Zugehörigkeitsgefühl, sie ist ein starker Wert in unserem Leben. Das ist insofern wichtig, weil es unsere genetisch verankerte soziale Lebensform ist. Seit Menschengedenken haben wir in Gruppen von 50 bis 100 Personen gelebt, das ist verankert in uns. Wir haben gelernt, dass es vernünftig und überlebenswichtig ist, in der Gruppe zu funktionieren. Co-op survival. Hier muss bei unserem Mitarbeiter bereits ein Defizit geherrscht haben, dass sich seine Loyalität zum Unternehmen samt aller akzeptierten und gestützten Richtlinien nicht genug entwickeln konnte. Er wurde unzuverlässig, nicht als Mitarbeiter, sondern als Kollege. Es wird klar, wie wichtig diese Emotionen und Eigenschaften sind, auch wenn sie a priori nichts mit der erbrachten Leistung am Arbeitsplatz zu tun haben. Loyalität hat nichts mit der Qualität der Arbeitsleistung zu tun, sondern mit persönlicher Integrität und Kooperationsdynamik. Nun könnten wir davon ausgehen, dass diese Qualitäten, wenn sie gar nicht bzw. nicht in gewünschtem Maße vorkommen, letztlich Privatsache sind, also durch therapeutische Maßnahmen korrigiert werden müssen und darum kann sich ein Unternehmen nicht kümmern, aber so einfach ist das nicht. Einmal mehr geht es um den Sinn. Ein Mitarbeiter hat den Sinn einer Vereinbarung, und vor allem den Widersinn des eigenen Verhaltens nicht erkannt. Die Konsequenzen, die daraus tatsächlich entstanden sind, haben kulturelle Störungen verursacht, die Gefahr einer Ausbreitung dieser egozentrischen Ellbogen-Philosophie wurde immanent. Die Unternehmensleitung ist ganz offenbar davon ausgegangen, dass alle Mitarbeiter den Sinn der Botschaft, persönliche Begehren zu Gunsten des Unternehmensziels hintanzustellen, begriffen und verinnerlicht haben. In dem einen Fall war es wohl nicht so. Das Interessante daran ist: Es muss für den Mann einen übergeordneten Sinn gegeben haben, einen, der wichtiger erschien oder es tatsächlich auch war, einen, der die Konsequenzen seines Verhaltens im und für das Unternehmen sekundär werden ließ, mehr Befriedigung versprach und vielleicht sogar lieferte. Was es genau war, was diesen Mann zu seinem Verhalten trieb, wissen wir nicht, aber in jedem Fall gab es ein Defizit, entweder in der Kommunikation oder im Verständnis.

Was lernen wir daraus? In diesem Fall war es ein Einziger, der aus der Reihe tanzte, allen andern war die Sinnhaftigkeit der Regelung wohl klar. Erst als einer die Regel brach, kam es zum Aufbegehren. Und erst als das Management richtig reagierte, war die Ruhe wiederhergestellt. Das bedeutet: Es geht nicht nur um die Vermittlung von Argumenten, sondern auch um Konsequenzen. Es geht um persönliche Verantwortung und Plausibilität. Können wir uns wirklich darauf verlassen, dass Mitarbeiter sich vorbehaltlos zu einer Anweisung bekennen und diese dann auch in aller Konsequenz befolgen, nur weil sie beim entscheidenden Meeting keinen Protest eingelegt, vielleicht nur stumm mit dem Kopf genickt haben? Ist das genug für nachhaltige Verlässlichkeit? Es gibt sie, die sozial gewünschte Reaktion, wenn ein Ja nur vorgeschoben ist, weil man sich das Nein nicht traut, sehr wohl aber die Umgehung der Anordnung. Außerhalb des Unternehmens, im Privatraum, kann das gefühlte Nein sich zu einem regelrechten Gegen-Sinn entwickeln, und alles nur, weil das Ja nicht genug oder verständlich genug diskutiert wurde.

Wäre es nicht sinnvoller, etwaigen Protest regelrecht zu provozieren, herauszufordern, um eben solche Entwicklungen zu verhindern? Sollte man nicht als Führungskraft eine Meeting-Kultur entwickeln, die es sich zur Routine macht, vor allem die emotionalen Konsequenzen von Anweisungen, Direktiven und Wegen zu hinterfragen, um entweder draufzukommen, dass sie durch und durch richtig ist, oder aber Fehler und emotionale Haarrisse aufzudecken, die sich zu regelrechten Bruchstellen entwickeln können, wie im beschriebenen Fall? Die Zeit ist immer da, es geht also nur um die Bereitschaft aller und um eine angstfreie Atmosphäre, die es zulässt, dass Menschen ihre Bedenken äußern können, und seien sie noch so banal oder von persönlichen Ängsten geprägt. Es steht niemandem zu, über die Gefühle anderer zu urteilen und diese zu bewerten, wir haben sie ernst zu nehmen und auch so zu behandeln, als Individuum und als Führungskraft. Im Idealfall werden Anweisungen nicht befolgt, weil sie vermittelt wurden, sondern weil sie untersucht, für sinnvoll befunden und emotional verstanden wurden.

Die Premiere damals war übrigens ein großer Erfolg und das machte es leichter, die Angelegenheit intern wieder zu korrigieren. Ein nachhaltiger kultureller Schaden wurde erfolgreich verhindert.

Ein weiterer Fall aktiver Sabotage ist der eines Mitarbeiters in einem Theater einer deutschen Stadt, der über Jahre bestimmte Medien mit Firmen-Interna versorgt hat, wie zum Beispiel der Tatsache, dass ein Kommunalpolitiker vier Karten für eine Galavorstellung gratis in Anspruch genommen hat. Für die Zeitung ein Fressen, wurden hier doch die Richtlinien der Compliance-Gesetze verletzt, und schon forderte die Opposition Rücktritte. Die interessante Frage für mich: Was treibt einen Mitarbeiter an, solche Aktionen zu setzen? Welche Werte stehen dahinter? Welches Belohnungssystem versorgt welche emotionalen Defizite und weshalb bestehen die überhaupt? Nun kann es sein, dass der arme Kerl derart vom Leben benachteiligt wird, aus welchen Gründen auch immer, dass er sich einfach nur irgendwie und irgendwo rächen muss, Druck ablassen, für Momente sich das Gefühl erzeugen, etwas bewirkt zu haben, wo er in Wirklichkeit schlicht und einfach nur extrem illoyal war und dazu seine Kollegen und deren Jobs gefährdete. Wie ist so etwas zu verhindern? Vielleicht sollten wir immer davon ausgehen, dass es solche Mitarbeiter gibt, dass sie als emotionale Schläfer im Unternehmen nur darauf warten, Aufträge zu erledigen, die sie sich selbst stellen. Es geht natürlich auch um Belohnungen, erwartete und nicht erfolgte Belohnungen. Solche Enttäuschungen können sich rasch in Aggression wandeln, die sich schließlich gegen die Vernunft, gegen besseres Wissen, vielleicht gegen Werte, ja sogar gegen die Sicherheit des eigenen Arbeitsplatzes richtet. Das Ausmaß einer solchen Katastrophe, also die Arbeit zu verlieren bzw. gekündigt zu werden, wenn man ihm draufkommt, steht möglicherweise in Bezug zum Grad der Verletzungen und der Trauer, die so ein Mensch erlebt. Wir können weder eine wöchentliche emotionale Bestandsaufnahme aller Mitarbeiter durchführen noch davon ausgehen, dass so etwas im eigenen Unternehmen nicht vorkommt, wie gesagt, die Ursachen müssen auch nicht unbedingt aus dem Unternehmen kommen. Aber die Gefahr ist da, die unerfreulichen Zahlen und Fakten in Sachen Industriespionage beweisen das. Was dahintersteckt, wissen wir oft nicht, doch Gefühle schaffen Werte oder verändern Werte. So, wie ich in der Beziehung angehalten bin, niemals davon auszugehen, dass alles in Ordnung ist, solange sich meine Partnerin nicht meldet, sondern präventiv nachfrage und ständig an der Kommunikation arbeite, bin ich als Unternehmen ebenso gefordert, solchen Entwicklungen nachzugehen bzw. sie zu verhindern, indem ich immer wieder für *Gute Gefühle* sorge.

24. Hierarchie – Profi mit Vorbildfunktion

Ich werde es nie vergessen, welch tief sitzende emotionale Konflikte es in mir auslöste, als ich Zeuge und Instrument einer Hierarchieverweigerung auf Topmanagement-Ebene wurde. Es war während der Proben zu »Das Phantom der

Oper« in Wien. Während der hoch emotionalen Erarbeitung einer sehr heiklen Szene gab mir die wunderbare Gillian Lynne eine Regieanweisung, was ihr als Choreografin der Produktion eigentlich nicht zustand, und sie bat mich, dem Regisseur Harold Prince nichts davon zu sagen. Eine nicht wirklich ungewöhnliche Situation im Theaterbetrieb, gibt es doch ebenso viele heimliche Regisseure in diesem Geschäft wie heimliche Fußballtrainer in der Öffentlichkeit. Ich nahm dennoch dankend an, zumal es sich um einen goldrichtigen und sehr profitablen Hinweis handelte; es ging darum, eine bestimmte Position auf der Bühne frühzeitig zu verlassen, um rechtzeitig in die nächste zu kommen, damit ich mich in aller Ruhe auf eine sehr heikle musikalische Stelle vorbereiten konnte. Ich versprach natürlich Verschwiegenheit und tat gegenüber Harold Prince so, als sei es meine Idee gewesen. Wenn ich meine Verschwiegenheit nun hier und heute breche, ist das Delikt hoffentlich bereits verjährt und bringt weder mich noch die so geniale Gillian Lynne in Schwierigkeiten.

Ich muss gestehen, dass ich in den viereinhalb Jahren, in denen ich die Rolle des Phantoms gespielt habe, sehr oft an diesen »Verrat« gedacht habe, schon gar wenn Hal Prince vorbeikam, um die Qualität der Produktion zu überprüfen. Jedes Mal, wenn ich wusste, dass er in der Vorstellung saß, verspürte ich bei dieser gewissen Szene eine leichte Ablenkung, Nebengedanken, wie sie sehr oft beim Spielen vorkommen, nicht ideal, aber unvermeidlich. Ich bildete mir ein, Hal würde nach der Vorstellung zu mir in die Garderobe kommen und sagen: »Habe ich dir diesen Weg gegeben? Woher hast du den? Es funktioniert und es ist gut, aber ist dir das wirklich selbst eingefallen?« Dann müsste ich lügen, denn würde ich die Wahrheit sagen, hätte das vielleicht Folgen, und ich würde es mir als Regisseur auch nicht gefallen lassen, wenn mein Choreograf heimlich an den Schauspielern heruminszeniert.

Es kann emotional überaus gefährlich sein, Mitarbeiter zu Komplizen gegen andere Vorgesetzte zu machen. Die Konflikte, die so entstehen, können zu Verunsicherung, Verweigerung und schließlich zum emotionalen Rückzug führen. Schlecht und irreversibel. Jeder Mitarbeiter, der in eine solche Situation gerät, ist gut beraten, den Treueschwur zu verweigern und darauf hinzuweisen, dass er persönlich die Hierarchien respektiert, den Ratschlag verwertet, aber weder an einer Verschwörung noch an der Klärung der Hierarchie-Situation beteiligt sein will. Man bittet einfach um Verständnis, nicht zwischen den Fronten aufgerieben werden zu wollen. Es war ein genialer Hinweis, den mir Gillian Lynne damals in der Probe gab, und ich habe ihn in jeder einzelnen der fast 1000 Phantom-Vorstellungen beherzigt und befolgt, aber immer mit einem winzigen, unterbewussten Gefühl des Unrechts. Ein kleiner Schatten auf einem hellen Weg.

Als Regisseur der »Rocky Horror Show« hatte ich ein ähnliches Erlebnis, allerdings weitaus emotionaler und in anderer Position. Es war eine fantastische Produktion, die beim Niederösterreichischen Theatersommer in Amstetten begann und von den Vereinigten Bühnen Wien ins Raimund Theater übernommen wurde. Die Premiere war ein Triumph, vor allem für die Darsteller, und die Premierenfeier fand im umgebauten Prunksaal des Technischen Museums statt, es wurde ein rauschendes Fest. Zu vorgerückter Stunde übernahm unsere großartige Band den Saal und legte noch einmal los: »Ladies & Gentlemen, it's time for another Time Warp!« Dann ging die Post ab, die Stadt tanzte und es war eine Stimmung, die wir uns nicht besser hätten wünschen können. Die Darsteller stiegen nacheinander ein und sangen noch einmal ihre Songs, das Publikum tobte. Und dann geschah etwas Seltsames: Der Bandleader Herbert Pichler, eine Seele von einem Mann, winkte mich zur Bühne und die Band begann mit dem Intro zu meinem Lieblingssong aus der Show: »Going Home«. Das Publikum applaudierte, als ich auf die Bühne ging, tut immer gut, und von der allgemeinen Euphorie getragen, folgte ich intuitiv dem musikalischen Aufruf. Voller Inbrunst und Liebe sang ich den Song, begleitet vom gesamten Ensemble – mit einer einzigen Ausnahme: Mein Hauptdarsteller, der atemberaubende Paul Kribbe war nicht da. Er stand neben der Bühne und war pretty pissed off. Was war passiert? Nun, »Going Home« war auch sein Lieblingssong in der Show und er hatte sich schon die ganze Premierenfeier darauf gefreut, ihn noch einmal in dieser Wahnsinnsatmosphäre zu singen. Dann kam ich und zerstörte diesen Traum, wenngleich unabsichtlich, und das war weder fair noch richtig. Ich hatte mich von der Stimmung hinreißen lassen und meine Position als Regisseur verlassen, als Leader, als jemand, der den Überblick bewahrt, der dirigiert und nicht soliert, der sich auf keinen Fall in den Vordergrund stellen sollte, all das rückte in den Hintergrund für ein paar Minuten egozentrischer Ekstase. Ich stand jetzt quasi als Privatmensch auf der Bühne und stahl meinem Hauptdarsteller die Show, dem gleichen Mann, der dem Theater und mir noch wenige Stunden zuvor einen sensationellen Erfolg durch seine harte Arbeit beschert hatte. Not fair – not nice – not right at all. Wir hatten und haben Gott sei Dank eine so gute Beziehung zueinander, dass wir diese unglückliche Episode irgendwann einmal besprochen haben und er mir seine emotionale Situation erklärte, damit ich mich bei ihm entschuldigen konnte. Die Lehre aus der Geschichte: Der Regisseur, der Leader ist nie Privatperson, solange er oder sie sich im betrieblichen Raum bewegt. Die Premierenfeier gehört eindeutig zum professionellen Ablauf des Arbeitsvorgangs Premiere, wenngleich viel freier und sehr viel entspannter als der künstlerische Teil, der zuvor auf der Bühne stattfand.

Ebenso professionell hat die Haltung eines Managers zu sein, und die Location, auch wenn sie sich außerhalb des Theaters, also des Unternehmens befindet, ist letztlich Arbeitsplatz und somit allen Gesetzen und emotionalen Vorschriften eines solchen unterworfen. Zu vergleichen ist so eine Situation mit einer Firmengala oder einem Betriebsausflug, auch hier haben die Führungspersönlichkeiten ihre professionelle Distanz zu wahren, was nicht bedeutet, dass sie sich nicht amüsieren dürfen. Aber sie sollten sich bei allem, was sie tun, darüber im Klaren sein, dass sie beispielhaft und vorbildlich agieren, weil ihr Verhalten immer in Perspektive zu ihrer Position gesehen wird. Sie dürfen *auf keinen Fall* persönlich-privaten Begehrlichkeiten nachgeben, sei es aus Eitelkeit, Unaufmerksamkeit oder schlichtweg aus Begeisterung, wie damals in meinem Fall. Die Geschichte zwischen mir und Paul Kribbe ist ausgesprochen und bereinigt, aber im unternehmerischen Raum kann etwas Derartiges die Beziehung zwischen Mitarbeiter und Führungspersönlichkeit emotional stören und zu Verunsicherungen führen, die an ganz anderer Stelle wieder hervortreten und unternehmerischen Schaden anrichten können. Hätte ich damals meine professionelle Haltung nicht verlassen, vor lauter Freude über den Erfolg, hätte ich meinem Auftrag entsprochen und hätte auch bei der Feier dafür gesorgt, dass meine Schauspieler sich wohlfühlen und alles funktioniert, dann wäre ich der freilich gut gemeinten Einladung meines musikalischen Leiters eben nicht gefolgt, sondern hätte mich sofort nach Paul umgesehen, um ihn auf die Bühne zu schicken. Und ich hätte ihn auch sofort gefunden, denn er stand damals tatsächlich neben mir, was ich in meiner egozentrischen Faszination nicht mitbekommen habe.

Mein persönliches Fazit: Ein Profi hört nicht auf, Profi zu sein, nur weil ein Erfolg in aufgeladener Atmosphäre gefeiert wird. Der Profi weiß, wem er den Erfolg zu verdanken hat, und wird sich auch so verhalten.

25. Von der Not zur Gunst der Stunde

Eine meiner eher schmerzhaften Erfahrungen mit Mitarbeitern erlebte ich in der Anfangsphase eines neuen Produkts, eines neuen Formats, mit dem ich experimentierte, das sehr erfolgreich aufzugehen versprach. Es war kurz vor einer Show in einem ausverkauften Theater in Wien. In der Garderobe hörte ich das Publikum draußen wie einen leisen Chor der Erwartung, die Stimmung war schon vor Beginn sehr gut, ein Segen für einen Performer, der gerade etwas Neues ausprobiert. Ich war übermütig und freute mich riesig, auch weil ich jemanden eingeladen hatte, den ich richtig beeindrucken wollte. Meine damalige Formation bestand aus talentierten Multi-Instrumentalisten, jeder spielte etwa drei bis vier Instrumente in der Show, das kam beim Publikum sehr gut an und war musikalisch überaus ergiebig, und es passte zur Show. Bei der Erarbeitung dieser Show hatten wir richtig viel Zeit zum Proben gehabt, was schon mal selten genug ist, oft bin ich mit wenigen Proben und ohne Einspielvorstellungen in die Premieren gegangen, eine Nervenschlacht. Ich war ein schlecht organisierter Einzelkämpfer. Aber diesmal waren wir von Tag eins an in dem Theater, in dem wir auch unsere erste Serie spielen würden, eines, das hervorragend geführt war, mit einem Team von sanften Profis, gut gelaunte Menschen, die wussten, was sie tun, und eine friedliche Arbeitsatmosphäre herstellten. Die Prinzipale des Theaters waren privatwirtschaftlich orientierte Theaterleute mit hervorragendem Balancegefühl für Kunst und Kartenverkauf. Es war ihnen wichtig, eine gute Show im Haus zu haben, die dann Monate ausverkauft laufen kann, und nicht so wichtig, dass in der Probenzeit keine Einnahmen lukriert wurden. Sie wussten, dass es einen Rhythmus in ihrem Haus gab, und den nutzten sie. Ich bin überzeugt, dass auch meine Produkte davon profitiert haben.

Wenn man als Entertainer von Anfang an auf seiner Bühne mit aller Technik proben kann, dann ist das ein gar seltenes Geschenk. Ich nutzte die Zeit und Gelegenheit, um einmal nicht allein im kreativen Kämmerchen meine Texte, Songs und Übergänge zu versuchen und zu überprüfen, sondern genoss die Anwesenheit meiner Musikerkollegen. Ich hinterfragte viel während der Proben, wollte wissen, wie die Texte bei ihnen ankommen, stellte mich der Überprüfung durch sie und war bereit, auf sie zu hören, Sachen zu verändern oder gar zu streichen. Es war eine sehr harmonische und gut gelaunte Arbeit, ich genoss es, künstlerische Entscheidungen nicht mehr ganz allein treffen zu müssen.

Eine Woche nach der umjubelten Premiere saßen wir also zusammen und aus dem Nichts konfrontierten mich meine plötzlich sehr ernsten Mitarbeiter mit einem Beschluss, den sie untereinander gefasst hatten: Sie bestanden auf eine fette Gagenerhöhung, weil sie befanden, dass ohne sie diese Show entweder gar nicht oder viel schlechter stattgefunden hätte, sie hielten sich für einen wesentlichen Teil der künstlerischen Erarbeitung dieses Abends und dafür verlangten sie eine Beteiligung in Form einer höheren Gage. Ich war vollkommen perplex, damit hatte ich überhaupt nicht gerechnet, außerdem war es 50 Minuten vor Auftritt und mein künstlerisches Team drohte ernsthaft mit Boykott, würde ich ihren Forderungen nicht nachkommen. Wow! Nun war ich in jener Zeit ein überaus verunsicherter Künstler, einer, der seinen Talenten nie wirklich vertraute, der sich neurotisch für überbewertet hielt und ständig auf der Suche nach autoaggressiven Ausreden für seine Erfolge war. Ich habe mir nicht vertraut. Und als die Mitarbeiter argumentierten, dass viele Stellen der Show nur durch sie entstanden waren, dass sie einzelne Begriffe und Wendungen beigetragen hätten und dass ich ohne sie niemals diesen Erfolg eingefahren hätte, sie hätten mich erst zum Star dieses Abends gemacht, da nickte ich völlig verängstigt alles ab, bedankte mich auch noch herzlich für ihre Mitarbeit und stimmte allen Forderungen der Meuterer vorbehaltlos zu, es war meine ganz persönliche Bounty-Erfahrung. Ich hätte auch noch einer Vordatierung der neuen Vereinbarung und entsprechender Nachzahlung zugestimmt, so sehr hatte ich Angst um diesen einen Abend. Natürlich wäre es interessant gewesen, wie weit sie wirklich gegangen wären, ob sie konsequent die Arbeit verweigert und mich allein auf die Bühne geschickt hätten. Begriffe wie Berufsehre, Reputation oder auch Freundschaft standen emotional im Raum, wären zu diskutieren gewesen, aber diese Eier hatte ich damals nicht, ich war nur froh, dass ich nicht allein war und einem enttäuschten Publikum irgendetwas Improvisiertes auftischen musste. Während der Show standen wir dann auf der Bühne und grinsten uns an, aus Freude über die neue Partnerschaft, wie ich mir damals einredete, während in Wirklichkeit eine weitere Episode der endlosen Soap Opera »Unternehmer, Mitarbeiter und ihre Beziehungen« ablief.

Wir spielten nicht mehr lange zusammen, mit der nächsten Show veränderte ich meinen Live-Sound, das Format und die Besetzung. Um der Wahrheit willen muss ich sagen: Wenn ich heute die Bänder der Auftritte von damals höre, haben wir als Team ausgezeichnete Arbeit geleistet und tolle Shows gespielt. Persönliche Integrität und künstlerische Qualität sind also zweierlei. Aber es war mir im Nachhinein eine große Lehre, und so ist mir das auch nie wieder passiert, im Gegenteil, heute arbeite ich mit Leuten zusammen, die ihr Selbstbewusstsein aus ihrer Qualität entwickeln und eine Auseinandersetzungskultur haben, die auch meiner entspricht. Diese Integrität wirkt sich auf unsere Unternehmenskultur aus, auf die Stimmung in der Band, auf die Atmosphäre im Proberaum, im Studio, in der Garderobe und auf der Bühne. Ich habe dadurch eine gewisse Planungssicherheit für die nächsten Schritte, die nächsten Produkte, kann mich auf meine Mitarbeiter verlassen. Das mündet für mich in die Formel: Integrität x Kommunikation + gegenseitiger Respekt = gute Produkte.

Aber es gab viele Jahre später auch eine Situation, in der es einmal richtig eng wurde. Ich erhielt rechtzeitig das Angebot, die Premiere meiner nächsten Show in einem großen Theater in Wien zu machen, ungefähr sechs Monate später. Nun gehören meine Musiker zu den besten des Landes und als solche sind sie natürlich begehrt, sie werden auch von anderen Künstlern und Theatern gebucht, das ist gut so. Dennoch hätte ich niemals gedacht, dass selbst sechs Monate Vorlauf einmal nicht genug sein würden, aber so kam es. Genau zu meinem Premierendatum gab es bereits die Anfrage an die Musiker vom Kollegen X, der mit einer verlockend hohen Gage wedelte und einfach mehr Geschäft anzubieten hatte. Daher kann ich es auch niemandem vorwerfen, Prioritäten zu setzen, das taten sie und meldeten sich mit dem Ausdruck des Bedauerns ab. Das Dilemma war da. Ich ging in meiner inneren Reaktion durch die normalen Phasen, also zunächst Empörung: »Wo kommen wir denn da hin, wenn schon sechs Monate nicht mehr genügen ... na gut, dann eben nicht ...«, über die Opfer-Nummer: »So, jetzt kann ich wieder ganz von vorne beginnen, neue Musiker suchen, jahrelange Zusammenarbeit geht gerade den Bach runter ... immer bin ich der Dumme ...warum ich ...?«, und schließlich die Vernunft: »Okay, es gibt Alternativen, ich könnte mir endlich die Frauen-Band zulegen, von der ich schon so lange träume, oder einmal ganz allein auf die Bühne gehen. Ich könnte auch schlicht und einfach die Premiere verschieben.«

Als ich mir über meine emotionalen Reaktionen und realen Optionen im Klaren war, konnte ich mir selbst aus der analytischen Perspektive zuschauen und meine Reaktionen infrage stellen, sie überdenken und überprüfen. Die Vernunft kehrte zurück, und aus dieser Richtung kamen dann auch die richtigen, die guten, die produktiven Gefühle. Ich entschloss mich, das Ganze bei nächster Gelegenheit mit allen Beteiligten offen und ehrlich zu besprechen und alle Ergebnisse zu akzeptieren. Ich wollte sachlich bleiben, ohne meine Gefühle zu verstecken. Heraus kam ein wunderbares und im Übrigen sehr unterhaltsames Gespräch, in dessen Verlauf alle Möglichkeiten für jetzt und die Zukunft besprochen wurden. Eine wilde Theorie des »Musiker-Splittings« wurde durchgegangen, wenn ein Musiker an einem Abend für zwei Bands arbeitet und zwischen den Songs zur jeweils anderen Location fahren muss. Auf der Vespa durch Wien, hin und her, dazu ein Bühnenanzug, den man von innen nach außen stülpen kann, eben noch Rot – jetzt Türkis. Dann aber Stau im Abendverkehr, die Uhr tickt, alle warten schweißgebadet auf der Bühne, während ein nicht enden dürfendes Schlagzeugsolo die Geduld des Publikums hart prüft. Endlich kommt der Mann an seinen Arbeitsplatz, aber in der falschen Anzugfarbe, Umzug auf offener Bühne, dankbare Damenunterwäsche fliegt ihm zu, es sieht aus, als hätte man das wochenlang geprobt. Wir fantasierten wild über unsere Arbeitswelt und das tat gut.

An diesem Abend haben wir viel gelacht, wir fanden eine Lösung, und schließlich versicherten wir uns kitschig ewige Treue. Das machte uns stolz, glücklich und zuversichtlich. Wir hatten aus der Not eine Gunst gemacht.

Das Geheimnis: Ein anderer Blickwinkel, ein anderer Zugang, Eitelkeiten und Macht eliminieren. Wir spielen noch immer zusammen und ein Ende dieser wunderbaren musikalischen Misch-Ehe ist nicht in Sicht. Für unser 20-jähriges Bühnenjubiläum habe ich sechs Anzüge bestellt, außen Rot und innen Türkis.

26. Let's rock

Als John Lennon Ende der 1950er-Jahre Paul McCartney traf und ihn fragte, ob er nicht in seiner Band »The Quarrymen« mitmachen wolle, hätte niemand daran gedacht, dass es sich dabei um ein Merger-Gespräch handelte, um eine freundliche Übernahme, um Synergie-Gespräche, mit denen eine in jeder Hinsicht innovative und überaus erfolgreiche Marke mit dem dazugehörigen Unternehmen gestartet wurde. Aus den »Quarrymen« wurden die »Silver Beetles« und schließlich »THE BEATLES«, auch und vor allem durch McCartneys Einfluss. Die Tatsache, dass es sich rein technisch gesehen nicht um eine Neugründung handelte, sondern um die Erweiterung einer bestehenden Band, nämlich Lennons »Quarrymen«, war ein wesentlicher emotionaler Grund für die später so heftig geführten Auseinandersetzungen zwischen Lennon und McCartney. Es stellte sich die Frage der Besitzanwaltschaft. Zunächst waren es ja angeblich nur künstlerische Differenzen, das ist normal, wenn nicht sogar notwendig für eine Band, aber später ging es mehr und mehr um geschäftliche Dinge: die Agenden ihres Labels Apple Records zum Beispiel (ja, die Beatles hatten bereits diesen Firmennamen, als Steve Jobs noch mit der Trompete um den Weihnachtsbaum lief) und den unrühmlichen Versuch Paul McCartneys, nach Lennons Tod in allen Beatles-Katalogen den Autorenhinweis »Lennon/McCartney« in »McCartney/Lennon« ändern zu lassen. Das ist, als würde Eva versuchen, per Klage die Bibel umschreiben zu lassen auf Eva & Adam.

Aus der kleinen Band, die auf einem LKW-Anhänger am Rande eines Rummelplatzes in der Nähe von Liverpool ein paar Nummern spielen durfte, wurde ein globales Superunternehmen. Klassisch – faszinierend – unaufhaltsam – ewig. Eine Unternehmensidee, die mit der perfekten Besetzung des Kernteams begann: John,

Paul, George, Ringo und – Brian Epstein, der geniale Manager. Der Markt war offen und hungrig, es bedurfte keiner Ausbildungsprogramme, die Vision war da und wurde zur Mission. Es reichten Talent, Selbstbewusstsein, Überzeugung und endlose Faszination an und mit der Materie, um aus einem kleinen Geschäftsmodell im Norden Englands die größte Marke aller Zeiten zu machen, wenn man mal von Coca-Cola und der Bibel absieht (ja, Lennon musste für einen ähnlichen Satz einmal schwer büßen). Nein, es bedurfte keiner Titel und akademischer Abschlüsse, im Gegenteil, Lennon und McCartney brachen beide ihre Universitätsausbildung ab, sie wollten, nein sie mussten Musik machen und der Vision um diese Band ihre komplette Zeit und Leidenschaft widmen. Zunächst ging es um die Beherrschung der Materie, und dafür wurde fest geprobt in Tante Mimis Wohnzimmer, und bald darauf durften sie schon in einem Jazz-Keller in Liverpool spielen. Es wurden Kopien und Variationen bereits bestehender Songs interpretiert und abgetestet, die sie später als Tanzband in Hamburg professionell einsetzten. Diese Zeit der Beatles als Kommerzgruppe sollte sich später als wertvolle Basis für die quasi Blindflüge herausstellen, die sie auf den Bühnen der Welt machen mussten. Denn wenn man sich als Musiker auf der Bühne vor lauter Schreierei des Publikums selbst nicht mehr hören kann, dann muss man sich auf seine Professionalität und die seiner Mitstreiter blind und wortwörtlich taub verlassen können. In der Folge wurde das Unternehmensziel der Beatles mehr oder weniger bewusst festgesetzt: die Kreation unverwechselbar eigener Produkte und deren Weiterentwicklung zur Etablierung eigener Absatzmärkte. Das war und ist der Traum aller Bands weltweit, dazu ein Deal mit einer Plattenfirma, das kann heutzutage auch die eigene sein, ein enormer Fortschritt wider die »Sklaverei«, wie Prince das Vertragsverhältnis zu seiner Plattenfirma einmal nannte. Mr. Epstein tat sich dazumal übrigens gar nicht so leicht, wie man heute annehmen würde, um die Band THE BEATLES bei einem Label unterzubringen. Alle angesprochenen Plattenfirmen lehnten ab, außer einer, EMI, wenngleich erst im zweiten Anlauf, und die zog dann das große Los. Der hervorragende künstlerische Instinkt des Produzenten George Martin überzeugte nicht nur EMI, sondern auch die Beatles, sich ihm anzuvertrauen und künstlerisch neue Wege zu gehen. Der Rest ist Pop-Geschichte.

Das Unternehmen THE BEATLES war also gegründet und trat seine triumphale Erfolgsgeschichte an. Die Phase des Marketing-Tools Live-Konzerte war relativ kurz, gemessen an den Möglichkeiten der Marke, aber die Produkte, die entstanden, sollten allesamt krisensichere Klassiker werden, die noch heute, fünfzig Jahre nach ihrem Erscheinen, gewaltige Gewinne einfahren. Das ist, als hätte Mercedes irgendwann in den 1960er-Jahren Autos gebaut, die sich unverändert und im Originalzustand heute noch genauso gut verkaufen wie damals, noch dazu zum aktuellen Marktpreis. Allerdings sollte das Unternehmen THE BEATLES schon bald so nicht mehr funktionieren.

Was war passiert? Zunächst war da die Übermacht der Marketingaufgaben, eingefordert von einem hysterischen Markt. Die Produkte waren global erfolgreich, also mussten sie auch global beworben werden und das ging damals nur über Live-Auftritte, begleitet von Printmedien, Radio und Nachrichten-TV. Der Live-Auftritt war zum damaligen Zeitpunkt das stärkste Marketinginstrument, Videos waren noch nicht erfunden, wiewohl die abendfüllenden Beatles-Kinofilme bereits zielsicher für den Verkauf der Produkte eingesetzt wurden und auch funktionierten. Das hatte der Manager Colonel Parker in den USA mit Elvis vorgemacht, und die europäischen Beatles-Filme waren ebenso erfolgreich wie die Elvis-Streifen. Das Produkt Popsong wurde veröffentlicht und vertrieben über das Medium Schallplatte, beworben durch Live-Konzerte und Printmedien, bald danach auch über Unterhaltungs-TV und Kino.

Natürlich mussten die internationalen Märkte, die ja alle gleichzeitig diese Produkte konsumierten, auch mehr oder weniger gleichzeitig bedient werden. Welttourneen, Pressearbeit, Preise und TV-Auftritte, all das war plötzlich Hauptaufgabe des Unternehmens THE BEATLES, und wäre nicht die kreative und produktive Phase, die diesem Live-Wahnsinn vorausgegangen war, so einträglich und nachhaltig verwertbar gewesen, hätte sich das Unternehmen relativ bald erschöpft und erledigt. Es ging nur noch um Reproduktion und Marketing und es kam, was kommen musste: Forschung und Entwicklung litten schwer unter dem ständigen Zeitdruck und den schwindenden Kapazitäten, statt zu forschen und zu entwickeln, wurde gereist und repräsentiert. Das kann auf Dauer nicht gutgehen. Es wurde intern beschlossen, Konzerte als Marketingtool ersatzlos zu streichen und die so geschaffenen Kapazitäten für neue Produkte einzusetzen. Dieser gravierende Einschnitt in die Unternehmensstrategie brachte große Zeit- und Energiegewinne, die jedoch den Diskussionen um unterschiedliche Arbeitsauffassungen, unterschiedliche Herangehensweisen und unterschiedliche Zielvorstellungen zum Opfer fielen. Die vier verbliebenen Konzerngründer (Brian Epstein verstarb früh) hatten ihre ursprüngliche, intuitive Übereinstimmung verloren, die persönliche Wirkung des Erfolges auf jeden Einzelnen brachte in ihnen widersprüchliche Reaktionen hervor, die sich zunehmend als inkompatibel erwiesen. Bald ging es nur noch um Wege statt um gemeinsame Ziele, dazu kam die unsensible Missachtung der emotionalen Homogenität einer Band durch Lennon und seine neue Lebenspartnerin Yoko Ono. Nicht nur war sie ständig bei Arbeitssessions im Studio anwesend, sondern sie mischte sich in künstlerische Belange ein, statt einfach froh zu sein, dass sie überhaupt dabei sein darf, wenn Geschichte geschrieben wird. Ja, diesen Vorwurf muss sie sich gefallen lassen, aber nur diesen(!).

Songs zu schreiben, zu proben und aufzunehmen ist eine total sensible Angelegenheit, emotional herausfordernd. Mitunter liegen die Nerven blank, und das Kollektiv ist ständig bedroht durch unterschiedliche künstlerische Auffassungen, die allesamt emotional sind. Gefühls-Management ist in diesen Situationen besonders wertvoll, aber kaum jemand beherrscht das, schon gar nicht wenn man persönlich involviert ist. In diesem Fall hätten Herr und Frau Lennon-Ono wissen müssen, dass es nichts Gutes bedeuten kann, wenn eine unternehmensfremde Person sich in unternehmensinterne Angelegenheiten einmischt, das kann nur zu Verunsicherungen und Aggressionen führen. Gute Gefühle schaffen gute Ergebnisse, es ist ein kleines Wunder, dass THE BEATLES in dieser Zeit überhaupt etwas zustande gebracht haben, denn der Laden war bereits in Auflösung.

Es kam immer mehr zur Erschöpfung energetischer Ressourcen und zur Ermüdung der Protagonisten. Aus dem »Yeah, Yeah, Yeah!«, dem Heureka der frühen Jahre, wurde immer mehr das »Nein, so nicht ...« der erfolgsverwöhnten Uneinigkeit. Die Band musste sich als Produkt ständig neu erfinden und beweisen, in einem zunehmend fordernden Markt bedarf das der Konzentration aller Kräfte, der Bündelung aller Energien, etwas, das sie jahrelang draufhatten, aber jetzt schien das nicht mehr möglich, zumindest nicht in dem Ausmaß, das es gebraucht hätte. Das eigene Unternehmen Apple Corps. mit dem Platten-Label Apple Records, noch von Brian Epstein vorangetrieben, drohte in einer unternehmerischen Katastrophe unterzugehen, vor allem durch den Tod Epsteins. John Lennon sagte damals in einem Interview: »Wenn wir so weitermachen, sind wir in sechs Monaten pleite.« Geschäftliche Naivität der Shareholder und ein brutaler Nachfolger Epsteins als Manager, der US-Amerikaner Allen Klein, waren die böse Mischung, die zu einem wesentlichen Teil die Auflösung der Beatles vorantrieb. Klein war ein Buchhalter aus New Jersey, betreute die Bücher einiger Bands und arbeitete sich so zum Manager der Rolling Stones hinauf. Jagger & Co. sollten diese Bestellung schmerzhaft bereuen, als sie feststellten, dass sie Verträge unterschrieben hatten, die Klein die Rechte an vielen ihrer größten Hits der Sechziger sicherten, und daran hat sich auch bis heute nichts geändert. Das ist ein interessantes Beispiel aus der unbetreuten Schnittmenge zwischen Kunst und Wirtschaft. Genau hier, wo das Gesetz des Dschungels gilt, müssen Werte als Leitlinien installiert werden, wie es junge Bands der Gegenwart praktizieren. Das können durchaus Werte sein, die festlegen, dass künstlerische Entwicklung wichtiger ist als Profitmaximierung, dass sie sich wirtschaftlichen oder marktspezifischen Zwängen bewusst verweigern. So hat ethisches Handeln statt wütender Gier eine Chance, auch am Entertainment-Markt, und die Kunst macht wieder Sinn.

Aber es war nun einmal Kleins Name, den Jagger 1970 nannte, als ihn Lennon nach einem möglichen Manager fragte, und so fielen nach den Stones nun auch die Beatles den Machenschaften von Klein und Konsorten zum Opfer. Das Unternehmen Apple, um das Klein sich kümmern sollte, war an sich eine gute Idee gewesen und hatte die Aufgabe, die Plattenverkäufe samt allen anfallenden Nebengeschäften zu kontrollieren und zu betreuen sowie eine Talentschmiede für nachrückende Künstler zu etablieren und zu betreiben. Das Engagement von Klein, gegen das McCartney im Übrigen vehement votierte, sorgte zwar für etwas mehr Ruhe und Profitabilität im Unternehmen, wurde aber in der Folge sowohl von den Stones als auch von den Beatles schwer bereut. Es ist vorstellbar, dass es keine Wertegespräche im Unternehmen BEATLES gegeben hat. Sie hatten den gemeinsamen Glaubenswert Rock 'n' Roll als omnipotent angenommen, samt seines naiven Weltbilds von »All You Need Is Love«, das dann, als es um Millionen britischer Pfund ging, natürlich jämmerlich versagte. Was übrigens nicht bedeutet, dass Liebe in der Wirtschaft nichts zu suchen hat, aber als reiner Unternehmenszweck bzw. -sinn wird sie es schwer haben. Man kann schon auf sein Weltbild bestehen, vor allem emotional, aber wenn man mit einem eigenen Unternehmen in die Wirtschaft einsteigt, für gut verdienende Künstler grundsätzlich die richtige Idee, dann hat man sich mit den Gesetzen der Wirtschaft auseinanderzusetzen und entsprechende Regelungen, Maßnahmen und Kontrollinstanzen zu installieren, auch wenn das für die Beteiligten exotisch bis unangenehm sein kann. Und vor allem sollten alle das Kleingedruckte in ihren Verträgen lesen oder lesen lassen. Die Werte der Wirtschaft und die Werte einer Rock'n'-Roll Band können durchaus kompatibel sein, aber wenn sie auch profitabel sein sollen, dann müssen sie separat betrachtet und behandelt werden. Gegebenenfalls müssen Prioritäten gesetzt werden, formal wie inhaltlich, und die Shareholder müssen sich zumindest darauf einigen, ob sie Geld verdienen oder Liebe verbreiten wollen. Die bloße Gründung eines Unternehmens bedeutet noch lange nicht seinen wirtschaftlichen Erfolg, ebenso wie ein Wirtschaftsboss in engen Lederhosen deshalb noch kein Hard Rocker ist. Wir müssen alle unsere Instrumente beherrschen, ständig üben und uns mit anderen »Musikern« messen. Wollen wir ein neues Instrument dazulernen, fangen wir wieder bei null an. So ist das, in der Kunst wie in der Wirtschaft, und es ist gut so. Im Unternehmen THE BEATLES wurden Forschung und Entwicklung verkompliziert, der Output immer weniger zufriedenstellend, es fehlte das ordnende Korrektiv. Damit ist eine von allen anerkannte und respektierte Instanz gemeint, die aufgrund von klaren Vorgaben und ohne persönliche Befindlichkeiten agiert, Hürden aus dem Weg räumt, mit dem Ziel, das schöpferische Potenzial des Produkts als unternehmerische Substanz zu erhalten und Strategien, Businesspläne und Produktentwicklungen voranzutreiben. Genau – ein richtig guter CEO. Dazu ein Konsortium, das Disziplin und Umsätze einfordert und dafür kreative Freiheit und künstlerische Unabhängigkeit garantiert, Vorstand und Aufsichtsrat. Apple, das BEATLES-Unternehmen, machte wirtschaftlich überdeutlich, wie sehr Brian Epstein als integre Persönlichkeit mit wirtschaftlichem Hintergrund fehlte. Ich bin hundertprozentig davon überzeugt, dass wirtschaftlich kluge Strukturen im Unternehmen BEATLES dafür gesorgt hätten, dass interne Zustände wie Kommunikationsengpässe, unterschiedliche unternehmerische Philosophien, fehlende Arbeitsstrukturen, Überprüfung von Produktionsabläufen und vieles mehr korrigiert hätten werden können. Die panische Bestellung eines dubiosen Geschäftsführers, und als solchen hat ihn die Geschichte und die Rechtsprechung entlarvt, für das eigene Unternehmen Apple hätte verhindert bzw. rascher korrigiert werden können. Beratung, Consultation, Coaching etc., als zugekaufte Dienstleistung, um interne, emotionale Divergenzen zu Gunsten der geschäftlichen Übereinstimmung gemeinsam zu überwinden, hätten gutgetan.

Der Aufenthalt der Beatles bei Yogi Maharishi, dem damals berühmtesten Guru der Welt, in seinem indischen Aschram zeugt von der Notwendigkeit von friedlichen emotionalen Einflüssen und war für die hart geprüften und völlig überarbeiteten Beatles ein dringend notwendiger Urlaub für Körper, Geist und Seele. Nach siebenwöchigem Aufenthalt in harmonischer Umgebung und friedlicher Atmosphäre kam die Forschungs- und Entwicklungsabteilung der Beatles mit einem Rekordergebnis von 45 Songs zurück nach London. Die Konflikte kamen aber auch zurück, selbst der Guru konnte das nicht verhindern. So ließen sich die vier Gründungsmitglieder weiter auf Grabenkämpfe und persönliche Befindlichkeiten ein, zogen sich introvertiert zurück, vernachlässigten ihr emotionales Kerngeschäft, die Entwicklung und Herstellung von Kunst- und Kulturprodukten, und standen schließlich vor dem künstlerischen Scherbenhaufen, der sich einmal THE BEATLES genannt hatte. Unternehmerisch sah es ebenso düster aus, McCartney hatte immer noch nicht den Vertrag mit Allen Klein unterschrieben, woraufhin die anderen ohne ihn abschlossen. Das führte dazu, dass McCartney sich gezwungen sah, seine persönlichen Rechte juristisch zu schützen, indem er die anderen drei Bandmitglieder verklagte. Das war natürlich ein emotionaler Todesstoß für die Band. »Can't buy me Love« mit Schubumkehr.

Heutzutage kapieren immer mehr Bands, dass es eine gute Idee ist, die gemeinsame Karriere *auch* als unternehmerisches Projekt zu sehen, wobei anzumerken ist, dass Kunst, Kultur und Entertainment als Vehikel für persönliche Eitelkeiten und egozentrische Sehnsüchte dauerhaft nicht taugen und eine kurze Halbwertszeit haben, siehe die Gewinner der vielen Talente-Shows im TV. Sie treten an (Ausnahmen berücksichtigt), um prominent zu werden, statt besser zu werden, um Anerkennung von außen zu bekommen, statt sich selbst und ihrer Kunst zu genügen, und vor allem, um reich zu werden statt glücklich. Insofern sollte man all diese Shows umbenennen in: »Der große Irrtum«. Den zuvor beschriebenen Irrweg der Stones und Beatles, den im Übrigen viele Bands der damaligen Zeit als eine Art Pionierarbeit für uns alle zu gehen hatten, sorgte schließlich dafür, dass heutige Musiker sehr genau hinsehen, wenn ihnen ein Vertrag angeboten wird. Sie haben klare Vorstellungen von Leistung und Gegenleistung und entschließen sich häufiger für das eigene Unternehmen, sprich Label. Der neue Vertriebskosmos Internet hat das Seine dazu getan und es scheint, als hätte Rock 'n' Roll, als Sammelbegriff für populärmusikalische Genres und gleichsam als Lebenseinstellung, von der Wirtschaft gelernt. Bleibt die Frage, ob dies auch umgekehrt gilt.

Was kann denn Wirtschaft vom Rock 'n' Roll lernen? Spontan fällt mir Innovation ein, die kreative Freiheit und Lust, Grenzen zu überschreiten, das Unmögliche zu denken, zu suchen, zu versuchen. Die Leidenschaft, aus den gleichen zwölf Tönen immer wieder etwas Neues zu machen, trägt ebenso dazu bei wie ein gewisser Drang, etwas zu kreieren, das eine Welt beschreibt. Rock 'n' Roll ist eine einzige permanent produzierende Forschungs- und Entwicklungsabteilung der Gesellschaft und eine, die sehr nah am Konsumenten ist, weil sie ihre Persönlichkeiten und Produkte genau dort rekrutiert, wo der Konsument ist, also weniger Eliteuni – mehr Straße. Und weil der Markt täglich neue Produkte verlangt, hat sich eine vernetzte Produzenten- und Konsumentengemeinschaft gebildet, die sich hauptsächlich der virtuellen Informations- und Konsumationsbahnen bedient. Einmal vom Konsumenten angenommen und am Markt etabliert, stellt sich für ein solches Produkt, eine Band, einen Performer, eine Künstlerin sofort die nächste und weit schwierigere Aufgabe, nämlich in diesem Markt präsent zu bleiben und neue Märkte zu erobern. Hier hat mich Sven Jánszkys »Rulebreaker« beeindruckt, in dem der Trendforscher spannend über innovative Persönlichkeiten und deren Geschichten erzählt, die Widerstände, mit denen sie kämpfen müssen, aber auch die Erfolge, wenn es gelingt.

Die elektronischen Tools unserer Alltagswelt machen die Sache heute erheblich leichter als damals, als die Jungs aus Liverpool die Welt für uns eroberten. Eine Marke kann heute durchgehend präsent sein, ohne sich ständig als Person oder Gruppe vor Ort und live dafür einsetzen zu müssen. Elektronische Medien und Social Platforms erledigen das, aber zuvor muss immer noch Kreativität geleistet werden. Das Produkt hat sich seit den Beatles stark verändert, es geht schon lange nicht mehr einzig um den Song und schon gar nicht um den Text, sondern um Image, Persönlichkeit, Feeling, bis hin zum willkommenen Hype, da schließt sich der Kreis zu 1964, mit der Ausnahme, dass damals die Botschaft ebenfalls im Zentrum des Produkts stand, was heute nicht mehr der Fall ist, von Ausnahmen wie Bruce Springsteen abgesehen. Die akustischen und visuellen Medien wurden noch stärker miteinander verschränkt und aus den unschuldigen Beatles-Filmchen wurden hoch budgetierte Videoclips. Heutzutage gilt es als absoluter Jackpot, wenn man als Musiker den Soundtrack zu einem Computerspiel beisteuern darf, ein neuer, unglaublich stark und schnell wachsender Markt mit eigenen Vertriebs- und Kommunikationswegen. Dazu kommt, dass der Konsument heute als selbstständiger Vertrieb auftritt, Empfehlungen sind sekundenschnell und millionenfach abgegeben, und die Begeisterung des Zuschauers beim Live-Konzert ist via Handykamera noch in der gleichen Nacht für alle Freunde und deren Freunde nachvollziehbar. Die Musikszene hatte es immer schon an sich und in sich, auf neue Verhältnisse schnell und kreativ zu reagieren. Das würde man sich von Wirtschaft und Industrie ebenso erwarten.

Ein Act wie Goebel & Band muss sich im Zweijahresrhythmus ständig neu erfinden, neue Programme, neue Themen, neue Shows liefern, was natürlich mühsam ist, aber für die Horizonterweiterung der Künstler einerseits und die Bereicherung der Produktpalette andererseits sorgt, abgesehen davon, dass es gut für uns ist, immer wieder bei null zu beginnen und das bisher Geleistete in Perspektive zu setzen. Ausruh-Tee aus vergangenen Lorbeeren ist bitter, für Künstler wie für Konsumenten. Ich weiß, jetzt kommt wieder der Einwand, dass große Unternehmen wie Superfrachter sind, die eben nicht so leicht zu manövrieren sind wie Katamarane, aber es geht doch viel mehr um Philosophie, um Leidenschaft und Vision und weniger um mechanische

Lenk-Möglichkeiten, die sind adaptierbar. Ich stelle mich dem Druck der ständigen Selbsterneuerung, indem ich nie aufhöre, Material, Ideen, Szenen und Situationen zu sammeln. Viele davon kommen mir erst, wenn ich darüber rede, was mich manchmal zu einem sehr mühsamen Partner in der Beziehung macht, weil ich quatschen muss, um zu sortieren und dann den Einfall, die Geschichte daraus zu machen, und natürlich muss ich die sofort aufschreiben, sonst ist sie weg. Das macht es einer Partnerin schwer zu antworten, weil ich bereits in Schreibhaltung bin und sie ihre Antwort auf die Mitte meines gesenkten Kopfes richten müsste, nicht gerade einladend. Aber ich muss mit meiner Arbeit immer neue Wege gehen, sonst droht Stillstand und das langweilt mich, und wenn ich gelangweilt bin, werde ich unberechenbar und sabotiere auch schon mal meine eigene Arbeit, nur um Erneuerung förmlich zu erzwingen. Vielleicht war das auch genau das Problem, das der Mitarbeiter in dem deutschen Theater hatte, vielleicht war er gelangweilt, unterfordert und frustriert. Dem Mann kann geholfen werden, ich weiß, wie es geht. We can work it out!

Manchmal kommt es mir vor, als würden sich einzelne Unternehmen, bis hin zu ganzen wirtschaftlichen Zweigen, den anstehenden Veränderungen regelrecht verweigern. Unternehmen, die zwar alles neu wollen, nur ändern darf sich nichts. Die Übersättigung durch den Erfolg ist der stille Fluch, der sich dem Wandel in den Weg stellt. Neue Entwicklungen und deren Bedeutung zu erkennen und richtig einzuschätzen, ist deshalb ein wesentlicher Bestandteil von Managementqualität. Erfolg ist viel mehr Verpflichtung zu Entwicklung und Erneuerung als Bestätigung alter Wege und Formate. Erfolg ist immer auch soziale Verantwortung. Mehr Bono – weniger Bonus!

27. Schuld und Performance

Bei dem Begriff »Schuld« zucken alle zusammen. Erstens, weil jeder genug davon mit sich herumschleppt und nicht aufgearbeitet hat, und zweitens, weil wir in unserer katholisch orientierten Sühnekultur einen Schuld-Schaltknopf haben, der von außen zu bedienen ist. In einer Untersuchung aus dem Jahr 2010 hat das Team um den amerikanischen Wissenschaftler Frank Flynn von der Stanford Business School herausgefunden, dass Menschen mit einer gewissen Bereitschaft zur Schuldübernahme die besseren Performer sind. Ihre hohe Sensibilität für jegliche Form von Schuld macht sie zu besseren Führern und sorgt dafür, dass sensible Team-Themen früher erkannt, angesprochen und schließlich entsprechend behandelt werden. An der prestigeträchtigen Stanford University hat man daraufhin einen Versuch gestartet, um ähnliche Persönlichkeitsstrukturen unter den Studenten zu untersuchen, und ist auf die gleichen Resultate gestoßen: Studenten, die empfänglicher für Schuld sind, wurden von ihren Mitstudenten/Kommilitonen als die besseren Leader anerkannt und respektiert.

So überraschend diese Ergebnisse auch sein mögen, so vorsichtig müssen wir damit umgehen. Wie so oft kommt es auf die richtige Nutzung von Erkenntnissen an, denn ein solches Wissen kann auch problemlos als Unterdrückungsinstrument eingesetzt werden. Nichts ist leichter für eine Führungskraft, als einen Mitarbeiter, dessen Schuldübernahmebereitschaft offenbar ist, als »Mistkübel« für alles Mögliche einzusetzen, als Sündenbock, als Watschenbaum und vor allem als stets einsetzbare Ablenkung von den eigenen Führungsdefiziten. Seltsamerweise fällt es vielen Managern relativ leicht, eine Atmosphäre der Diffamierung von Sündenböcken aufzubauen und zu pflegen, um negative Emotionen der Mitarbeiter von sich selbst fernzuhalten. Wer frustriert ist, soll sich am Sündenbock abreagieren, dafür ist er da. Furchtbar. Wer seine Führungsqualitäten in einer streng hierarchischen »Nach oben buckeln – nach unten treten«-Philosophie aufgebaut hat, wird seine wahre Freude mit Schuld-Persönlichkeiten haben. Dies ist insofern eine seltsame Vorgangsweise, als es die gleichen psychologischen und emotionalen Instrumente sind, die eine offene Kommunikation, ein ehrliches Problembewusstsein und ein belastbares Teamgefühl etablieren können, nur eben anders eingesetzt, nicht egomanisch und nicht als Ablenkungsmanöver. Dem Team, das sich seine emotionalen Sklaven sucht und diese dann kontinuierlich unterdrückt und missbraucht, geht möglicherweise eine hervorragende Führungskraft verloren. Hervorragend deshalb, weil besonders Menschen mit großem Einfühlungsvermögen, die sich immer schuldig fühlen, gerade emotional für alles gut und wertvoll sind, was sich ein Unternehmen nur wünschen kann: Loyalität, Produktivität, Eigenverantwortung usw.

Auf der anderen Seite gibt es auch das Phänomen des fehlenden Schuldbewusstseins von Mitarbeitern, etwa bei der Qualitätskontrolle oder bei Arbeitsausfällen, bei Missbrauch von sozialen Leistungen bis hin zu Arbeitsverweigerung und Betrug. Es fängt bei der Krankmeldung an und hört bei der Industriespionage noch nicht auf. Die fehlende Information über die Konsequenzen eines solchen Verhaltens wirkt fatal, egal ob es sich bei dieser Information nun um eine Bring- oder Holschuld handelt, denn sie hinterlässt kein inhaltliches Vakuum, sondern findet sich immer eine Ausrede (»Das machen doch alle …«). Diese verbreitet sich wie ein Virus und ist nicht selten Ausgangspunkt für unternehmerische Katastrophen. Für solche Fälle sind Persönlichkeiten, die eine hohe Sensibilität für Schuld in sich tragen, von allerhöchstem Wert für ein Unternehmen, können sie doch eine solche Einstellung bei Mitarbeitern orten und gegebenenfalls verändern. Top down ist so etwas nahezu unmöglich, sonst hätte ja das Entstehen einer solchen Krisensituation von vornherein verhindert werden können.

Es sei jedoch gewarnt vor der unreflektierten Instrumentalisierung der oben beschriebenen Persönlichkeitsmerkmale. Nicht selten überschreiten gerade jene Mitarbeiter, die ein großes Schuldbewusstsein in sich tragen, die Grenzen der Eigenverantwortung, etwa dann, wenn sie krank sind und eigentlich zu Hause bleiben sollten. Sie schleppen sich trotzdem ins Büro, stecken womöglich andere Mitarbeiter mit ihren Viren an und können ihre Arbeit ohnedies nicht so verrichten, wie es notwendig wäre, sie sind einfach nur anwesend und in erbärmlichem Zustand.

Der kluge und moderne Manager erkennt seine »Schuld-Kandidaten«, kontrolliert sie durch empathische Gespräche und nutzt ihre Talente mit Vorsicht. Francis Flynn weist mit Nachdruck darauf hin, dass seine Untersuchungen keinesfalls als Freibrief für Psychospiele bzw. den rücksichtslosen Missbrauch solcher Persönlichkeitsstrukturen zu betrachten sind. Im Gegenteil warnt er ausdrücklich davor, Schuld zu missbrauchen oder gar zu kreieren, um bessere Führungspersönlichkeiten im Unternehmen zu haben. Als Unternehmer habe ich im Emotions-Business natürlich viele Erfahrungen mit Schuld-Persönlichkeiten gemacht, und sie haben gezeigt, dass es besser ist, solchen Menschen entgegenzukommen und aus dem Verständnis für ihre emotionale Situation eine Strategie zu entwickeln, die einzig der Sache verschrieben ist und keinesfalls der eigenen Bequemlichkeit oder gar einem persönlichen Machtstreben. Es geht um sensiblen Umgang, das vorsichtige Lenken in sachlich orientierte Richtung, die Anstrengung, schuldbesetzte Angebote dieser Mitarbeiter zu ignorieren und ihnen stattdessen die Möglichkeit zu geben, ihren emotionalen Bedürfnissen nach Schuldübernahme zu widerstehen, zugunsten von wahrer Leistung und Kreativität. Wenn ein Musiker, ein Darsteller, wer auch immer, Schuldübernahmen für Situationen anbietet, habe ich als Führungspersönlichkeit zu überprüfen, ob dies legitim und nachvollziehbar ist, ansonsten droht mir das simple Abhaken einer allzu bereiten Schuldübernahme aus Gründen der Bequemlichkeit, was mir mittelfristig Nachteile bescheren wird, und die sind meistens folgenreicher als die Hinterfragung im konkreten Fall. Ja, es ist nicht einfach, mit Schuld-Charakteren richtig umzugehen, aber es lohnt sich.

Gefühle führen Regie

28. Kultur lässt sich nicht anordnen

Professor Clayton M. Christensen, einer der erfolgreichsten Professoren in Harvard, vergleicht Unternehmen gern mit Familien, Manager mit Eltern, Mitarbeiter mit Kindern (obwohl er dies explizit nie so schreibt), und seine Beispiele nimmt er häufig aus dem Erziehungsalltag. Er vergleicht Leadership mit konsequenten Erziehungsmethoden und bietet darüber hinaus interessante Perspektiven zu Karriere und anderen Business-Entscheidungen.

Die Unternehmenskultur in Kulturunternehmen setzt sich keinesfalls exklusiv aus dem (kulturellen) Produktangebot dieser Unternehmen zusammen. Nur weil ein Theater, ein Museum, ein Festival Kulturprodukte anbieten, heißt das noch lange nicht, dass sie automatisch eine funktionierende Kultur im eigenen Unternehmen haben. Produkte und Dienstleistungen färben nicht auf die Beteiligten ab, sie sind lediglich die Arbeitsgrundlage, und bei der Arbeit kann es und wird es immer zu Problemen kommen, vor allem emotionaler Art. Es ist im Grunde völlig egal, was hergestellt und verkauft wird, das kooperative Zusammenleben von arbeitenden Menschen muss in jedem Fall beobachtet und betreut werden. Insofern braucht jedes Unternehmen seine Kulturbeauftragten (siehe weiter oben unter CEmO). Menschen, die Waffen herstellen, sind deshalb nicht automatisch Killer-Persönlichkeiten und Priester nicht unbedingt durch und durch gute Menschen, wie wir leidvoll lernen mussten. Auch hier sind der routinierte Arbeitsalltag, die Krisenbewältigung, Kommunikation, Erfahrung, eine Kultur des Scheiterns, notwendige Veränderungen, Analyse bzw. Interpretation von Vorgängen und Strukturen und schließlich die Kommunikation der Ergebnisse die wichtigsten Faktoren, die eine gute Unternehmenskultur ausmachen.

Mitarbeiter von Kulturunternehmen werden außerhalb des Unternehmens häufiger mit den Produkten und dem Service ihrer Arbeitgeber konfrontiert als vielleicht Menschen, die in anderen Sparten tätig sind. Sie nehmen in der Öffentlichkeit Komplimente und Beschwerden entgegen und sehen sich so gezwungen, ihre Arbeitszeit emotional zu verlängern, indem sie außerhalb ihrer Arbeitszeiten Stellung zum Unternehmen und dessen Angebote beziehen müssen. Eine Bühnentechnikerin des Burgtheaters erzählte mir einmal, wie sie sich bereits freiwillig auf öffentlich besprochene Themen ihres Arbeitsplatzes vorbereitet, weil sie genau weiß, kaum sagt sie, wo sie arbeitet, wird sie wahrscheinlich sofort mit den medial geleiteten Assoziationen zu ihrem Unternehmen konfrontiert, von einer großartigen Aufführung im besten bis zum Skandal im schlechtesten Fall, aber immer mit der Bitte um Freikarten (eine furchtbare Unsitte). Das ist nicht immer einfach und kann dazu führen, dass die Mitarbeiterin sich als unbezahlte Anwältin für Belange ihres Unternehmens empfindet, auf die sie absolut keinen Einfluss hat, und sich zunächst nur innerlich und in der Folge auch nach außen hin distanziert. Kein guter Zustand.

Für Kulturunternehmen wie für andere Unternehmen ist es daher überaus wichtig, bei den Mitarbeitern eine positive emotionale Bindung herzustellen und zu pflegen, weil jeder

Mitarbeiter nicht nur Repräsentant des Unternehmens ist, sondern auch Werbeträger für dessen Produkte und Leistungen. Betrachten wir den Mitarbeiter als Informationszelle, die sich ständig teilt, wenn Kontakt mit anderen Zellen (Menschen) hergestellt wird, dann trägt jeder Einzelne die Verantwortung für theoretisch zahllose Kontakte und deren entsprechende Informationsmultiplikationen, was sich auf Reputation, Image, PR, Marke etc. auswirkt – und wirtschaftlich auf die Ergebnisse.

Ich kann mich an Zeiten erinnern, als das Musical in Wien das ganze Land in Verzückung versetzte und dafür sorgte, dass die Mitarbeiter der Musicalhäuser die Chefs waren, wo immer sie auftauchten. Ich kannte einen Tontechniker, der in seinem Stamm-Espresso in der Vorstadt einmal den Titelsong eines gerade erfolgreich laufenden Musicals anstimmen musste, das er tontechnisch betreute, er war quasi die Außenstelle des Theaters und er machte seine Sache offenbar sehr gut, denn er musste immer wieder antreten. Ob und wie viel Alkohol im Spiel war, konnte ich nicht feststellen, wohl aber die große Freude, mit der er mir diese Geschichte erzählte. Der Mann wurde direkt mit den Erfolgen seines Arbeitsplatzes assoziiert und gefeiert, und das tat natürlich gut, befeuerte die Loyalität zum Unternehmen und sorgte für eine positive Unternehmenskultur.

Es gibt sie immer, die Kultur. Um Unternehmenskultur zu definieren, braucht es Zeit, und die steht in der Regel nicht zur Verfügung. Egal ob ein Unternehmen beschließt, sich pro-aktiv um seine Kultur zu kümmern, oder ob es diese Kultur für unwesentlich hält – sie ist da und sie wirkt. Vom singenden Techniker im positiven Fall bis zum schimpfenden im negativen. Und die öffentlich zur Schau getragene Unzufriedenheit von Mitarbeitern ihrem Unternehmen gegenüber ist ein wahrer Umsatzkiller, zumindest im Kulturbereich. Wir befinden uns in einer Zeit des kulturellen Überangebots, vor allem im urbanen Raum, von den

Verlockungen des Fernsehens einmal ganz abgesehen, und da sind solche Entwicklungen nur Wasser auf die Abwehr-Mühlen der potenziellen Konsumenten, die nur nach Ausreden und Rechtfertigungen suchen, eben nicht von allen theatralischen Angeboten Gebrauch zu machen. Wir müssen um jeden Zuschauer kämpfen, jeden Tag aufs Neue. Daher ist es sehr ratsam, sich mit der eigenen Kultur auseinanderzusetzen, sie zu begreifen und sie zu bestimmen, bevor sie von außen bestimmt wird. Wir wissen, wie ungemein wichtig der Ruf, das Image, die Reputation jedes Unternehmens sind, nicht nur als markenbestimmendes Element, das für Absatz und Attraktivität sorgt, nicht nur als wesentlicher Baustein für die Arbeitgebermarke, sondern vor allem für die Kreditwürdigkeit, den Aufbau und die Verfügbarkeit von energetischen und wirtschaftlichen Ressourcen.

Wie entstehen denn Ruf, Image und Reputation? Durch Information. Die faktischen Ergebnisse wie Umsatz, Profite, Wachstum etc. sind zwar genug für einen gewissen wirtschaftlichen Ruf, aber schon beim Image lässt diese Kraft stark nach, weil Image ein besonders emotionaler Teil jenes Gefüges ist, das sich »öffentliche Wahrnehmung« nennt. Hier kommen Hard Facts und Soft Facts zusammen, also Quartalsergebnisse und Gefühle. Der Ruf eines Unternehmens ist das Ergebnis vieler kommunikativer Informationseinheiten, das sich oft über Jahre aufbaut, ja sogar über Generationen hinweg als sogenannte Meme übertragen wird, während Image ein schnelllebiges Phänomen ist, das emotional rasch und mitunter gewaltig auf unternehmensrelevante Bewegungen reagiert. Image kann aber genauso schnell wieder verschwinden bzw. sich ins negative Gegenteil wenden, es ist also unverlässlich. Bei der Reputation eines Unternehmens handelt es sich um das Resultat langfristiger (geschäftlicher) Erfahrungen mit verlässlichen Mustern von Prozessen intern und extern. Ein Kulturunternehmen teilt sich seinen Ruf mit dem Genre, das es bedient, es steht dafür, es gewinnt und verliert mit ihm und kann mit guten Ergebnissen für die Stärkung einer ganzen Kunstgattung sorgen oder mit schlechten für deren Verfall. Gefühle führen Regie. Langweilige Musicals treiben die Zuschauer zurück in die Arme der Operette, schlechtes Theater sorgt für bessere TV-Quoten, während aufregende Ausstellungen für mehr Interesse an bildender Kunst sorgen, und hervorragend besetzte Opern, in denen es nicht nur um korrekt gesungene Töne geht, sondern auch um die spannende Darstellung ihrer Geschichten, werden neue Publikumsschichten für die Oper anziehen.

Wachstum durch Innovation kann nur in einer entsprechenden Kultur entstehen. Eine innovationsfreudige Umgebung ist unbeschränkt eigenverantwortlich. Die herkömmliche und veraltete Definition von unternehmerischer Innovation beschränkt sich ausschließlich auf den Zweck des Unternehmens, seine Produkte und Dienstleistungen. Die Resultate müssen dem Unternehmen unmittelbar und nachweisbar zugutekommen. Das Unternehmen vermittelt seinen Mitarbeitern, dass sie zwar neugierig sein dürfen, aber nur auf Antworten zu Fragen, die das Unternehmen stellt. Das ist so vorhersehbar wie die Basslinie eines Boogie-Woogie, bei der im Voraus klar ist, wann sie wohin wechselt und wann wieder zurück. Das macht zwar einen Teil des Erfolgs dieser Musik aus, taugt aber nicht zum einzig seligmachenden Musikformat. Hätte man sich 1956 dazu entschlossen, den Rock 'n' Roll nur noch zu variieren und nicht mehr zu erweitern, wären wir um die Beatles, Pink Floyd, Led Zeppelin u. v. m. schlichtweg umgefallen. Neugier, die der Innovation dient, will wissen, was hinter dem sichtbaren Horizont liegt, das ist es, was sie weiterbringt. Wir suchen die Marco Polos der Wirtschaft, die Vasco da Gamas der Industrie, und wir finden sie teilweise in den Start-up-Projekten der App-Entwickler, die Internet-Humboldts sind schon da. Unternehmenskultur im 21. Jahrhundert will diese Neugier schüren und pflegen, weil sie weiß, wie schnell Entwicklungen heute stattfinden müssen und dass es sich niemand mehr leisten kann, Innovation und Ideen zunächst einmal unternehmerisch zu evaluieren, sie auf ihre unmittelbare und sichtbar plausible Profitabilität zu überprüfen, um dann zu besprechen, ob, wann und wie man sie eventuell fördert. Inzwischen ist man vielleicht aber schon zum Übernahmekandidaten geworden. Innovation ist die Folge vom Druck der Zeit und steht selbst unter Zeitdruck. Umso wichtiger ist es, ihr die bestmöglichen Umstände zu gewähren.

Es ist immer eine gute Idee, als Wirtschaft, als Unternehmen, als Organisation, die etwas anbietet und davon abhängig ist, dass jemand diese Angebote auch annimmt, sich der großen Fragen und Aufgaben des gesellschaftlichen Zusammenlebens anzunehmen, der Werte, die ihm innewohnen, und des Sinns, der dahintersteht, für den Einzelnen wie für die Gemeinschaft. Daher sind Meta-Werte so wichtig für ein Unternehmen, egal wie groß, wie erfolgreich oder in welcher Branche. Meta-Werte sind jene, die über den unmittelbaren wirtschaftlichen Interessen, dem Zweck eines Unternehmens liegen und deren Erträge nicht bezifferbar sind, sondern nur erlebbar. Chade-Meng Tan, ein Ingenieur-Veteran bei Google, erzählt in einem TED-Beitrag über Compassion (Mitgefühl), wie Google seine Unternehmenskultur bestimmt, indem es zum Beispiel großen Wert eben auf Mitgefühl legt. Bei Google steht es jedem Mitarbeiter frei, sich in seiner Arbeitszeit für gesellschaftlichen Fortschritt einzusetzen, wie etwa jene drei Googlianer, ein Koch, ein Ingenieur und ein Masseur, die sich nicht damit abfinden wollten, dass in einer bestimmten Region in Indien über 200.000 Menschen von jeglicher medizinischen Versorgung abgetrennt waren. Sie wollten etwas für diese Menschen tun und fingen sofort damit an, in ihrer Arbeitszeit, ohne zu fragen. Die Google-Kultur sieht vor, dass jeder Einzelne seine Projekte durchziehen kann, wenn er sein tägliches Geschäft nicht grob vernachlässigt. In der Folge schlossen sich weitere Googlianer dem Indien-Projekt an, bis es schließlich so groß wurde, dass das Unternehmen es offiziell zum Google-Projekt ernannte. Sie gründeten eine Plattform, informierten, thematisierten und provozierten Ressourcenfluss von außen und machten in Rekordzeit ein großes und modernes Krankenhaus für diese Region möglich. 200.000 Menschen in Indien profitierten, die Google-Mitarbeiter profitierten durch Sinnhaftigkeit ihrer Arbeit und ihres Arbeitsplatzes, die drei Gründer profitierten ebenfalls intern (Reputation, Karriere, emotionales Gehalt, Ansehen), und das Unternehmen Google profitierte, sonst würden Sie das hier nicht lesen. Eine solche Geschichte zu erfahren, genügt zum Beispiel vielen Konsumenten, um sich dauerhaft für eine Marke, ein Produkt, eine Dienstleistung, in diesem Fall eine Suchmaschine, zu entscheiden. Ich schreibe darüber und bin somit nicht nur zum Idealkonsumenten für Google geworden, sondern auch zum viralen Kommunikator von dessen Unternehmenswerten und Botschaften. Und alles durch eine Geschichte, die mit Google an sich, seinen Produkten und Dienstleistungen, a priori nichts zu tun hat. Erst nachdem einer Idee genug Raum und die Zeit gegeben wurden, konnte sie sich zu einem innovativen Projekt entwickeln, und erst dann zeichnete sich auch die Wertigkeit der Idee bzw. des Projekts für das Unternehmen ab.

Natürlich könnten Sie jetzt dagegenhalten, indem Sie sagen, dass es sich hier um ein Milliarden-Unternehmen handelt, das sich das leisten kann, aber so einfach ist das nicht. Natürlich hat eine Google-Geschichte die größere Kommunikationsqualität als die soziale Aktion eines Waldviertler IT-Unternehmens, aber beide profitieren jeweils davon in unterschiedlicher Weise und Verbreitung. Auch Sie werden solche Geschichten aus Ihrem Umfeld kennen, und sie zeugen immer von guter Unternehmenskultur.

Die Kunst hat von jeher eine kritische und sehr produktive Haltung zu Fragen der Gesellschaft. Sie setzt sich ein, sie zeigt auf, sie wird aktiv. Es war der 1. August 1971, als mit dem »Concert for Bangladesh«, von George Harrison und Ravi Shankar produziert, sich der Rock 'n' Roll als Kulturmarke zum ersten Mal für ein ganz bestimmtes gesellschaftliches humanes Anliegen auf seine Weise eingesetzt hat. Woodstock hatte zwei Jahre vorher gezeigt, wie es geht, und seitdem sind Konzerte, Festivals, die unter einem humanen Motto stehen, ein Teil unserer Kultur geworden. Ein Höhepunkt: Bob Geldofs »Live Aid«, 1985, das erste weltumspannende Live-Konzert on global Television, zugunsten notleidender Menschen in Afrika. Und auch das Theater, vor allem das Musical-Theater, stellt sich immer wieder in den Dienst der Sache. In Wien wird, wie in London und New York, jedes Jahr für die AIDS-Hilfe gesammelt, im Musical hat sich die wunderbare Tradition des Gala-Konzerts ergeben, Menschen kommen und bringen volle Geldbeutel mit. Sie spenden enorm viel und erhalten dafür einzigartige, außergewöhnliche Abende, sinnliche Uniquate. Ein Beispiel: die kulturelle Solidarität der Künstler und des Publikums bei den Vereinigten Bühnen Wien drei Jahre hintereinander beim »Konzert für Haiti«, von den wunderbaren Jung-Produzenten Marjan Shaki und Lukas Perman produziert. Ich kann Ihnen versichern, dass es auch hinter der Bühne besonders emotional zugeht, wenn so viele Top-Performer gemeinsam arbeiten, im Auftrag der Sache und des Publikums, und die Gelegenheit wahrnehmen, sich gegenseitig ihre Hochachtung zu versichern. Das treibt die Leistungen an diesen Abenden in außergewöhnliche Höhen. Mit der Backstage-Energie im Ronacher könnte man den gesamten ersten Bezirk versorgen.

Kulturelle Aufmerksamkeit und innovationsfreundliche Unternehmenskultur sind keine Plansollstellen, lassen sich weder verordnen noch einkaufen, sie finden auf Basis einer soliden Philosophie der Werte statt, die im Unternehmen auch gelebt wird. So wie keine Beziehung, keine Familie, kein Land und kein Kontinent sich selbst oder anderen eine fremde Kultur nachhaltig aufoktroyieren kann, nicht per Gebot und nicht per Gesetz, so kann auch kein Befehl der Welt eine Kultur verordnen oder verhindern. Kultur und Hierarchie stehen demnach in einer seltsamen Beziehung zueinander, denn kulturelle Entwicklung entsteht und wirkt auf allen Ebenen, unabhängig und simultan. Zur Einführung, Stützung, Erweiterung oder Korrektur von Unternehmenskultur braucht es die Wertschätzung der emotionalen Dimension im Unternehmen, das Hinwegsetzen über Denkbarrieren und Handlungsgrenzen und den Quereinstieg als zusätzlichen Zugang. Im Gegensatz zur Selbstbehandlung durch interne Intervention, die trotz aller Offenheit und Affinität zur Emotion oftmals nicht wirkt bzw. nicht nachhaltig ist, weil Tunnelblick, Silo-Denken und Karriereinteressen im Weg stehen, bringt der Eingriff von außen durch emotionale Fachkräfte, wie etwa Künstler, eine Neutralität in die Betrachtung und bietet Gegengewichte zum vorauseilenden Gehorsam und zur strategischen Willfährigkeit. Wenn ein Künstler ans Werk geht, dann geht es nur ums Werk, nicht um eitle Verkündigungskomplexe des Künstlers und/oder die nächste Karrierestufe, es geht nur um die Idee und die Maßnahmen, sie umzusetzen. Dabei erlauben wir uns in unterschiedlicher Qualität frei vorzugehen, grenzenlos zu denken und schrankenlos zu erfinden. Das kann Meeting, Sitzung, Brainstorming etc. nur zugutekommen und ist für Innovation und Unternehmenskultur sogar notwendig. Es braucht ein gewisses kreatives Chaos, sowohl in der Analyse und in der Installation als auch in der Pflege von emotionalen Situationen im Unternehmen, um Wege, Lösungen und Strukturen zu entwickeln, die belastbar sind. Das kann vom inhaltlichen Austausch im Gespräch bis zur emotional-aktionistischen Intervention gehen. Ein

Unternehmen schlug uns einmal ein internes Mitarbeiter-Musical vor, wir haben es dann Mitarbeit-ical genannt, um die Unternehmenskultur zu befeuern und die emotionalen Entscheidungsinstrumente zu stärken. Ein anderes möchte eine Gamification ihrer Themen, Aufgaben und Ziele, um kreativen Input zu befeuern, eine Art Star Wars der Ideen. Beide Aktionen sind darüber hinaus hervorragende Assets für die Unternehmensmarke, die Arbeitgebermarke, und wertvoller Content für die Online-Präsenz.

Es kann für eine Unternehmensführung verführerisch sein, ihre Kultur einfach zu behaupten, per Dekret, Slogan oder Überschrift. Das bedarf keiner Initiierung, keiner Pflege, stellt keine Forderungen, sie lebt nur aus sich selbst und für sich selbst – eine Kultur-Behauptung. Das kann gefährlich sein, weil eine solche Label-Kultur nicht verlässlich ist. Bei negativ empfundenen Entwicklungen und Situationen, von Change bis zur ausgewachsenen Krise, dient die Kultur als Basis, Erdung und Fundament für Bewältigung und Neustart. Kommt es jedoch zur kulturellen Verunsicherung, weil die angenommene Kultur unzuverlässig ist, dann ist es meist schon zu spät für grundlegende Veränderungen. Kultur lässt sich nicht befehligen, sie ist immer ein freies Angebot zur freien Entnahme.

29. Keine Angst vor Emotionen!

Es kann für manche Menschen schwierig sein, wenn sie aufgrund ihrer Position zu Persönlichkeiten mit einer gewissen Öffentlichkeit werden und nun ein dementsprechendes Auftreten von ihnen erwartet wird. Die Probleme reichen von leichter Nervosität über Schlafprobleme bis hin zu ausgewachsenen Neurosen mit anschließenden Panikattacken. Profis geht es genauso, egal wie lange sie das schon machen. Es ist für Außenstehende kaum vorstellbar, dass eine Schauspielerin, eine Sängerin, ein Entertainer, ein Mensch, der hauptberuflich auf der Bühne oder vor der Kamera steht, extrem nervös und geradezu angsterfüllt auf seinen oder ihren Auftritt wartet, während vor der Bühne abertausende jubelnde Fans warten, die bezahlt haben und gekommen sind, um ihren Star zu sehen und zu hören. Aber der umjubelte Mensch, der hinter der Bühne auf seinen Auftritt wartet, hat nur grausame Fantasien von Fans, die eigentlich zu seiner Hinrichtung gekommen sind und darauf warten, ihn scheitern zu sehen.

Wie kommt man auf so schreckliche Ideen? Und ausgerechnet jetzt, kurz vor dem Auftritt? Die Stimmung im Saal ist ausgezeichnet, backstage ist die Lage ebenfalls entspannt, alle sind gut drauf und spielbereit, es verspricht ein phänomenaler Abend zu werden, die Voraussetzungen sind also ideal. Da ist es doch seltsam, dass ausgerechnet der Hauptdarsteller von all dem nicht beeindruckt ist und lieber daran glaubt, dass alles schiefgehen wird.

Er hat Angst. Angst, nicht zu entsprechen, Angst, sich selbst und seinen Standards nicht gerecht zu werden, und schließlich die ultimative Angst: vor dem Verlust der Liebe. In seiner neurotischen Panik stellt er sich vor, das Publikum hätte soeben beschlossen, sein Idol nicht mehr zu wollen, die Stimmung schlägt um, die Zuschauer revoltieren gegen den Hauptdarsteller. Das sind Fantasien, die einem Entertainer nicht nur in den Sinn kommen können, sie können ihn regelrecht verfolgen, nicht mehr loslassen und ihn so lange quälen, bis sie schließlich wahr werden. Wenn jemand Probleme mit dem Selbstvertrauen hat, dann ist die Kunst, aber vor allem das Entertainment-Business ein hervorragendes Feld, um sich dies künstlerisch von der Seele zu schreiben, zu singen, zu malen, aber auch, um sich die fürchterliche finale Abfuhr zu holen: »Niemand liebt mich wirklich, egal wie erfolgreich ich bin.« Eine traurige Geschichte.

Diese Angst kann auch Teil einer Art freiwilligen Selbstkontrolle sein, mitunter autoaggressiv, um der eigenen Überheblichkeit entgegenzuwirken. Zu Recht, denn niemand soll glauben, dass er da hinausgehen und er einen Abend einfach »mitnehmen« kann, die Leute seien sowieso hysterisch, und die Sache sei locker aus der Hüfte zu schießen. Solch eine Arroganz hätte rasch Folgen, denn plötzlich wird es eng auf der Bühne, ein paar unvorsichtige Schritte, ein falscher Einsatz, Song-Abbruch, noch mal anfangen, wieder Blackout und jetzt Totalausfall. Und dann ist es schlagartig aus mit dem Aus-der-Hüfte-Schießen. Plötzlich werden die Fantasien von backstage wahr und du stirbst einen panischen, öffentlichen Tod da draußen, inklusive endloser Wiederholungen des Desasters auf YouTube. Ein Albtraum, aber durch vorauseilende Fantasien auch nicht zu verhindern.

Es ist als Künstler oder in jedem anderen Beruf zwar gut, aufmerksam statt selbstüberschätzend zu sein, aber auch wichtig, entspannt genug zu sein, um Spaß daran zu haben. Dabei hilft der heuristische Reflex, das »Böse« sofort auszuschließen und zu befinden, dass die Summe aller bisher gemachten Erfahrungen nicht auf Unglück, sondern auf Erfolg schließen lassen. Es wird schon schiefgehen und alles wird gut sein. Und siehe da – das Desaster bleibt aus.

Das Publikum auf der anderen Seite hat ebenso Angst, wenngleich unterdrückt. Es fürchtet um die Befriedigung seiner Erwartungshaltung. Die Darbietung muss uns gefallen, wir unterliegen einem Wohlfühl-Zwang, haben viel Geld gezahlt, uns vielleicht wochenlang gefreut, deshalb darf die Vorstellung jetzt nicht schlecht sein. Wir bestehen förmlich darauf, uns zu amüsieren, ungeachtet mangelnder Qualität auf Bühne oder Screen, wenn die Reize nicht genügen, sind wir zur Auto-Manipulation bereit. Es übernimmt die emotionale Entertainment-Rückversicherung, die immer dann eintritt, wenn wir es uns nicht leisten wollen oder können, einen Fehler in unserer sinnlichen Ernährung gemacht zu haben. Wir greifen zur emotionalen Notration aus Angst vor dem Verlust eines ohnehin nur fantasierten Gewinns, statt uns den Irrtum einzugestehen und ihn als kulturellen Streuverlust zu verbuchen.

Der unbedingte Ergebnisgehorsam wird durch Kulturprodukte gefördert, die sich genau darauf verlassen und das System erhalten, Kultur, die nicht mehr sein will als Tapete für Fluchträume. Absolut legitim. Es ist wichtig, dass Künstler sich als Hersteller und Vertreiber von Kulturprodukten darüber bewusst sind, dass ihre Arbeit hilft, Aufgaben zu erledigen, die möglicherweise nichts oder nur wenig mit ihrer eigenen Persönlichkeit zu tun haben. Der Bassist, der in der Band einer Schlagersängerin spielt, muss nicht zwangsläufig unglücklich sein, nur weil er privat Jazz hört und spielt. Seine professionelle Haltung schafft ihm die Möglichkeit, beides zu leben. Kunst ist, was Angesprochene daraus machen. Es gibt keine objektiven Kriterien, auch wenn wir immer wieder versuchen, die Wirkung von Kunst zu quantifizieren, es geht nicht. Egal wie teuer deine Werke sind, egal wo du in den Charts liegst, egal ob Oscar, Grammy, Emmy oder Bambi – Kunst ist nur in Emotion zu erfassen. Die Maßeinheit ist Glück, die Währung Lächeln, der Preis nur Vereinbarung, aber nicht Wert.

Wenn dein Erfolg mit deiner eigenen Leistung zu tun hat, dann wirst du diese Leistung stark halten wollen, um den Erfolg nicht zu gefährden. Das ist Standard, das ist Instinkt. Bist du aber unsicher, ob es vielleicht nicht Leistung ist, sondern irgendwelche Äußerlichkeiten, Zuordnungen, Zufälle oder Irrtümer, die hier funktionieren, dann gerät Kunst zum Lotteriespiel, und du versuchst alles Mögliche, um Reaktionen zu erzeugen. Bestes Beispiel ist die traurige Geschichte der beiden Künstler Rob Pilatus and Fabrice Morvan, die sich Milli Vanilli nannten und als Pop-Duo ungeheuer erfolgreich waren, 1990 sogar einen Emmy bekamen, aber absolut nichts mit der Entstehung ihrer Hits zu tun hatten. Irgendwelche Studiosänger hatten die Songs irgendwo aufgenommen und die beiden tanzten und bewegten nur ihre Münder dazu. Irgendwann blieb bei einem Konzert das Playbackband stehen und entlarvte, dass die beiden überhaupt nicht singen konnten. Der Grammy wurde ihnen wieder aberkannt und der Absturz begann, an dessen tragischem Ende der Drogentod von Rob Pilatus stand. Es muss furchtbar gewesen sein, sieben Wochen als Nr. 1 der US-Hitparade hinter der Bühne auf seinen Auftritt zu warten und zu wissen, dass man sein Publikum gleich belügen und betrügen wird. Und immer die Angst im Nacken – und dann passiert's.

Die Zuneigung der Konsumenten beruft sich auf emotionale Situationen, die du als Künstler nicht bedienen kannst, weil du sie gar nicht kennst. Also bleib bei dir. Die Beurteilung der eigenen Leistung setzt sich aus zwei Komponenten zusammen, der äußeren und der inneren. Die äußere ist die Reaktion des Publikums, die innere die eigene Überprüfung. Für diese Auto-Überprüfung bedarf es nicht so sehr der Distanz zu sich selbst, sondern viel mehr von Verbundenheit mit sich, der Ego-Connection. Die zeigt an, wie sich etwas anfühlt. Es ist wesentlich für eine Künstlerin, sich auf der Bühne, vor der Kamera, im Studio gut zu fühlen, zu spüren, wie die eigenen Vermittlungsinstrumente funktionieren, die richtigen Mittel und die richtige Dosierung gefunden zu haben.

Wenn Zuschauer aber zum Beispiel ein ganzes Konzert lang wie in einer einzigen Hysterie durchschreien, weil ihr Held jetzt leibhaftig vor ihnen steht, dann ist es natürlich sehr schwer für den Helden selbst, seinen eigenen Ansprüchen diszipliniert gerecht zu werden. Es droht der Verlust des persönlichen Interesses, dann schleicht sich eine gewisse Wurstigkeit ein, weil es offenbar egal zu sein scheint, was man da oben macht, das Publikum ist auf jeden Fall begeistert. Das war auch einer der Gründe, warum die Beatles so früh aufgehört haben zu touren, wie sie selbst erklärten. Es war absurd, ein ganzes Stadion voller schreiender Menschen, und du hörst nicht mal deine eigene Gitarre auf der Bühne, es war schließlich 1966, keine Monitor-Technik. Da macht Spielen keinen Sinn.

Eine gewisse Angst, öffentlich aufzutreten, ist also nicht nur berechtigt, sondern in gewisser Weise geradezu notwendig, um reflektiert seine Qualität zu schützen und zu halten. Die Show, der Vortrag, die Botschaft, die Rede, alles ist erfolgreicher, wenn du emotional überzeugen kannst. Dabei geht es nicht so sehr darum, wie du dich selbst fühlst, sondern viel mehr darum, wie du das Publikum fühlst, denn aus der Perspektive eines Bühnenprofis muss ich davon ausgehen, dass du dich bestens vorbereitet hast und inhaltlich fit bist. Also kannst du dich für die Reaktionen öffnen, dem Publikum in die Augen schauen, es zu fesseln und zu involvieren versuchen, deine Stimme, deine Augen, deinen Körper dafür einsetzen. Wenn du dir sicher bist, was du sagen willst, wirst du es besser sagen können. Die nachhaltige Verankerung von Inhalten und Botschaften hängt von der Übertragung ab und fällt leichter, wenn wir die Inhalte emotional betrachten und auch so vermitteln. Deshalb: keine Angst vor Emotion!

30. Konflikte – offene und heimliche Gefühle

Ein wesentlicher Fehler in der Selbsteinschätzung vieler Manager ist der Irrtum, dass sie sich nie für einen Teil des Problems halten, sondern lieber für einen Teil der Lösung.

Bei nahezu allen Umfragen, die zu den Qualitäten und Typen von Managern veranstaltet wurden, sind sich alle

Befragten einig, wenn es um den gefürchtetsten Typ von Manager geht: den Demagogen.

Wenn in Unternehmen heute ein aggressiver, herrischer, unterdrückender Stil gepflogen wird, wird das von den Menschen, die geführt werden sollen und wollen, emotional abgelehnt. Diese Ablehnung wird nicht immer thematisiert, zumindest nicht offen, und schon gar nicht an die korrekte Adresse gerichtet. Wenn überhaupt, wird in den inoffiziellen Kanälen darüber kommuniziert, in der Kantine, zu Hause, im Wirtshaus etc. Der Druck, der sich anstaut, während man einen Despoten als Führungskraft erträgt, muss wieder entladen werden, und das macht man meistens verdeckt, ohne die Quelle unseres Unbehagens damit zu konfrontieren. Das ist zwar verständlich, aber wir sollten nie vergessen, dass wir damit dieses Benehmen akzeptieren und gutheißen.

Was gewünscht und gebraucht wird, sind Führungspersönlichkeiten, die als Mediatoren auftreten, als Brückenbauer und Vermittler im eigenen Unternehmen, die sich nicht zu schade sind (oder zu eitel), Hilfe anzubieten oder um Hilfe zu bitten.

Etwas komplizierter ist es mit Persönlichkeitsstrukturen, die ihre inneren, emotionalen Konflikte nicht öffentlich machen und auch nicht mit sich selbst austragen. Dabei geht es um »kalte Konflikte«, wie es Mark Gerzon nennt, Gründer von »Mediators Foundation« und Berater unzähliger Unternehmen weltweit; er berät unter anderem den US-amerikanischen Kongress, diese berüchtigte Schlangengrube von republikanischen und demokratischen Polit-Reptilien, die sich mitunter bis aufs Messer bekämpfen. Der Mann weiß also, was Konflikte auf Management-Ebene bedeuten und vor allem, wie man ihnen beikommen kann. Gerzon hat sich über drei Jahrzehnte mit Konflikten in Organisationen beschäftigt und kritisiert zunächst, dass es ein massives und folgenschweres Wahrnehmungsproblem gibt. Viele Manager meinen nämlich, dass es in ihrem

Unternehmen, ihrer Abteilung, ihrer Division, also in ihrem Verantwortungsbereich, keine Konflikte gibt. Solange keine Stühle fliegen, solange sich Menschen nicht körperlich attackieren und/oder unflätig beschimpfen, ist alles in Ordnung. Das ist ein folgenschwerer Denkfehler und kann ein Unternehmen in Form von Fluktuation, innerer Kündigung und Krankheit sehr viel Geld kosten.

Gerzon hat eine Definition des Begriffs Konflikt geschaffen, die einleuchtet: »Konflikt ist alles, was chronische Ineffizienz für jenes System erzeugt, dessen Teil er ist.« In seinen Untersuchungen hat Gerzon herausgefunden, dass 90 Prozent aller Konflikte in Unternehmen in die Kategorie der »kalten Konflikte« fallen, also jene emotionalen Situationen, in denen jemand für sich befindet: »Mit dem Typen kann ich nicht, also gehe ich auch nicht zu diesem Meeting« oder »Ich sag zwar Ja zu seinen Plänen, mache aber trotzdem weiter, was ich will«. Diese institutionalisierte passiv-aggressive Situation kostet Unternehmen unglaublich viel Geld und Zeit. Was tun? »Kochunterricht«, wie Mark Gerzon es in einem seiner erfolgreichsten Bücher »Leading Through Conflict« nennt. Damit meint er nichts anderes, als die »kalten Konflikte« aufzuwärmen, bis sie emotional und sachlich ausgetragen werden können. Die »heißen Konflikte«, in denen es irrational zugeht, sind herunterzukühlen, bis alle Beteiligten wieder zu vernünftigen Auseinandersetzungen und Ergebnissen imstande und bereit sind. Künstlerische Differenzen sind oft Ausgang beider Konfliktarten, das fängt »kalt« an, wenn einer sich über die Auffassung eines anderen ärgert, nicht einverstanden, aber zur Kooperation gezwungen ist. Irgendwann wird es zum »heißen«, indem es zur offenen Auseinandersetzung kommt, und wenn die Angelegenheit dann nicht restlos geklärt wird, was gar nicht so einfach ist im Emotionsgeschäft, dann kann es wieder zu einem »kalten« werden. Eine Kneipp-Kur der Belastungsfähigkeit.

Zunehmend werden in Unternehmen bei Konfliktsituationen Mediatoren von außen dazugeholt, um ein Problem zu lösen. Es wird also Konflikt-Outsourcing betrieben. Gerzon hat jedoch Tools und Verfahren entwickelt, die sich Manager und Managerinnen selbst aneignen können, um die Konflikte in ihrer Umgebung zu behandeln und zu lösen. Die Instrumente, die er anbietet (integrale Betrachtungsweise, systemische Vorgangsweise, Präsenz und Recherche, bewusste Gesprächsführung), sind dazu geeignet, Brücken zu bauen und Partnerschaften herzustellen, um die Grenzen von Organisationen und Gruppen überwinden zu können.

Es geht Gerzon also um die richtigen Fragen, die jene verhängnisvollen Situationen aufheben, in denen alle Beteiligten glauben, den Konflikt zu verstehen, wie er verursacht wurde, durch wen und was die Lösung sein könnte, aber alles nur aus Perspektive der eigenen persönlichen Einschätzung. Gewünscht ist, dass alle Beteiligten von ihrer persönlichen Position auf die des Unternehmens wechseln und somit nur noch in Analyse- und Lösungssystemen denken, die dem Unternehmen und seinem Zweck zugutekommen und weniger der persönlichen Situation in der Organisation. Ich kann ja mein Problem mit einem Mitarbeiter, Kollegen, Boss auch mal von der Unternehmensperspektive sehen und werde vielleicht feststellen, dass, wenn ich mich mit einer gewissen Situation arrangiere, das dem Unternehmen so viel mehr bringt als mein Festhalten an meiner persönlichen Meinung mir selbst bringen würde. Damit sollte aber auch verbunden sein, dass das Unternehmen diese Anstrengung registriert und anerkennt. Im Sinne des Unternehmens zu denken und zu fühlen, kann nur aus einer sicheren emotionalen Grundsituation heraus entstehen. Das bedeutet, dass ich erstens sicher sein kann, dass mein Beitrag erkannt und geschätzt wird, und das geht vom einfachen Dankeschön über die Beurteilung in der Personalakte bis zum nächsten Karriereschritt, und zweitens ich auch das Gefühl habe, dass das Unternehmen sich seinerseits bemüht, meine Perspektive zu sehen und gegebenenfalls auch zu befolgen. Ein Quidproquo der Unternehmenskultur.

Philosophie bestimmt die Kultur – Emotion die Auseinandersetzung – Auseinandersetzung das philosophische Wachstum. Circuitus fertilis – ein fruchtbarer Kreislauf.

31. Leadership Branding oder: Gefühle lassen sich nicht anziehen wie Arbeitskleidung

Wenn Richard Branson öffentlich auftritt, wie zuletzt als Flugbegleiterin bei Virgin Air, voll geschminkt in Kostüm und Perücke, als Einlösung einer internen Wette, oder auch in Shorts und T-Shirt für eine gesellschaftlich relevante Idee wie die Erhaltung der Meere, dann macht er das, weil es eine positive, weltoffene und coole Botschaft seines Konzerns Virgin transportiert. Das weist ihn als reflektierenden Leader aus, der sich nicht zu schade ist, selbst anzupacken, und das wiederum bietet den Virgin-Mitarbeitern die Möglichkeit, sich über gemeinsame Werte mit dem Unternehmen zu identifizieren. Die Entscheidung für solche Auftritte ist aber keine rein wirtschaftliche oder Marketing-intensive, sondern auch eine emotionale. Branson hat ein Gespür dafür und transportiert dieses weiter an seine ebenso offenen und emotional denkenden und agierenden Mitarbeiter. Muss toll sein, für den Mann zu arbeiten.

Leadership Branding ist die Konstruktion einer persönlichen emotionalen Marke für Führungspersönlichkeiten. Sie wird in Übereinstimmung mit den wirtschaftlichen und emotionalen Werten eines Unternehmens entwickelt und von seinen leitenden Persönlichkeiten in der Führungsarbeit vertreten und gelebt. Sie stellt eine Verlässlichkeit für alle Beteiligten dar. Leadership Branding ist ein integraler Bestandteil von Employer Branding, der Arbeitgeber-Marke, und ist eine tragende Säule der Unternehmenskultur. Bei der Entwicklung von Leadership Branding ist der emotionale Teil in der Findung und der Umsetzung wesentlich für den Erfolg.

Ich habe seit jeher Probleme mit dem Wort »Mahlzeit«, das in so vielen Unternehmen ab circa elf Uhr vormittags als Gruß heftig gepflegt wird. Ich habe nie herausgefunden, wozu es eigentlich dient und wo der Unterschied bzw. der Vorteil zum normalen Gruß liegt, wie »Hallo« oder Ähnliches. Ist es die Erinnerung, dass bald Pausenzeit ist? Ein verkürztes »Guten Appetit«? Oder ist es einfach nur ein Codewort für Gemeinsamkeit und Solidarität, ein kulinarisches »Wir sind das Volk«? Keine Ahnung. Viel schlimmer ist es, wenn gar nicht mehr gegrüßt oder nur das notwendigste Geräusch gemacht wird. Sprachverfall, negative Wording-Tendenzen bis hin zu Sprachlosigkeit sind deutliche Hinweise auf bedrohte oder bereits zerstörte Kultur. Das gilt für Unternehmen wie für private Beziehungen, für familiäre Strukturen, für Kommunen, für Länder und ganze Kulturgemeinschaften. Sprache repräsentiert immer die Werte einer Person oder einer Organisation. Die simple Behauptung von Werten, die aber weder in Sprache noch in Benehmen umgesetzt und gelebt werden, stellt eine Gefahr für die Kultur dar, weil Werte Ankerplätze für alle emotionalen, ethischen und sozialen Belange im Unternehmen sind. Geht es uns gut, so wollen wir das teilen, geht es uns schlecht, so wollen wir darüber reden und vergleichen, ob andere das auch so erleben. Empfinden wir so etwas wie Ungerechtigkeit, egal ob gegen uns persönlich oder gegen andere, dann wollen wir dagegen angehen. Und alles immer zunächst über Sprache. Also muss Sprache gepflegt werden, ganz bewusst und dem Zweck entsprechend, so wie Bransons Auftritte.

Der Prozess der Wertefindung ist eine so emotionale wie rationale Auseinandersetzung mit der Welt und setzt eine Bereitschaft für Umsetzungsmöglichkeiten und botschaftsorientiertes Handeln voraus. Werte sind wesentlich für die emotionalen Entscheidungen der Mitarbeiter, sie dienen als Orientierung, stützen die Loyalität und Identifizierung mit dem Unternehmen. Kann ich mich als Mitarbeiter mit meinem Unternehmen über gemeinsame Werte identifizieren, habe ich die Möglichkeit, Werte anzusprechen und die Auseinandersetzung mit Werten anzutreiben, das kommt meiner Produktivität zugute und sorgt für eine offene und innovationsfreudige Kultur. Nicht vorhandene oder nicht empfundene Werte können jedoch katastrophal wirken: Dann haben wir leblose Mitarbeiterinnen und Mitarbeiter ohne persönliches Engagement, vertragserfüllende Ablaufhelfer, die auf emotionale Zugänge und Zuwendungen verzichten, herkömmlich und einfach zu führen, Change wird befohlen, Innovation gar nicht erwartet. Was wir aber wollen, sind lebendige Mitarbeiter, die sich mit den Werten, den Aufgaben und dem Sinn des Unternehmens identifizieren und jeglichen Bewegungen, Veränderungen und Erweiterungen positiv und engagiert begegnen. Diese Identifikation vergeben wir aber nicht gratis und nicht willkürlich, wir wollen für unsere Identifizierung mit einer Idee, einer Haltung, einem Unternehmen emotional rückvergütet werden. Wir erwarten uns ein Quidproquo im Umgang miteinander und setzen auf die Verlässlichkeit, auf Respekt und Vertrauen, die sich aus gemeinsamen Werten ergeben. Wir wollen einen ständigen Dialog in der Zusammenarbeit und keine willkürlichen Statements. Loyalität lässt sich nicht vertraglich festlegen, sondern muss emotional auf fester Werte-Basis stehen.

Die Motivation der Mitarbeiter, die entweder schon im Unternehmen sind oder noch gesucht werden, definiert sich nicht mehr ausschließlich in der Vergütung, den Karrieremöglichkeiten oder via Positionseitelkeiten, sondern sucht übergeordnete Werte, um im Handeln einen Sinn zu empfinden. Behauptete Werte, die im Unternehmen nicht gelebt werden, sind nicht nur sinnlos, sondern können kulturell hochgiftig wirken, es droht betrieblicher Zynismus, der sich auf alles Denken und Handeln auswirkt und die Organisation gefährdet.

Ich habe einmal für ein Unternehmen ein Format entwickelt, das neue Mitarbeiter in einem dafür geschaffenen Unternehmens-Event begrüßt und einen Onboarding-Prozess vorstellt und eröffnet. Bei diesen Events musste ich feststellen, dass die Einbeziehung der lokalen Politik durch Politiker, die Reden hielten, den nicht unberechtigten Eindruck hinterließ, dass die neuen Kolleginnen und Kollegen einer politischen Agitation ausgesetzt wurden –wahrscheinlich um Stimmen zu gewinnen –, die absolut nichts mit ihrer neuen Arbeitsstätte zu tun hatte. Natürlich geschah das nicht zufällig oder willfährig, sondern war ein klarer Deal zwischen Unternehmen und Politik zum besseren Miteinander bei zukünftigen Deals wie etwa Immobilien und Widmungen. Von Unternehmensseite her vollkommen verständlich und nachvollziehbar, aber emotional unklug und ethisch fragwürdig, auch in dem Sinne, dass die neuen Mitarbeiter gar nicht gefragt wurden, ob sie überhaupt politisch angesprochen werden wollen. Ich war unsicher, ob ich dabei sein wollte, und bin schließlich im Zweifel ausgestiegen, freilich nicht, ohne mich zu erklären. Tja, Haltung kostet.

Wirtschaftlicher Erfolg bedeutet nicht automatisch auch kulturellen Reichtum. Im Gegenteil, andauernder Erfolg und eine Vormachtstellung am Markt kann die Kultur insofern gefährden, als sich eine gewisse Fadesse einschleicht, als Resultat fehlender Incentives und Störungen. Langeweile ist eine folgenschwere Krankheit, sie kann ein Individuum ebenso zerstören wie eine Organisation. Der große österreichische Psychiater und Philosoph Viktor Frankl macht in seiner Theorie zur von ihm entwickelten Logotherapie die

Langeweile als Zentrum der Sinnlosigkeit bzw. Sinnleere aus und sieht in ihr den Ursprung vieler zum Teil autoaggressiver Störungen. Daher ist die Logotherapie, also die therapeutisch unterstützte Sinnsuche und Sinnforschung, auch im Unternehmen eine werterhaltende Maßnahme. Emotional ausgerichtete Unternehmensberater – wie Reinhard Sprenger in seinem Buch »Radikal führen« – schlagen vor, in Situationen der Wohlstandsübersättigung, der erfolgreichen Langeweile, der Fadesse, die sich auf unternehmerischen Erfolg stützt, und der emotionalen Verunreinigung nach innen durch künstliche Störungen bzw. Störer entgegenzuwirken. Diese Störungen sollen eine emotionale Reorientierung erzeugen und Spirit, Neugier und Schaffenskraft befeuern.

Ein Unternehmen, das einen aktiven Werteforschungsprozess betreibt, in dem sich Unternehmenskultur und Unternehmensidentifizierung bewährt haben, wird Gewinne verzeichnen können, wirtschaftlich, kulturell, als Unternehmensmarke sowie in der Wettbewerbsposition. Die Werte des Unternehmens müssen für die Mitarbeiter nicht nur intellektuell nachvollziehbar, sondern emotional verinnerlicht werden, damit ein persönliches Interesse an der Pflege und Erhaltung ebendieser Werte entwickelt werden kann. Besteht diese persönliche Involvierung nicht, kommt es zu einer Art berufsbedingten Schizophrenie, wenn Mitarbeiter sich gezwungen fühlen, ein Doppelleben zu führen, mit unterschiedlichen Wertekatalogen für das private und für das berufliche Leben. Wenn ich zum Beispiel in einem Unternehmen arbeite, das die Produkte von Kinderarbeit oder sklavischer Ausbeutung vertreibt, dann muss ich mir eine Art Zweitperson zulegen, in die ich schlüpfe, wenn ich zur Arbeit gehe, eine, die kein Problem damit hat.

Das kann auf Dauer nicht gut gehen, eins von beiden muss nachgeben. Was braucht es auf Unternehmensseite, um das zu verhindern? Offenheit für Themen, empathische Strukturen, werteorientierte Unternehmensphilosophie, Bereitschaft zur Kooperation, Bekenntnis zu emotionaler Nachhaltigkeit und angstbefreite Kommunikation. Keine Alibi-Aktionen, keine hierarchisch begründeten Ausnahmen, keine kurzfristigen Emo-Interventionen, wenn Führungspersönlichkeiten ihre soziale Verantwortung für eine begrenzte Zeit entdecken und sich mal für dies und mal für jenes interessieren, ohne Profil zu entwickeln und ohne dranzubleiben. Das Gegenteil ist fest verankerte Werte-Kultur. Die muss erarbeitet werden.

Ein wirtschaftlich erfolgreiches Unternehmen kann an Identifizierungs- und Motivationsschwund leiden, wenn emotional nicht nachvollziehbar ist, wofür der Erfolg steht und was er bewirkt. Die wirtschaftliche Situation des Mitarbeiters, egal welcher Ebene, ist als Motor letztlich nie stark genug für die wachsenden Anforderungen an ihn oder sie, wenn nicht auch eine emotionale Bindung an Unternehmen und Aufgabe besteht. Zur nachhaltigen Kooperation bedarf es emotionaler Transaktion. Da sich aber Gefühle nicht verordnen lassen und doch wesentlich für den wirtschaftlichen Erfolg sind, müssen Kommunikationsformen gefunden werden, die einen emotionalen Transfer erlauben. Gefühle lassen sich nicht anziehen wie Arbeitskleidung, sei es Overall oder Nadelstreif, sie wollen sich entwickeln und sie müssen sich selbst erfinden, um real zu werden. Das ist Maßarbeit der Seele. Gefühle sind Frage, Antwort und Konsequenz der Sinnsuche. Wenn Sinn entwickelt und empfunden ist, dann versorgt er verlässlich und belastbar das System Mensch mit dem Treibstoff Energie.

Es liegt natürlich im Interesse der Mitarbeiter, dass sich das Unternehmen kontinuierlich weiterentwickelt, und somit muss auch von deren Seite Verantwortung übernommen werden. Aufwand und Effektivität hängen von der Bereitschaft ab, sich überhaupt Gedanken zum Unternehmen zu machen, und davon kann man im Allgemeinen nicht ausgehen.

Die eigene Karriere ist das Thema, dazu bedarf es keines Aufrufs, dafür wird nahezu alles getan, aber im Sinne des Unternehmens zu denken und zu handeln ist eine persönliche Zusatzleistung, die nicht unmittelbar bezahlt wird. Was ist der Gegenwert? Zahlen haben hier eine begrenzte Überzeugungskraft, es fehlt also das zweite Standbein: Emotion. Es geht um das emotionale Gehalt, den Emo-Bonus, den Lohn, der sich nicht mit Geld bezahlen lässt. Das fängt beim Meeting an, in dem einem Mitarbeiter öffentlich das Lob und die Urheberschaft für eine Idee zugestanden werden.

In meinem Geschäft zeigt sich gute Führungsqualität, indem wir die anderen glänzen lassen, den Aufwand und die Qualität ihrer Arbeit öffentlich loben, vielleicht in einem Interview oder auch live. Ich bin mir vollkommen sicher, dass meine Musiker zum Beispiel allesamt viel höhere Gagen bekommen könnten, wenn sie Angebote anderer Künstler oder Bands annehmen würden, aber es ist wohl unsere Unternehmenskultur als Goebel & Band, die eine emotionale Entlohnung bereithält, die den Unterschied wettmacht, ja vielleicht unsere Zusammenarbeit sogar wertvoller macht. Ich habe als Leader auf jeden Fall von jeher darauf geachtet und mich persönlich sehr dafür engagiert, diese Kultur zu installieren und zu pflegen. Mittlerweile ist es zu einer gemeinsamen Aufgabe geworden, die sehr viel Spaß macht.

32. Regie ist alles

Der Regisseur hat ein Konzept. Das muss er haben, sonst wird er in den allermeisten Fällen scheitern. Das Konzept, das Vorhaben, der künstlerische Plan, das ist eines, und die Arbeit ist etwas anderes. In der Theorie ist das

Konzept immer ideal, es wird von den Protagonisten zu hundert Prozent verstanden, umgesetzt und vom Kunden (Publikum) enthusiastisch angenommen und belohnt. In der Arbeit kann es dann mitunter völlig anders laufen. Ein Regisseur muss aber immer damit rechnen, dass sich das ursprüngliche Konzept nicht ausgeht, dass die Schauspieler die Regie-Ideen nicht umsetzen können, und wenn sie nicht wollen, dann ist das am Theater genauso Meuterei wie in der Wirtschaft.

Ich hatte mal einen Darsteller, der auf eine Regieanweisung reagierte, indem er plötzlich schrie: »Warum muss ich immer die Scheiß-Jobs machen?« Ich war fassungslos. Aber vor allem hatte ich mich in dem Moment von ihm als aussichtsreichem Mitarbeiter verabschiedet, er interessierte mich künstlerisch nicht mehr, weil es ihm um sich ging und nicht um die Sache. Als Schauspieler habe ich mich nie verweigert, ich bin durch eine andere Schule gegangen, aber ich habe es sehr wohl bereut, angesichts gewisser künstlerischer Resultate, an denen ich beteiligt war, mich da nicht verweigert zu haben.

Natürlich sind Schauspieler, Sänger, Tänzer, Akrobaten, Statisten usw. letztendlich Dienstpersonal, um ein bestimmtes Angebot für den Kunden umzusetzen. Da die Bühne aber nun einmal ein hoch emotionaler Ort ist, kommt es immer wieder zu Auseinandersetzungen formaler und/oder inhaltlicher Art, die zum Teil erbittert geführt werden. Künstlerische, politische und emotionale Auffassungsunterschiede prallen aufeinander und müssen zum Wohle des Produktes bewältigt werden. Ich muss als Regisseur mit einem cholerischen Selbstdarsteller arbeiten und ich muss als Schauspieler damit leben, mich vielleicht geirrt, falsch entschieden zu haben und muss meinen Vertrag erfüllen, egal wie. Der Zeitrahmen von künstlerischen Produktionen setzt solchen Auseinandersetzungen jedoch klare Grenzen, es kann nicht ewig diskutiert werden. Der Regisseur muss sich mit seinem

Ensemble auf einen gemeinsamen Nenner einigen, denn der Zeitablauf geht konisch auf das eine Ziel zu: die Premiere.

Zu Anfang, noch vor Probenbeginn, stehen Gespräche mit dem Regisseur bzw. dem Leading Team an. In diesem Kreis werden die theoretischen Ansätze vorgestellt, die künstlerischen Konzepte, um sicherzustellen, dass alle Beteiligten künstlerisch einer Meinung sind. Im gegensätzlichen Fall bedeutet das aber nicht, dass ein Team keine professionelle Partnerschaft eingehen kann, schließlich geht es um Arbeit, Lebensunterhalt, Kontinuität und Professionalität. Ein Schauspieler muss nicht einer Meinung sein mit dem Regisseur, um dessen Vorstellungen umsetzen zu können, aber er muss ihn unbedingt verstehen. Kommunikation ist alles, da unterscheiden wir uns nicht von anderen Arbeitswelten. Information ist Holschuld, wir tun gut daran davon auszugehen, dass ein Leading Team, egal ob im Theater, beim Film oder in einem metallverarbeitenden Unternehmen, immer meint, solange nicht nachgefragt wird, wissen alle genug und kapieren, worum es geht. Und wenn wir dann auf der Bühne oder vor der Kamera etwas vorschlagen, gehen wir wiederum davon aus, dass wir alles richtig machen, solange keine Kritik kommt.

Schauspieler sind Professionals, die ihre persönliche Qualität einem Auftraggeber zur Verfügung stellen. Es gelten die gleichen Gesetze wie in der Wirtschaft: Je höher die Reputation und der Status eines Mitarbeiters, desto eher kann sich dieser seine Jobs aussuchen, kann auch mal ablehnen, wenn es nicht passt, und sich künstlerisch durchsetzen. Als Regisseur mit einem Star zu arbeiten, beinhaltet daher auch, dass er auf dessen Wünsche und Vorstellungen einzugehen hat, schließlich will er ja die Star-Qualitäten für das anstehende Projekt möglichst zur Gänze nutzen.

Vorsicht ist insofern geboten, als starke Persönlichkeiten eine Produktion gerne an sich reißen, die Kontrolle übernehmen, den Regisseur zum willfährigen Statisten degradieren.

Das ist nicht gut, denn so genial kann niemand sein, dass er nicht der Überprüfung von außen bedarf, ob denn das, was gemeint ist, auch wirklich rüberkommt. Eine Geschichte, eine Szene, ein Song hat immer eine Aufgabe und die muss erfüllt werden, ein wirtschaftliches Projekt, ein Prozess, eine Entwicklung ebenso. Davon abgesehen, ist es natürlich auch ein nicht ungefährliches Zeichen an alle Beteiligten, wenn zugelassen wird, dass hierarchische Strukturen gestört oder gar außer Kraft gesetzt werden. Da tanzen die Mäuse ungehemmt, selbst wenn die offenbar schwache Katze noch im Hause ist. Daher gilt das Prinzip »Wehret den Anfängen«, um von Beginn an eine Atmosphäre der Disziplin, der Anerkennung von Hierarchien und der Verfolgung gemeinschaftlicher künstlerischer Ziele zu gewährleisten. Eine Gratwanderung, sind es doch oft die »schwierigen« Persönlichkeiten, die durch welche (mitunter neurotischen) emotionalen Vorgänge auch immer zu fantastischen Leistungen auf der Bühne imstande sind und geliebt, gefeiert und begehrt sind. Das Publikum sieht nur das finale Produkt, hat keine Ahnung von dessen Zustandekommen, und das ist auch gut so. Letztlich interessiert es keinen Menschen, ob und wie schwer es mit einem Schauspieler war. Wir lieben den Film »Neuneinhalb Wochen«, obwohl wir wissen, dass Kim Basinger über Mickey Rourke meinte, ihn zu küssen schmecke wie ein voller Aschenbecher. Wir wollen einfach glauben, dass die beiden einander emotional und körperlich verfallen sind, also ist es auch so. Der Zuschauer will berührt, überrascht, manchmal intellektuell, aber immer emotional gefordert sein. Das ist sein Recht, dafür hat er bezahlt.

Im Grunde können wir es wohl keinem »Chef« verdenken, wenn er autoritär auftritt, keine wesentlichen Veränderungen an seinem Konzept zulässt und alle Mitwirkenden als Instrumente sieht, um seine Auffassung und seine Visionen zu verwirklichen. Ich bin seit Langem der Meinung, dass die Hierarchien am Theater zu respektieren sind, dass es eben keine Basisdemokratie im bezahlten Kulturbetrieb geben kann, Theater ist keine Wohngemeinschaft. Diese Überzeugung ist natürlich gewachsen und das Resultat von vielen vergeblichen verbalen Scharmützeln, die ich mir vor allem in meiner Anfangszeit geleistet habe. Mein Gott, was habe ich gern diskutiert und debattiert, ob ein Wort dieses oder jenes meint, ob die darzustellende Figur nun so oder so denkt und fühlt. Meistens war die Freude an der theoretischen Auseinandersetzung größer als die an der Umsetzung, denn die Angst vor der Eingeschränktheit der eigenen Mittel sorgt allzu gern für Flucht in die Theorie. Und damals hatte ich noch die Hosen voll vor der Kunst. Ich habe die Zeit vieler Kollegen und Regisseure vergeudet, die schon sehr viel Geduld mit dem jungen Goebel hatten, das muss ich dankbar zugeben.

Es ist eine mutige Sache, Verantwortung zu übernehmen, gegebenenfalls zu scheitern und trotzdem weiterzumachen, daran zerbrechen so manche Wunsch-Karrieren im Allgemeinen zuverlässig. Übrig bleiben die, die es verdient (und erlitten) haben. Das System funktioniert. Von Harold Prince, dem Producer-Giganten des Broadways, habe ich gelernt: Wenn du bewiesen hast, dass du alles, was dein Regisseur von dir verlangt, mit deiner ganzen Kraft und Emotion wiederholt und abrufbar herstellen kannst, dann hast du dir die Chance verdient, auch deine eigenen Ideen vorzubringen. Es ist jedoch kein verbrieftes Recht, die Möglichkeit dazu vergibt der Regisseur, und wenn er oder sie, aus welchen Gründen auch immer, dazu keine Veranlassung sieht, hast du damit zu leben und deine Arbeit dennoch mit hundert Prozent zu tun. Aber eines steht fest: Je besser du den Job machst, der von dir gefordert wird, desto größer ist deine Chance, dich einzubringen. Kein Regisseur der Welt wird eine gute Idee verwerfen, nur weil sie nicht von ihm kam. Das haben sie mit guten Managern gemein.

Es gibt Regisseure, die aus einem wilden Haufen starker Persönlichkeiten ein homogenes Ensemble machen können, indem sie jedem das Gefühl geben, dass er oder sie ihre jeweiligen Vorstellungen ausleben können und dabei dennoch ein homogenes Stück Theater, Film oder Musical entsteht. Michael Schottenberg ist so einer. Er führte 1983 während der wochenlangen Proben zur »Rocky Horror Picture Show« im Schauspielhaus zu Wien ein überaus freundliches Regime, ließ seinen Schauspielern freien Lauf, setzte nur hier und dort fast unmerkbare Grenzen und Rahmen und sorgte so für Spielfreude und Fantasie, die sich ab der ersten Einspielvorstellung sofort auf das Publikum übertrugen und dem Stück zu einem sensationellen Erfolg verhalfen. Aber es führte auch dazu, dass mit einem solch unorthodoxen Chef-Verhalten unerfahrene Kollegen sich tatsächlich einbildeten, sich selbst inszeniert zu haben, dass ihr persönlicher Erfolg sowie jener der Produktion allein auf ihrem eigenen kreativen Mist gewachsen seien. Dummköpfe, arrogant und egozentrisch. Ich war einer davon. Ewig werde ich »Schotti« also dankbar sein, dass er solche Engelsgeduld mit uns hatte, vor, während und nach der Produktion.

Befassen wir uns doch mit dieser emotionalen Gabe des Michael Schottenberg, er leitete später erfolgreich das Wiener Volkstheater, und untersuchen wir sie. Hier hat einer Prioritäten gesetzt. Er beobachtet Vorgänge, die von seinen Schauspielern zwar fälschlich als ihre eigenen Ideen verbucht und gefeiert werden, sieht aber gleichzeitig, wie sein Konzept aufgeht. Zielorientiert – im Gegensatz zu machtorientiert. Leicht kann das nicht sein und schon gar nicht in so einem öffentlich beobachteten Genre. Haben wir es nun mit der Ghandi-ähnlichen Friedfertigkeit eines Chef-Charakters zu tun oder ist diese Philosophie letztlich für jeden anwendbar, gleich welcher privat-persönlichen Bauart? Ich meine Letzteres. Es geht um bewusste Entscheidungen, um freiwilligen Machtverzicht, um eine Philosophie der Emotionen, die zugunsten des Produkts arbeitet. Jedes Mal, wenn ein überdrehter junger Goebel sich selbst applaudierte und sich für »seine Ideen« feierte, ein Gang, ein Ton, eine Geste, hat ein kluger und zielorientierter Regisseur gütig gelächelt, wissend, dass es letztlich egal ist, wie man zum Ziel kommt, solange die emotionalen Vorgänge in einigermaßen erträglichen Grenzen bleiben. Ich fürchte, ich habe diese Grenzen einige Male leicht bis mittelschwer überschritten, nicht nur beim Schottenberg. Mea culpa an alle »Schottis« dieser Welt. Ich bin besser geworden.

Ebenso läuft es in Mitarbeiter-Versammlungen, bei Briefings, in Wochensitzungen, also in allen Prozessen der Wegfindung allgemein. Nicht nur ist es für eine Chefpersönlichkeit sinnvoll, dem Prinzip »Ehre wem Ehre gebührt« zu folgen, also zum Beispiel jenen die Ehre einer veröffentlichten Urheberschaft zukommen zu lassen, die eine gute und richtige Idee hatten, sondern es kann sogar ganz klug sein zuzulassen, dass sich Mitarbeiter mit den Ideen von Vorgesetzten rühmen, in der Meinung, es wären die eigenen. Das bestätigt doch nur, dass die Ideen angekommen sind und angenommen wurden, und zwar auf die beste Art und Weise, die man sich nur wünschen kann: voll verinnerlicht, als wären es die eigenen.

Der Erfolg von Projekten, Produkten, Dienstleistungen bedeutet in der Folge auch persönlichen Fortschritt. Und das ist das Ziel! Ein erfolgreicher Regisseur oder Manager wird eingeladen, weitere interessante Produktionen oder Unternehmen zu betreuen, er kommt seinen Wunsch-Produktionen oder Wunsch-Positionen immer näher und kann sie verwirklichen.

Auf der anderen Seite des Blattes steht jener Typ Leader, der auf sein Urheberrecht besteht, ob aus Eitelkeit oder verletztem Stolz sei dahingestellt. Er stellt den alleinigen Machtanspruch und verteidigt diesen vehement. Er will, dass ihm nicht nur seine eigenen Ideen zugerechnet werden, sondern auch jene der anderen. Diesen Persönlichkeiten droht aber in ihren Aufgaben und Produkten ein Verlust an Kreativität! Denn viele Mitarbeiterinnen und Mitarbeiter lassen sich das nicht gefallen und weigern sich, weiter Ideen zu entwickeln. Dazu kommt die zyklische Endlichkeit der Fantasie, das heißt, dass wir alle eben nicht andauernd gute und richtige Ideen haben können, sondern auch darauf angewiesen sind, dass Mitarbeiter mitentwickeln. Autoritäres und rechthaberisches Verhalten untergräbt Kreativität und Motivation, Mitarbeiter werden zu tumben Dienst-nach-Vorschrift-Robotern, es drohen emotionaler Widerstand, offene Rebellion oder einfach nur Bewegungslosigkeit. Man kann einen Mitarbeiter vertraglich verpflichten, aber nicht seine Mitarbeit. Jeder von uns sollte, ob als guter Chef, als guter Regisseur, als Eltern oder Freunde immer in der Lage sein, über seinen emotionalen Schatten zu springen, der gewünschten Resultate willen.

Es ist kein Wunder, wenn viele Regisseure immer mit den gleichen Leuten arbeiten. Denn es geht nichts über ein kreatives, hoch motiviertes Team, das die Aufgabe versteht und alles für deren Umsetzung tut. Aber dieses Team muss mit Information und Emotion gefüttert werden, mit einer Philosophie der Gemeinschaftsarbeit in hierarchischen Strukturen und mit einer Führungspersönlichkeit, der es um das Ganze geht und weniger um die eigene Person. Ich fordere den Führungs-Oscar für diese Leute!

33. Übergänge machen den Unterschied

Es ist ein Unterschied zu sagen: »Ich habe einige super Bands auf einem Festival gesehen« oder »Ich war auf einem Super-Festival«. Der Unterschied ist emotional: Ersteres besagt, dass einige Bands bei mir und allgemein Anklang gefunden haben, insgesamt war ich aber nicht so beeindruckt von dem Ereignis. Bei der zweiten Aussage haben wir es mit einem begeisterten Festival-Besucher zu tun, der noch tagelang beseelt ist von einem großartigen Spektakel, von dem er jedem erzählt. Dass er beim nächsten Mal wiederkommt, ist gar keine Frage. In der Erinnerung steigert sich das Festival zu einem emotionalen Mega-Event.

Ein großes Festival besteht aus mehreren Bühnen, die jeweils einen ganzen Tag lang bespielt werden müssen, und das in der Regel drei Tage lang. Stellen Sie sich mal die logistische Arbeit vor, die dahintersteckt, ein Wahnsinn! In Wirklichkeit ist die Organisation so eines Events ein Lottospiel, angesichts der kolportierten Summen für High End Acts, also für jene Namen, die beim Konsumenten die Aufmerksamkeit erzeugen, derer es bedarf, damit Tickets gekauft werden und die in jedem Fall bezahlt werden müssen, und zwar egal welche Bedingungen (Wetter) herrschen. Dazu kommt die Unberechenbarkeit des menschlichen Verhaltens, weil niemand wissen kann, ob und wie viele Zuschauer kommen werden.

Nun, gar so unberechenbar ist es dann doch nicht, unser geliebtes Publikum! Jeder, der so ein Ereignis organisiert, kann viel dazu tun, um das Risiko zu minimieren und dem Besucher ein positives, emotionales Erlebnis zu ermöglichen, denn dafür hat er oder sie ja bezahlt. Das gilt für kleine Veranstaltungen im Familienkreis ebenso wie für Firmenevents oder Großereignisse.

Wenn wir nun so eine Bühne als Gesamtkunstwerk betrachten und Regie führen möchten, dann müssen vor allem die Übergänge stimmen. Für das Konzert selbst ist der Künstler verantwortlich, aber die Zeit dazwischen ist wesentlich und Aufgabe der Bühnenverantwortlichen. Zeiträume, in denen nichts passiert, was die Zuschauer interessieren könnte und was sie nicht auch zu Hause haben, sind tödlich. Es droht die Gefahr der Abwanderung. Wenn zwischen den

Auftritten auf der Bühne quasi »Dead Air« besteht, dann ist jeder Act gezwungen, die Atmosphäre wieder neu aufzubauen, statt die emotionale Arbeit seiner Vorgänger nutzen und weiterführen zu können. Ein Konzert, eine Show funktioniert ausschließlich über emotionale Signale und jedes einzelne, ob Musik, Sprache, Körper, Tanz, oder Technik, hat seine Aufgabe. Die Summe der beim Zuschauer zielgerecht angekommenen Signale macht dann den Erfolg aus. Die Gemeinsamkeit tut das ihre und ist ein emotionaler Booster, weil ich in einer Menge von 60.000 Menschen als beschütztes Individuum sowohl still genießen als auch Teil eines brüllenden Urwalds der Begeisterung sein kann, je nachdem, wie ich charakterlich veranlagt bin und in welcher Tagesverfassung ich mich befinde. Im Idealfall empfinde ich das Erlebnis in der Menge als einmalig und paradoxerweise deshalb unbedingt zu wiederholen. Somit wird beim nächsten Festival meine Entscheidung teilzunehmen nicht mehr ausschließlich von der Attraktivität der Entertainment-Angebote (Acts) abhängen, sondern die als emotionaler Marker abgespeicherte Erinnerung an das letzte Erlebnis dieser Art wird bereits einen guten Teil meines Kaufverhaltens beeinflussen.

Auf eine einfache Formel gebracht bedeutet das:

Kunst + Erlebnisqualität × Gemeinschaftsgröße = Gewinn.

Der Erfolg eines Acts setzt sich aus einzelnen Disziplinen zusammen wie Musik, Stimme, Performance, Sprache, Charisma, Timing etc., die jeweils unterschiedliche Resultate erzielen, aber emotional als Summe aufgenommen werden. Es ist kaum vorstellbar, dass ein Künstler eine 100%ige Abdeckung aller seiner Möglichkeiten bietet und doch kommt es vor. Michael Jackson war so einer. Und wenn diese Reise, dieser hoch qualitative Dialog zwischen Künstler und Zuschauern funktioniert, entlässt der Künstler beim Abgang sein Publikum auf einem emotionalen Hoch und mit dem nachhaltig guten Gefühl, etwas Besonderes erlebt zu haben. Ich kann mich an mein allerersten Open Air erinnern, 1970, als ich zum ersten Mal erlebte, wie es ist, unter hunderttausend Gleichgesinnten zu sein, die gleiche Musik zu lieben und die gleiche Lebenshaltung zu teilen. Es war ein einziges Meer von coolen Leuten, was vielleicht auch an der Atmosphäre heilender Kräuter gelegen haben könnte ... Nach diesen drei Tagen war ich so beseelt, dass ich mit einem Freund spontan per Autostopp nach Südfrankreich gefahren bin. Es wurde ein herrlicher Urlaub, ungeplant und improvisiert. Mein Gott, waren wir angstlos.

Der Regisseur einer Bühne bei einem Festival muss das gute Gefühl nach einem Auftritt benutzen, um die sensible Phase des Übergangs von einem zum nächsten Act so zu gestalten, dass die guten Gefühle anhalten, die Menschen vor der Bühne bleiben und der nächste Act bereits auf einem emotionalen Hoch einsteigen kann. Da wirkt eine gute Moderation Wunder, schon gar, wenn sie gute Gefühle verbreiten kann und etwas zu sagen hat. Beim legendären Woodstock Music and Art Festival 1969 wurden auch in dieser Beziehung richtige Schritte gesetzt. Die Moderatoren hatten entweder wichtige Informationen, etwa Warnungen, nicht auf die Lautsprechertürme zu steigen oder eine bestimmte LSD-Sorte auszulassen, weil sie leicht auf Horrortrip bringt, oder sie brachten einfach ihre eigene Emotionalität zum Ausdruck. Im Film erleben wir es ganz wunderbar, wie ein paar Hunderttausend gut gelaunte Kids »No rain!« skandierten, damals freilich ohne meteorologischen Erfolg, aber heute lässt es uns einen wohligen Schauer über den Rücken laufen.

Eine weitere Variante für gute Übergänge sind unterhaltsame Videos. Comics sind cool, Comedy ist ideal, aber plumpe Werbefilme aus dem Fernsehen sind störend. Werbende Unternehmen sind gefordert, ihrem Außenauftritt ein künstlerisches Add-on zu verleihen, filmischen Content zu finanzieren, um die Botschaft des Unternehmens auf eine völlig andere, vielleicht etwas schräge Art zu kommunizieren. Solche Filme sind auch im Netz einsetzbar, machen auf das Unternehmen aufmerksam, stellen es vor, nützen Philosophie, Sprache und Umsetzung zu einer künstlerischen Unterstützungserklärung. Das verbindet mit der Marke. Aber Vorsicht! Nichts ist auf einem Festival unwirksamer als Filmchen, die mich an meine Situation zu Hause oder, der Himmel möge verhüten, an meinen Arbeitsplatz erinnern. Das will ich dort so wenig wie im Urlaub.

Der Übergang ist also geschafft, das Publikum ist geblieben, die Atmosphäre ist entspannt und gleichsam freudig erregt. Die Technik auf der Bühne ist fertig für den nächsten Act. Der Moderator geht hinaus und sagt an: »Meine Damen und Herren, es ist mir ein ganz besonderes Vergnügen, Ihnen jetzt die fantastischen ... bla, bla ...« und endet lautstark mit dem Namen des Acts. Tobender Applaus und dann – nichts. Es ist nichts und es passiert nichts. Die zuvor aufgebaute emotionale Situation verliert schlagartig an Qualität, denn sie wird nicht belohnt. Statt einem großen emotionalen Opener schleichen jetzt ein paar Figuren auf die Bühne, die Zuschauer wissen nicht, sind es noch die Roadies oder schon die Musiker. Einige begeben sich zu ihren Instrumenten, aha, okay, also doch, und dann zählt jemand ein. Die Show geht los und muss bei 20 Prozent emotionaler Vorgabe anfangen, statt bei aufregenden 90 Prozent einsteigen zu können. Schade! Schade, weil es so einfach wäre, diese Killer-Lücke im Ablauf gar nicht erst zuzulassen. Richtig ist: Der Regisseur spricht sich mit den Akteuren bzw. deren Management ab, dass die Musiker gleichzeitig mit dem Moderator auf die Bühne gehen und sich bereitmachen, in ihr Intro einzusteigen, sobald der Moderator am emotionalen Höhepunkt seiner Arbeit ist. Smooth. Sinnvoll. Gut.

Das Geheimnis des perfekten Auftritts liegt also oft im Übergang von einem zum Nächsten. Dies ist ebenso bei entwicklungsorientierter Führung wie bei Change-Prozessen wichtig zu wissen. Werden neue Mitarbeiter ins Unternehmen eingearbeitet, ist das Erreichen der jeweilig nächsten Stufe zwar sehr bedeutsam, aber ebenso muss auf die Übergangsqualität geachtet werden.

Die gemeinsam beschlossenen Schritte eines Prozesses sollten nicht in aller Stille und Selbstverständlichkeit als abgearbeitet und erfolgreich übernommen verbucht werden, sondern jeder einzelne Schritt gehört gefeiert und gewürdigt – als gemeinsamer Erfolg aller Beteiligten von einem Level zum nächsten gekommen zu sein. Dieser Übergang unterstützt die nachhaltige emotionale Verankerung der Botschaften und stellt jedes Mal eine weitere Möglichkeit dar, Inhalte zu vermitteln. Der Übergang von einer Phase in die nächste trägt immer die Chance in sich, durch den Rückblick auf die erfolgreiche Arbeit den Vorausblick auf die noch zu erledigende angstfreier zu gestalten.

Das Verständnis für Übergangssensibilität in der Change-Dramaturgie hat sich ebenso verändert. Die einzelnen Phasen, Schritte, Ebenen, wie auch immer bezeichnet, hängen wesentlich von der Übertragungsfähigkeit der Phase davor ab. In den Übergängen werden Informationsverluste minimiert und werterhaltende Maßnahmen gesetzt, prozessual und emotional, Schleusen von einer Ebene in die nächsthöhere. Eine vorsichtige, aber konsequente Prozessarchitektur nutzt die Übergänge zur Absicherung der vorhandenen Wissens-Ressourcen und zur Inspiration für die nächsten. Die emotionale Vorarbeit bei der Erstellung von Change-Prozessen ist ein erfolgreiches Verfahren gegen Streuverluste und Qualitätsminderung und sorgt für Nachhaltigkeit. Dazu stellt es zusätzliche (emotionale) Tools für Kommunikation und Verankerung zur Verfügung. Die emotionale Begleitung solcher Prozesse sichert das Verfahren innerhalb der Struktur ab und kann sofort auf Irritationen und Krisen emotional reagieren.

Es geht um die Nutzung der Emotion als Kommunikations-Booster, als Verstärkung der Botschaften. Vertrauen wir unseren Emotionen und nutzen wir sie, egal ob in Change-Prozessen, beim Onboarding oder beim Festival als Übergang von einem super Act zum nächsten. Machen wir die Emotion zum Headliner!

Gefühle entscheiden, wer vorne liegt

34. Die emotionale Gage

Es ist so wichtig und wertvoll, dass wir zusätzlich zu unserer hygienischen Vergütung, also Geld, Position, Status, Auto und was weiß ich noch alles, vor allem eine zwischenmenschliche Belohnung bekommen, also Lob, Anerkennung, Beförderung und Respekt. Ich habe größten Respekt vor Menschen, die Berufe ausüben, die sich über Negatives definieren. Polizisten zum Beispiel, tagtäglich mit dem Bösen konfrontiert, erleben sich in der Öffentlichkeit entweder als Bedrohung (für die Bösen) oder als Erwartungshaltung an das Unmögliche (für den Bürger, der ohne Kriminalität leben will). Als ich begann, an meiner Vision eines Kultur-Fonds zu arbeiten, in den wir alle einzahlen können, damit Kunst und Kultur stattfinden können und an deren Erlöse wir dann mit Gewinn beteiligt sind, hat sich dies von einer einfachen und einleuchtenden Idee zu einer sehr komplizierten Aufgabe entwickelt. Ich werde über den Fortgang auf *sinnmacht.at* berichten. Im Zuge der Arbeitsmeetings ist mir aufgefallen, dass die Mitarbeiter der FMA Österreich, der Finanzmarktaufsicht, also jener Institution, die börsennotierte Unternehmen und ihre Beteiligungsprojekte auf deren

Rechtmäßigkeit überprüft, davon leben, misstrauisch zu sein, stets Unregelmäßigkeiten zu vermuten und zu entdecken, vielleicht sogar Betrug, aber selber nie etwas schaffen dürfen oder können. Ihre Aufgabe ist es, die Projekte anderer so durch die Mangel zu drehen, bis sie irgendetwas finden, ob gravierend oder marginal, das zu ändern, zu verbessern ist, oder etwas, das ein ganzes Projekt kippt. Niemand dankt ihnen das, jeder fühlt sich nur verfolgt und benachteiligt, sie sind ungefähr so weit vom Lob entfernt wie ein Porno-App des Vatikans … obwohl …

Die emotionale Situation eines Unternehmens überträgt sich unvermeidbar auf alle seine Kontakte. Ein wichtiger Teil davon ist die emotionale Gage, die Belohnung in anderer Währung. Sie versorgt nicht nur die emotionalen Konten mit Energie, sondern legt auch jene Reserven an, die in Krisenzeiten notwendig werden, um nicht zu verlieren. Die emotionale Gage befeuert Werte wie Loyalität, Identität, Stolz und ist wesentlich für eine Kultur der Kooperation. Wenn diese Gage nicht gezahlt wird, hat das Konsequenzen. In den meisten Fällen findet dann ein emotionaler Rückzug statt und erzeugt ein perfides Problem, das niemand entstehen sieht und das niemand verfolgen kann, ein interner und unveröffentlichter Vorgang. Wenn es zu sicht- und spürbaren Symptomen im sozialen Verhalten kommt, dann wird das sicherheitshalber als privat-persönliche Befindlichkeit interpretiert, die nichts mit dem Unternehmen zu tun hat. Das lässt die Menschen allein, befördert ihre Isolation, bestärkt den Rückzug und schließt einen traurigen Teufelskreis.

Wer die emotionale Gage ernst nimmt und sich mit dieser Währung rücksichtslos und selbstkritisch auseinandersetzt, was gewiss nicht einfach ist, kommt zwangsläufig zu dem Schluss, dass emotionale Bezahlung notwendig ist, aber nicht immer einfach, angesichts hierarchischer Strukturen und persönlicher Defizite. Viele Manager haben eine gestörte Beziehung zu Lob und Anteilnahme, das ist im künstlerischen Bereich ebenso wie im wirtschaftlichen, diese Werte werden oft als bedrohlich empfunden, als Schwäche definiert, was natürlich völlig absurd ist. Arbeitende Menschen brauchen Anerkennung, das wohnt uns inne, ist ein Grundbedürfnis, und bekommen wir zu wenig davon, werden wir schlechter, ob auf der Bühne oder im Büro.

Bei vielen Führungskräften ist es so, dass sie nicht wirklich an die Selbstverständlichkeit ihrer Position glauben und sie immer und überall rechtfertigen und unter Beweis stellen müssen, und das nervt. Das ist, als würde ein Profifußballer im Verein andauernd unterstreichen, wie gut er ist und wie wichtig und wie wenig er von seinen Mitspielern auf dem Platz bedient wird, weil er sonst noch mehr Tore schießen könnte. Der Mann wird dort nicht lange spielen. So wie es uns manchmal ein Rätsel ist, warum Fußballer mitunter ihr gesamtes Talent (einhergehend mit Millionen Euro) aufs Spiel setzen, indem sie sich abseits vom Platz saublöd benehmen, ihrem Ego den Vorzug vor dem sehr gut bezahlten Beruf geben und am Ende zu den Bedauerten gehören, die nicht einmal mehr in der Sparte »Was wurde eigentlich aus …« vorkommen.

Die emotionale Gage beinhaltet auch den »Bestätigungs-Gulden«, wie ich ihn nenne, eine emotionale Währung, die daraus besteht, dass jemand von seinen Führungskräften, Trainerinnen, Lehrern, Regisseurinnen, Direktoren etc. in seinen Talenten und Erfolgen bestätigt wird. Immer verbunden mit der Bedingung, seine Talente in aller Konsequenz zu pflegen und zu optimieren, um die nächsten Erfolgsstufen zu ermöglichen.

Die emotionale Gage hat einen gesundheitlich stabilisierenden Effekt. Wer sich geschätzt fühlt, hat weniger Probleme mit sich, aber Ungeschätzte leiden. Nicht ausgesprochenes Lob beugt erst die Seele, dann den Körper und schließlich den Geist – Burn-out. Schluss. Und alles nur, weil ein Leader nicht imstande war, sich über seine eigene

Geschichte hinwegzusetzen und einfach zu führen, emotional, empathisch und ergebnisorientiert.

Im Showbusiness gibt es das Phänomen von »niemals genug«. Nie genug Geld, nie genug Erfolg, nie genug Respekt, nie genug. Das Unerreichte ist so viel wichtiger als alles, was man schon erlangt hat. Wir bringen uns um den Genuss unserer harten Arbeit in diesem ohnedies grausamen Spiel und ignorieren unsere eigene emotionale Gage, indem wir sie einfach nicht beheben. Das mag seltsam klingen, aber es ist in vielen Fällen genau so. Manche Kreative haben eine starke instinktive Furcht vor Korrumpierung, sie haben Angst, dass die Quelle dessen, was ihre Kunst antreibt, die Vision, die Energie, die Leidenschaft, plötzlich versiegen wird, wenn es nicht um die Kunst selbst geht, sondern um egozentrisches Abfeiern von Erfolg und ja … Geld. Das, was Kunst befeuert, entzieht sich der menschlichen Kontrolle, wir können es weder ein- noch abstellen und es gibt keine Fernbedienung.

So wie es der wunderbare Joey Goebel (nicht verwandt, leider) in seinem Bestseller »Vincent« beschreibt: Ein junger Künstler schreibt die wunderbarsten Songs, wenn es ihm schlecht geht. Aber nur dann. Also schickt der Entertainment-Konzern, bei dem er unter Vertrag steht, eine Art Blues-Pfleger, der darauf achtet, dass der Künstler ja nicht happy ist und ständig den Blues hat, denn unglücklich ist er am besten. Zynische Einflussnahme auf künstlerische Energie. Aber Kunst kommt ohne ABS, ohne Joystick, ohne Navi, man fährt ab oder bleibt da. Und weil wir nur Gäste auf der »MS Kreativ« sind, müssen wir unseren Zugang schützen und immer darauf achten, dass wir aus den richtigen Gründen tun, was immer wir tun. Das kann man so weit treiben, dass wir uns den eigenen Erfolgen verweigern, um ja nicht in Gefahr eines Geisteswechsels zu geraten. Dieses Verhalten hinterlässt ein emotionales Vakuum, das mit Geld, Macht, Prominenz, Respekt etc. nicht gefüllt werden kann. Wir wissen, was fehlt, und es ist nicht ersetzbar: Wahrhaftigkeit. Deshalb ist Kunst so wichtig, weil sie für transzendente Wahrhaftigkeit sorgt, für einen emotionalen Zugang zur Welt und zum Leben, abseits von Zahlen und Strukturen. Kunst ist somit die emotionale Gage der Gattung Mensch an sich selbst und als solches nicht bezifferbar. Kunst ist gratis und sauteuer. Die Überprüfung erleben wir täglich: Wir hören einen Song, sehen einen Performer, ein Theaterstück, hören eine Opernsängerin oder sehen fasziniert einer Primadonna zu – wenn die Kunst wahrhaftig ist, bekommt sie einen zusätzlichen sinnlichen Booster, einen Zusatzantrieb, der direkt ins Herz geht.

Es ist meistens nicht beschreibbar, was da gerade passiert und warum es uns passiert, wir sind einfach nur berührt von einer Performance, einem Bild, einem Objekt, einem Buch. Und wenn wir das nicht sind, dann besteht die Möglichkeit, dass sich uns keine Wahrhaftigkeit erschlossen hat. Und die muss auch nicht unbedingt vom Individuum Künstler kommen, sie kann durchaus einer kollektiven Begehrlichkeit entspringen. Wenn eine Gesellschaft zum Beispiel eine große Sehnsucht nach alten Werten entwickelt, aus welchen wirtschaftlichen und sozio-psychologischen Gründen auch immer, dann erhält der Künstler diesen Kredit ungeachtet der objektiven Qualitätskontrolle (wenn es sowas überhaupt gibt), dann jubeln die Menschen und kaufen, weil sie hier ihre Werte vertreten sehen, während andere Kulturangebote verschmäht werden, sie passen halt gerade nicht ins Wertebild. Daher sollten wir vorsichtig sein, wenn wir etwa die, zugegeben schwer erträglichen, Ausscheidungen für Talenteshows im TV sehen. Da ist zunächst keine Wahrhaftigkeit zu sehen, außer der Illusion, im Fernsehen entdeckt und berühmt zu werden. Dennoch kann genau das passieren, sogar wenn jemand wirklich grottenschlecht ist, vielleicht aus Gaudi, vielleicht aus Häme, vielleicht aber auch, weil sich eine ganze TV-Nation darauf einigt, einem Loser zu folgen, quasi als Präsident aller Loser, die zuschauen. Der ist dann der wahrhaftige Leader, und alles, was er oder sie künstlerisch macht, ist automatisch wahrhaftig. Eine weise Frau hat mir einmal erklärt, als ich mal wieder lautstark den Kopf geschüttelt habe über so viel Hybris und Hysterie, dass ich mir immer im Klaren darüber sein sollte, dass der Markt entweder Orangen oder Bananen verlangt. Sie sagte: »Und wenn du eine Banane bist, werden sie dich nicht auf den Orangen-Markt lassen, egal wie gut du versuchst eine Banane zu sein, verstehst du? Warte, bis sie Bananen wollen, und dann sei die beste Banane der Welt.« Ich bin bereit und reif.

Die emotionale Gage, die wir uns im sozialen Raum zukommen lassen, ist wesentlich für unsere Kultur. Wird sie nicht eingefordert oder nicht ausbezahlt, so hat das wirtschaftliche Auswirkungen, für den Einzelnen und für die Organisation. Kommunikation ist der Schlüssel. Im Theater, im Konzertsaal, beim Festival kommt die emotionale Gage immer vom Publikum, aber sie ist eine trügerische Währung. Erstens kann sie ausbleiben. Selbst bei den gefühlt sichersten Vorstellungen und Stellen einer Performance kann es immer wieder vorkommen, dass etwas nicht funktioniert. Das ist ungemein interessant und aufregend und hängt meiner bescheidenen Meinung und Erfahrung zufolge mit der Dramaturgie des Publikums zusammen. Das soziale Erlebnis der Erregung, positiv wie negativ, ist eine starke Bindungskraft, der wir uns kaum entziehen können. Viel zu schnell wird die Publikumsreaktion für den Profi zur Gewohnheit, gehört zum Deal, ist selbstverständlich – und verliert so an Wert. Das ist schade, aber nicht zu ändern. Eine gewisse selbst auferlegte Demut als Disziplin kann Performer zumindest vor der vollkommenen Ablösung vom gemeinsamen Erlebnis schützen. Das mag seltsam klingen, aber es ist wirklich so, wenn wir nicht aufpassen, dann verbuchen wir das, was vor der Bühne im Publikum stattfindet, nur noch als automatische Reaktion auf das, was auf der Bühne von uns erfunden, übersetzt und platziert wird. Durch die Wiederholung und Voraussehbarkeit werden diese Reaktionen zur Selbstverständlichkeit und das ist eine gefährliche Entwicklung, die wir auf keinen Fall unterschätzen dürfen. Die Konsequenzen können künstlerisch und in der Folge natürlich auch wirtschaftlich verheerend sein.

Sozial vereinbarte Lacher sind das Kleingeld der emotionalen Gage, da droht künstlerische Verarmung. Deshalb ist eine gewisse Erwartungslosigkeit wahrscheinlich der richtige Weg, um gegen die Verführungen der Routine und der Arroganz des Erfolgs anzugehen. Ich persönlich habe das mein künstlerisches Leben lang ein wenig zu ernst genommen und mich vor jedem Auftritt regelrecht zu Tode gefürchtet, zumindest bei meinen eigenen Shows. Zwar ist es erträglicher geworden, aber ganz aufheben will ich das auch nicht. Es ist besser, mit schweißnassen Händen auf die Bühne zu gehen als mit eiskalter Arroganz. Ich habe mir angewöhnt, mich auf dem Weg von der Garderobe zur Bühne so gut es geht von jeglichen Erwartungen emotional reinzuwaschen und mich darauf einzustellen, dass ich jedes Mal von Neuem beweisen muss, wer ich bin und dass sich das Vertrauen des Publikums in mein Angebot lohnen wird.

Es ist immer noch eine freiwillige und persönliche Reaktion jedes einzelnen Zuschauers, niemand kauft sich ein Ticket für eine Veranstaltung, damit er oder sie dort wieder wie alle und mit allen reagieren kann. Die Unausweichbarkeit, die sich aus der Qualität des Vortrags ergibt, ist der Triumph der Kunst, wenn Zuschauer nicht anders können, als zu reagieren. Comedy ist deshalb so unerhört attraktiv für uns, weil die emotionale Gage sofort und in hör-, seh- und spürbarer Währung ausbezahlt wird. Gut, ganz so verlässlich ist die Ehrlichkeit der Reaktion dann auch nicht. Ich habe als Zuschauer Situationen erlebt, in denen das Publikum um mich herum zu Beginn der Show nahezu automatisch gelacht hat vor lauter Erwartungsfreude, das gibt es. Dennoch – das muss auch erst mal verdient sein. Nur haben diese etwas hysterischen Reaktionen eine erstaunlich kurze Halbwertszeit, denn relativ bald denkt (fühlt) die Zuschauerin: »Jetzt habe ich aber genug vorauseilende Kredit-Lacher abgegeben, jetzt ist es mal an der Zeit, überzeugt zu werden, damit es auch einen Return on Investment für mich gibt.«

Das kulturelle Ritual ist immer gelernt, umso wichtiger ist es, die emotionale Gage als energetische Maßnahme einzusetzen und zu nutzen, ob Kunst oder Management, ob backstage oder im Mitarbeitergespräch. Es ist höchst förderlich für die seelische Gesundheit und die Konstitution einer Gruppe, sich gegenseitig emotionale Gage auszuzahlen. Beim Abgang von der Bühne oder später in der Kantine: »Das war super heute, dieser Blick, diese eine Reaktion, der Ton, das stimmt total so. Hat mir gut gefallen.« Diese und ähnliche Worte von einem Kollegen sind irrsinnig viel wert, wie Sie sich vorstellen können. Ebenso funktioniert das aber in der Wirtschaftswelt: »Toll, wie du das machst in den Meetings, wie du alles zusammenhältst und beim Thema bleibst! Und deine Arbeitsstruktur ist super, von der profitieren alle hier.« Wie die emotionale Gewinnausschüttung auch aussehen mag, wir sollten davon ausgehen, dass sie ehrlich gemeint ist.

Mir persönlich war es stets sehr viel wert zu erfahren, was Kollegen über meine Leistung denken, in der Hoffnung, mich auf deren Ehrlichkeit verlassen zu können (was leider auch nicht immer der Fall ist). Das Publikum ist eine ambivalente Quelle und Kulturreporter haben ihre eigenen Interessen zu wahren und manchen geht es selten um Kunst. Als ich anfing mit dem Job, in den Siebzigern des letzten Jahrhunderts, hatte ich Gelegenheit, einige Kritiker kennenzulernen, die diese Bezeichnung verdient hatten und das auch immer wieder unter Beweis stellten. Diese Kritiken verteilten reiches emotionales Gehalt, weil sie verlässlich kompetent bei der (Kunst-)Sache blieben und konstruktiv agierten. Lob tat sehr gut, weil es aus berufener Feder stammte, und Tadel war ein Lernbeitrag, der dem Scheitern einen Sinn gab.

Heute sind jedoch manche in der Beurteilung dessen, was sie sehen, so oft von ihren eigenen emotionalen Tendenzapparaten überwältigt, dass sie nichts Verwertbares liefern können außer den Versuch, etwas zu verhindern, was sie selbst nie bewirken können oder dürfen. Ihre Leidenschaft, ihr Talent und ihr Mut haben für eine veritable Kunstkarriere vielleicht nicht gereicht, schienen aber ausreichend, um darüber zu schreiben, wie es die anderen machen, die gut genug sind, um sichtbar zu sein. Es ist relativ einfach abzusehen, dass diese nicht genommenen Ausfahrten auf der Autobahn eines Lebens sich irgendwann einmal rächen und mit jedem Kilometer schmerzhafter werden. In einer Umgebung, in der eine Kunst-Philosophie herrscht, die mitunter jene zu Künstlern erklärt, die mittelmäßig variieren, was andere gut erfunden haben, ohne selbst wesentlich für künstlerischen Progress zu sorgen, in der ist auch Platz für jene, die nur durch negatives Feedback auf die Bühne drängen. Ich kenne die emotionale Gage, die in der Beschädigung oder Zerstörung liegt, nicht, ich habe nie begriffen, wie jemand mit so viel Wut auf künstlerische Produkte losgehen kann. Natürlich haben wir alle schon Mist gesehen und gekauft, und uns steht es ja als Konsumenten auch zu, einfach nur enttäuscht oder sauer zu sein, wenn wir Zeit und Geld vertan haben, aber Profis, die darüber berichten und meinungsbildend sein sollen, die haben doch mit Verlaub besser zu sein und uns zu erklären, was falsch lief und wie es besser gehen könnte oder sollte. Stattdessen ergehen sie sich in hämischen Worthülsen und diffamierenden Unterstellungen, machen das Privatleben oder sogar die wirtschaftliche Situation eines Schauspielers für dessen Leistung auf der Bühne verantwortlich. Ich meine, geht's noch …?!

35. Innovation durch Investition oder: emotionale Vergütung

Im Jahr 2008 machten Mitglieder der Familie Rockefeller als Shareholder von Exxon-Aktien einen Vorstoß, um die Exxon-Unternehmensführung davon zu überzeugen, dass es eine gute Idee sei, maßgeblich in alternative Energien zu investieren. Ein Hauptinteresse dafür lag bei den Rockefellers im Image, wie sie in einem Interview mit dem *Wall Street Journal* zugaben, sie wollten »...den Ölfleck auf ihrem Namen loswerden«, wie sie sich ausdrückten. Der damalige CEO von Exxon wollte und konnte dem Druck der Rockefellers letztlich widerstehen und diese Strategie abwenden, er ging davon aus, dass die meisten Aktieninhaber kein Interesse daran hatten, zugunsten von ein paar grünen Ideen auf Dividenden zu verzichten.

Andere Vorstöße in anderen Unternehmen waren erheblich erfolgreicher, wie zum Beispiel die Bertelsmann-Mohn-Stiftung, die offenbar keine Probleme hat, die Ressourcen, die sie in ihre sozialen und gesellschaftsverantwortlichen Projekte investiert, vor ihren Anteilsinhabern zu rechtfertigen. Die jüngste Idee ist die Initiative »Wahl-O-Mat«, die über Pads und Smartphones junge Wahlberechtigte, die kaum mehr einen Bezug zur Politik haben, und ältere Bürger, deren politisches Verständnis gewachsen und gefestigt ist, verbindet, um eine Art politisches Mentoring zu ermöglichen, mit dem Ziel, die Wahlbeteiligung unter jungen Menschen zu erhöhen und gleichzeitig deren politisches Interesse anzufeuern. Coole Sache.

Der Trend ist klar feststellbar: Unternehmen erkennen immer mehr, dass sie gerade im Multimillionen-Sektor mit Innovation riesige Erfolge erzielen können, wenn sie nachhaltig und vernünftig in den öffentlichen Sektor investieren. Wenn Unternehmen mit ihrem Know-how und ihrer

Kommunikations- und Umsetzungspower an die akuten Probleme unserer gesellschaftlichen Entwicklung herangehen, dann sind allerdings nicht nur materielle Ressourcen gefragt. Die rein strategische Übernahme von gesellschaftlicher Verantwortung nur durch die Bereitstellung materieller Ressourcen hat sich mittlerweile sogar als das entpuppt, was es ist: institutionelle Gewissensberuhigung, unangenehme Notwendigkeit, unehrlich, mühsam und es wird von der Öffentlichkeit, vom Kunden, negativ aufgenommen. Es macht einfach keinen Sinn, Geld auf Probleme zu werfen und dann mit einem notdürftig befriedigten Corporate-Social-Responsibility-Gewissen wieder zu verschwinden.

Ich persönlich mag den Ausdruck der unternehmerischen Sozialverantwortung überhaupt nicht, unter anderem deshalb, weil er unterstellt, dass Unternehmen, die keine CSR-Projekte laufen haben, automatisch keine soziale Verantwortung aufbringen, und das stimmt einfach nicht. Genauso ist es überaus naiv zu glauben, dass wir als Konsumenten darauf hereinfallen, wenn sich ein Unternehmen irgendein soziales Mäntelchen umhängt und meint, wir alle seien sofort überzeugt davon, dass es sich hier um eine ganz tolle Marke handle, eine ausgezeichnete Unternehmenskultur mit lauter hehren Menschen an der Spitze. Im Gegenteil wissen wir sehr wohl, dass es bei Imageproblemen so wie bei Kulturproblemen immer die erstbeste Idee ist, in »irgendwelche« sozialen oder gesellschaftsverantwortlichen Projekte zu investieren, um seiner Marke einen positiven Spin zu geben. Das ist viel zu kurz gedacht, beleidigt die Intelligenz der Konsumenten und ihre Gefühle und ist deshalb auch sehr gefährlich. Denn nichts ist zerstörender für eine Marke, als wenn ihr nachgewiesen wird, dass ihr soziales Engagement nur Alibi und Augenauswischerei ist. Das rächt sich schnell und bitter.

Es geht vielmehr um die Erstellung von Analysen und

Prozessen. Es geht darum, ein Bedürfnis, eine Krise im öffentlichen Raum, etwas, das uns alle mehr oder weniger direkt betrifft, als Aufgabe zu erkennen und in Angriff zu nehmen. Mit den Tools modernen Unternehmertums lassen sich andere Lösungsmodelle erreichen und sehr viel schneller umsetzen, als wir es etwa von der Politik oder NGOs erwarten können. Und eine produktive Zusammenarbeit von Wirtschaft, Politik und NGOs ist noch viel effektiver, wenn sie denn zustandekommt. Die Idee, als Unternehmen seine Kapazitäten und Ressourcen in den Dienst der Gesellschaft zu stellen und in verantwortungsvoller Selbstbestimmung Prozesse und Strukturen zu erfinden, die sich der Probleme unseres Zusammenlebens annehmen, um sie in Erfolge zu verwandeln, wird als folgerichtiger Schluss mittlerweile nicht nur an den Universitäten der Welt gelehrt, sondern im unternehmerischen Raum bereits gelebt, und zwar mit großem Erfolg.

Joseph Nye, Professor an der Kennedy School of Government in Boston, nennt es das »Drei-Sektoren-Führungs-Konzept«, wenn Führungspersönlichkeiten imstande und willens sind, die drei Interessens-Sektoren Privatleben, Unternehmen und Soziales miteinander zu verbinden, ihre Schnittmengen zu erkennen und sinnvoll zu nutzen. Dies erfährt als Modell für modernes Management immer mehr Anerkennung, weil es den Anforderungen der Wirtschaft, der sozialen Verantwortung und der persönlichen Wertehaltung entspricht und von den Konsumenten auch so erwartet wird. Wenn ich ein Telekommunikations-Unternehmen vertrete, und eine Mitarbeiterin bastelt in ihrer Privatzeit an einer Social App, um die Bedürfnisse, Sorgen und Aufgaben von Menschen zu sammeln und zu veröffentlichen, denen es nicht gut geht, damit andere User ihrerseits Angebote machen können, um sofort und unbürokratisch zu helfen, dann sollte ich das positive Potenzial dieser Aktion und dieser Mitarbeiterin für meine Marke erkennen, ihr Zeit und

Ressourcen zur Verfügung stellen und als Unternehmen das Projekt stützen und nutzen.

Insofern übernehmen Manager immer mehr Funktionen und Arbeit aus Politik und Gesellschaft, befruchten diese mit neuen Perspektiven und Arbeitsweisen und bieten der rein altruistischen Philosophie von NGOs einen zusätzlichen pragmatischen Zugang. Alle gewinnen. Wo ein Wert ist, ist auch ein Weg. In Amerika gibt es einen regen Betrieb von Managern zwischen öffentlichen Ämtern, NGOs und rein wirtschaftlich ausgerichteten Unternehmen. Immer mehr Führungskräfte nehmen sich sogar ein oder zwei Jahre Auszeit, um in politischen Gremien mitzuarbeiten, von lokalen Anliegen bis zur Beratung von Regierungen. Die Managerinnen und Manager schwärmen von dieser Erfahrung, es habe ihre Perspektiven, ihre Werte und ihre Wertschätzung für politische und soziale Verantwortung wesentlich gestärkt. Das funktioniert in jede Richtung. Michael Bloomberg, Ex-Bürgermeister von New York City, zog direkt von der Wall Street ins Rathaus. Sheryl Sandberg, COO von Facebook, war vorher Stabschefin im US-Finanzministerium. Barack Obama war vor seiner politischen Karriere als Anwalt in gemeinnützigen Einrichtungen sehr aktiv, setzte sich für Aids-Prävention ein, für die Rechte von Schwulen und Lesben und noch als Gouverneur von Illinois kämpfte er für eine bessere Gesundheitsversorgung von Arbeiterfamilien.

Was hat das mit den Problemen von Unternehmen und Wirtschaft zu tun? Nun, viele vermeintlich eindimensionale Probleme sind, wenn man sie gründlich analysiert, in Wirklichkeit fast immer multidimensional, wirken übergreifend in den sozialen Sektor, haben gesellschaftspolitische Relevanz und müssen daher auch in einer multi-dimensionalen Arbeits- und Denkweise angegangen werden. Die dreidimensionalen Führungspersönlichkeiten der Zukunft werden sich einerseits durch ihr ganz persönliches Interesse bilden, wenn Personen sich für Anliegen interessieren, die ihnen nahegebracht werden oder zu denen sie einen persönlichen Zugang haben, und andererseits durch die gezielte Erweiterung der wirtschaftlich-akademischen Ausbildung auf interdependente Zugänge. Sollte diese Entwicklung nicht in jenem Maße und Tempo stattfinden, in dem sich die Anforderungen der Märkte verändern, dann werden wir rasch und stark gegen Länder wie Brasilien, China und Indien verlieren, denn diese sind es gewohnt, übergreifend zu denken und zu handeln, es ist Teil ihrer Kultur.

Wenn sich ein Unternehmen entschließt, bildungsfremde oder bildungsenteignete Jugendliche von der Straße zu holen, um sie in weiterführende Programme zu involvieren, dann hängt der Erfolg wesentlich von den Incentives ab. Die Verweigerung des öffentlichen Schulangebots durch Jugendliche passiert ja, weil eben keine verlässlichen Incentives angeboten werden. Junge Menschen aus bildungsfremder Umgebung sehen nur den Lernaufwand in der Gegenwart und keine Hoffnung für die Zukunft, sie sehen keine Aussicht, dass sich der Lernaufwand auch irgendwann mal auszahlt, es herrscht Belohnungsunsicherheit. Fazit: Verweigerung. Wird dem Interessierten jedoch ein sicherer Job angeboten, unter der Voraussetzung, dass er oder sie ein bestimmtes Programm erfolgreich beendet, dann ist das ein Incentive, ein Anreiz, ein Ausblick, der es schon schwerer macht, sich der bequemen Verweigerung weiter hinzugeben. Der Schneeballeffekt ist ebenfalls unübersehbar, und zwar in beide Richtungen, denn immer mehr Jugendliche betrachten diese Möglichkeiten als Hoffnung, und so kommen zunehmend häufiger junge, entschlossene Menschen zu Unternehmen und bringen eine grundsolide, loyale Einstellung mit, die gepaart mit einer gewissen Street-Credibility und Coolness enorme Kräfte im und für das Unternehmen entwickeln kann. Pures Gold für die Kultur, für die Diversität im Unternehmen, für Employer Branding, für Innovation und vieles mehr.

Gebildete Konsumenten sind die besseren Konsumenten, weil sie mehr Geld auszugeben haben als wenig gebildete Menschen, die an der Überlebensgrenze dahinvegetieren müssen. Haben Mitarbeiter, die aus solchen Programmen kommen, einmal den Duft des Erfolges in der Nase, haben sie einmal erlebt, was es für ein fantastischer Rush sein kann, wenn man etwas geschafft hat, eine Prüfung, ein Aufstieg durch Leistung, eine Beförderung, dann werden diese Mitarbeiter in jeder Hinsicht ihre gesamten Kapazitäten dafür einsetzen, dass es so weitergeht, dass sie dieses Gefühl wieder erreichen, weil es als Gefühl weit über ihre Arbeitswelt hinausgeht. Und sie werden bereit sein, dafür zu leben. Die Kommunikation solcher sozial-unternehmerischen Projekte ist eine sensible Aufgabe. Auf der einen Seite ist der wirtschaftliche Aspekt zu achten, allein schon weil es in der Verantwortung der zuständigen Entscheider liegt, die erwirtschafteten Gelder auch in vertretbare Projekte zu investieren. Auf der anderen Seite ist der emotionale Wert solcher Investitionen unermesslich, sowohl für die Unternehmenswerte als auch für die Werte des Unternehmens.

Nach außen wirkt diese Philosophie vertrauensfördernd und attraktiv, vor allem, wenn sie interaktiv gehalten wird, etwa über Social Media. Kaufentscheidungen hängen nachweisbar auch mit dem Werteangebot des Anbieters zusammen, und wenn auch nur als flankierende Maßnahme, so können sie den entscheidenden emotionalen Ausschlag für die Kaufentscheidung geben. Damit werden die Unternehmenswerte gesichert und der Wert der sozialen Projekte gesteigert.

Nach innen bedeutet die Philosophie der »geschäftlichen Erneuerung«, wie Clayton Christensen es nennt und lehrt, dass zusätzlich zu den hygienischen Anforderungen, also den selbstverständlichen Belohnungen wie Gehalt, Position sowie etwaigen Zusatzleistungen, ein emotionales Gehalt dazukommt, gewissermaßen ein Werte-Bonus. Die Gewissheit, dass ein Unternehmen seine Erfolge solcherart anerkennt, teilt und einsetzt, ist nach innen sinnstiftend und stellt eine Einladung für weitere Involvierung der Mitarbeiter dar. Nach außen bietet es ein Bekenntnis zur Werte-Teilung für Konsumenten und Partner. Es bedient die Integrität und befeuert die Emotionen. Der Sinn ist die maximierende Energie hinter dem Handeln. Es ist wichtig, immer wieder klarzustellen, warum diese Arbeit so stattfindet, was die Win-win-Situation für alle ist und welche Philosophie dahintersteckt. Keinesfalls darf zugelassen werden, dass diese Aktivitäten und Projekte in etwaigen internen Auseinandersetzungen als »Festnagel-Argumente« missbraucht werden, wenn etwa bei Verhandlungen das eine gegen das andere verwendet wird.

Deshalb ist es so wichtig, dass diese Projekte durch interne und externe Kommunikation zielgerecht und botschaftstreu begleitet werden, damit ein unternehmensweiter Konsens darüber erzielt werden kann, hinter dem alle stehen können. Das könnte das Missing Link sein, das die monumentale Schere zwischen Arm und Reich zwar nicht aufheben, aber zumindest sukzessive vermindern könnte. Wirtschaft und Industrie, so sie sich auf diese Philosophie einigen können und durch materielle und strukturelle Ressourcen auch entsprechenden Einsatz zeigen, sind in der Lage, die großen und wichtigen Fragen des Zusammenlebens im 21. Jahrhundert anzugehen und irgendwann auch beantworten zu können. Wenn die weit auseinanderklaffenden Scherenblätter der sozialen Realität, in der Menschen ob ihrer Herkunft, ihrer Religion, ihrer Hautfarbe oder was auch immer unterschieden und in Gewinner und Verlierer eingeteilt werden, sich harmonisch singend aufeinander zu bewegen, in einer Choreografie des guten Willens, zur Musik der Sinnhaftigkeit, das wäre schon eine prächtige Vorstellung unserer Gesellschaft. Okay, jetzt geht der Musical-Mann mit mir durch …

Fest steht, dass es immer und in jeder Situation eine gute Idee ist, wenn ein Unternehmen sich aktiv um Fragen der Gesellschaft kümmert. Keine Alibi-Aktionen, keine Checkbox-Attitüde, keine strategischen Maßnahmen, sondern echtes Interesse und echte Ressourcen. Dann werden alle davon profitieren, vielleicht nicht direkt und auch nicht immer und unmittelbar in Zahlen überprüfbar, aber in jedem Fall mit emotionalem Profit intern und Markenstärkung extern.

Um das aber zu erreichen, ist jeder Einzelne von uns aufgerufen mitzuwirken. Jeder von uns kann in seinem Umfeld ansetzen. Seien Sie aktiv! Besprechen Sie Maßnahmen in der Firma, setzen Sie den ersten Schritt, überzeugen Sie Ihren Chef von der Sinnhaftigkeit einer Maßnahme! Wenn ich persönlich in den öffentlichen Raum investiere, wenn ich meine Zeit und meine Energie in die Entwicklung und Pflege öffentlicher Anliegen lege, dann muss ich davon ausgehen, dass es keine adäquate finanzielle Rückvergütung dafür gibt, ebenso wenig wie eine emotionale, etwa Lob oder Anerkennung. Alles, was ich mir davon erwarte, muss ich mir selbst zur Verfügung stellen, meine eigenen Gründe und meine eigenen Belohnungen, mein Handeln nicht von Erwartung und Erfüllung abhängig. Erst dann kann ich einen Gewinn daraus erzielen, wie auch immer der aussehen mag. Helfe ich einmal pro Woche bei der Suppenausgabe an Obdachlose, kann das meine eigenen Probleme, Sorgen und Baustellen in Perspektive setzen, fahre ich als Pfleger in einem Krankenwagen mit, entwickle ich vielleicht einen anderen Zugang zu meinem Körper und meiner Gesundheit. Die aktive Beteiligung an Themen des öffentlichen Raums sorgt für soziale Vernetzung und Auseinandersetzung, für neuronales Training und Kommunikationsfitness. Ernst zu nehmende emotionale Vergütung.

36. Innovation und Eiscreme

Ich wurde eingeladen, einen Change-Prozess in einem großen Unternehmen zu begleiten. Die Auftraggeber wünschten sich eine Talkrunde mit externen Fachleuten zum Thema Innovation. Eingeladen waren: ein Zukunftsforscher, ein CEO eines extrem innovativen Unternehmens und ein Vertreter aus der Technologie-Branche. In der Vorbereitung besprachen wir die Themenbereiche, durch die ich die Runde führen sollte. Ich wollte aber lieber zuerst darüber reden, für wen die Veranstaltung und was Sinn und Aufgabe der Übung sei. Ich erfuhr, dass diese Veranstaltung für das Topmanagement gedacht war. Aufgabe war es, dieses auf »Innovative Leadership« einzustimmen, damit im Anschluss die Mitarbeiter davon überzeugt werden konnten, im Sinne einer innovativen Unternehmensphilosophie zu denken und zu handeln. So weit – so richtig – so wohlklingend. Vielen Führungspersönlichkeiten reicht es ja leider bereits, wenn es nur gut klingt, sich gut liest, gut vorstellbar ist. Man stellt die Forderung und erklärt die Notwendigkeit, mehr kann man nicht tun. Eine Art Wunschzettel ans Universum. Wenn es dann trotzdem nicht klappt mit der Innovation, sind andere schuld oder eben das Universum.

Zurück zu meiner Vorbesprechung. Wir klärten also die Themenbereiche und die Fragen an die Fachleute der Talkrunde, und jedes zweite Wort war Innovation. Ich bekam langsam das Gefühl, dass es sich dabei um Schlagwort-Fetischismus handelte, wenn man sich gegenseitig mit Phrasen drischt und lustvoll einen Arbeitsnachweis verspürt. Alle gingen bereits davon aus, dass die Reaktionen auf die Veranstaltung im Nachhinein positiv sein würden, denn wer hat schon offiziell etwas gegen Innovation einzuwenden? Ich versuchte den Leiter des Projektes darauf aufmerksam zu machen, dass wir es nicht nur mit einem Wort zu tun haben, sondern mit einer Haltung, einer Philosophie und mit entsprechenden Emotionen, vor allem der omnipräsenten Angst. Ich hatte den Eindruck, dass er mir in diesen Überlegungen nur ungern folgte, aber meine Argumente waren zwingend, sodass er meiner Vorgangsweise zustimmen musste. Eine unausgesprochene emotionale Gegenwehr war für mich aber deutlich spürbar, und das machte mich etwas nervös. Um meinen Job so gut wie möglich zu machen, sind klare Zielvorgaben und entsprechende Botschaften wesentlich. In diesem Fall hatte ich aber eher das Gefühl, dass es zu viel Verständnis, ja sogar eine Art von überlebensgesteuerter Solidarität für die innovationsfeindliche Haltung, die unausgesprochen im Hintergrund des Unternehmens herrschte, gab. Diese Haltung wirkte auf mich wie das Resultat aus jahrzehntelanger Unterdrückung und einem daraus entstandenen Sicherheitsdenken. Ich war mir nicht sicher, ob genau jene, die ausgesucht worden waren, den philosophischen Change im Unternehmen zu implementieren, ihrerseits diesen Change überhaupt schon vollzogen hatten. Mein Gefühl sollte mich nicht trügen.

Ein paar Tage später bekam ich vom Projektleiter ein E-Mail, in dem er mir mitteilte, dass ich bitte Sprache und Wording, auf die ich als wesentliche Maßnahme für Innovation und Change hingewiesen hatte, als Thema für den Talk zu ignorieren habe. Der Grund: Man habe ein Seminar zum Thema Unternehmenskultur geplant und da werde es um die Sprache gehen und man möchte dem nicht vorgreifen. In dem Moment wusste ich, dass mein Radar recht gehabt hatte.

Mir wurde einmal mehr bewusst, dass Verantwortliche in Unternehmen gar nicht früh genug beginnen können zu hinterfragen: Haben wirklich alle verstanden, worum es geht? Haben alle den Sinn der Aktion begriffen? Es ist einfach, etwas zu verlangen, ohne sich um die richtige Vermittlung und Umsetzung zu kümmern, und wenn die Resultate dann nicht eintreffen oder unbefriedigend sind, wird halt irgendwer in der Nahrungskette entsorgt. Der unternehmerische »Sündenbocksprung« kommt in nahezu jedem Pflichtprogramm vor, wenn auf dem dünnen Eis des Stillstands getanzt wird. Das Problem ist nicht gelöst, aber ein Schuldiger gefunden. Das reicht als Reaktion. Wir haben es mit dem Phänomen zu tun, wenn Kommunikationsabteilungen oder externe Agenturen den Auftrag erhalten, etwas zu kommunizieren, was sie selbst ganz offenbar noch nicht begriffen haben. Dies können oder wollen sie natürlich weder vor sich selbst noch vor den Vorgesetzten oder Auftraggebern eingestehen, wohl aus Angst, als für die Position unqualifiziert zu erscheinen. Dabei macht sie erst die Tatsache, dass sie Unklarheiten negieren, zu unqualifizierten Mitarbeitern, denn nur wer fragt, gewinnt. Die interne Kommunikationsabteilung verkommt zur gemeinen Übermittlungsagentur von Begriffen und Worthülsen. Die Unternehmensführung wiederum lässt ihrerseits eine Begriffsgläubigkeit zu, die da heißt: »Wenn sich die Abteilung ›Interne Kommunikation‹ nennt, kann man doch beruhigt davon ausgehen, dass sie das, was sie kommunizieren, auch verstanden haben.« Wenn nicht, rollen Köpfe. Das Problem: Die Köpfe werden rar.

Das Thema Sprache bei einer Innovationsdiskussion mutwillig zu vermeiden, um es für eine andere Veranstaltung »aufzusparen«, ist ein fataler Irrtum auf so vielen Ebenen und kann von der ursprünglichen Aufgabe weiter nicht entfernt sein. Es herrscht fantastischer Notstand.

Als Partner bin ich verpflichtet, mein Wissen zu teilen, aber in diesem Fall hatte ich keinen solchen Auftrag. Ich war nicht aufgerufen, die verschiedenen Ebenen und Abteilungen des Unternehmens auf ihr Selbstverständnis und ihre emotionale und sozial intelligente Kompetenz zu evaluieren, sondern ich wurde von der Abteilung beauftragt, bestimmte Botschaften zu vermitteln. Und wenn es nun hieß, dass wir zwar über Innovation sprechen, aber nicht über Sprache, weil diese als Thema einer anderen Veranstaltung zugerechnet wird, so hatte ich dies zu akzeptieren. Zu diesem Zeitpunkt hatte ich meinen lang gehegten neurotischen »Verkünderauftrag« bereits abgelegt, ich musste nicht mehr den »Überzeuger« machen, eine Manie, die ich meiner Sozialisierung im politisch ausgerichteten Jahr 1968 zuspreche. Im Talk auf der Bühne war es natürlich nicht mehr zu verhindern, dass über Sprache diskutiert wurde, und es war eine der spannendsten Phasen der Veranstaltung. Es scheint, dass sich in diesem Zusammenhang eine gewisse Checkbox-Philosophie noch fester etabliert hatte als befürchtet, und es ist schade, dass man noch immer versucht, wichtige Themen einfach abzufrühstücken. Wir lieben ja die Checkbox, sie bietet eine angenehme Bewertungsgrundlage, auf die man sich geeinigt hat: Haken in der Box heißt erledigt. Und genau da liegt der Irrtum. Wenn der Auftrag ergeht, Innovation mittelfristig und dauerhaft als Denkweise im Unternehmen zu installieren, und die entsprechende Abteilung beschließt, die Sprache dabei nicht zu thematisieren, dann ist die Veranstaltung ihrer Sinnhaftigkeit beraubt. Wie bei einer Meisterschaft im Bogenschießen, aber ohne Pfeile.

Einer der erfolgreichsten Unternehmensberater weltweit, Vijay Govindarajan, der so mächtige Unternehmen wie General Electric und IBM berät, vertritt die Theorie, dass Innovation immer mit Scheitern zu tun hat und man dieses Scheitern ökonomisch klug und vernünftig einsetzen muss. Er nennt es »Das disziplinierte, kostenschonende, innovative Experiment«. Er geht in vier Schritten vor:

1. Machen Sie eine Liste mit allen unbekannten Faktoren, mit denen Ihr Projekt konfrontiert ist, wie etwa: Verstehen Sie das Problem Ihrer Kunden und wird Ihr Lösungsvorschlag dieses Problem auch behandeln? Wie viele Einheiten werden Ihre Kunden kaufen? Wie sicher sind Sie, was Ihre

Produktionskosten betrifft, Ihre Marketingstrategie, Ihre Mitbewerber?

2. Benoten Sie Ihre Informationen mit eins bis fünf. Wissen Sie genau, was Ihre Kunden wollen, so benoten Sie diesen Punkt mit einer Eins, sind Sie sich überhaupt nicht über den konkurrierenden Markt im Klaren, dann wäre das eine Fünf.

3. Benoten Sie, wie viel Unheil es für Sie und Ihr Unternehmen bedeuten würde, wenn Sie die unbekannten Faktoren nicht klären würden oder könnten. Wenn dies keinerlei Folgen hätte, so geben Sie dem eine Eins. Wenn die Klärung das gesamte Innovationsprojekt gefährden würde, so geben sie dem eine Fünf.

4. Platzieren Sie die am höchsten bewerteten Unbekannten an erster Stelle. Jetzt addieren Sie alle Ergebnisse, und die mit den höchsten Ratings sollten jene sein, die Sie zuerst angehen, denn die sind die heiklen angenommenen Faktoren. Die Vorgangsweise heißt: Investieren Sie wenig – lernen Sie viel. Finden Sie kostenschonende Möglichkeiten, um Ihre Annahmen zu überprüfen.

Innovation ist Dynamik, machen wir uns nichts vor. In einem adynamischen Unternehmen wird es kaum zu Innovation kommen. Schumpeter sagt: »Neue Dinge durchzusetzen, ist schwierig und bedarf genauer wirtschaftlicher Grundlagen, erstens weil sie außerhalb jener gewohnten Aufgaben liegen, die alle verstehen, und zweitens weil die Umgebung sich dagegen wehren wird, und zwar in vielerlei Hinsicht, abhängig von sozialen Konditionen, von der einfachen Verweigerung bis zum physischen Angriff auf den Mann, der versucht diese Neuigkeit zu produzieren.« Steve Siebold, ein anerkannter Coach für Sprache und Vortrag, der in den USA viele große Namen aus Wirtschaft und Industrie betreut, sagte einmal: »Wenn du mit deinem Vortrag nicht einen einzigen im Publikum sauer machst, dann ist dein Vortrag viel zu Vanille.« Innovation ist also eine kulturelle Situation im Unternehmen. Diese Situation muss bewusst geschaffen und betreut werden, ihre Ziele müssen definiert und veröffentlicht werden. Es geht zunächst weit mehr um Philosophie und Mindset als um Ideen und Produkte. Innovation bedeutet andere Zugänge zu Aufgaben und Problemen, andere Perspektiven auf Ziele und Umsetzungsmöglichkeiten zuzulassen und anzuwenden. Innovation ist Mut.

Zum Abschluss dieses Kapitels möchte ich Ihnen noch eine kurze Geschichte von Ben & Jerry's« Kampf ums Eis erzählen, denn sie zeigt, wie sehr Mut und Wille zur Innovation den Unterschied zwischen Erfolg und Untergang ausmachen.

Es war 1987. Ben Cohen und Jerry Greenfield hatten gerade den Börsengang ihres jungen Unternehmens »Ben & Jerry's« verkündet, das sehr erfolgreich neue Eiscreme-Produkte anbot. Die Anteilskäufe schossen in die Höhe und bald traten sie in direkte Konkurrenz zu Häagen-Dazs, einer traditionellen amerikanischen Spitzenmarke in Sachen Eiscreme. Dann wurde Häagen-Dazs von Pillsbury übernommen, einem US-Lebensmittelgiganten. Kurz darauf meldete sich ein unabhängiger Lieferant bei den beiden Jungunternehmern mit seinen Problemen. Bei einem Meeting in einer diskreten Ecke eines Flughafen-Restaurants informierte er sie darüber, dass Pillsbury ihm gedroht hatte, sollte er weiterhin »Ben & Jerry's«-Produkte verkaufen, werde man ihm kein Häagen-Dazs-Eis mehr liefern. Der Lieferant mochte Ben und Jerry, sowohl die Personen als auch ihre Produkte, aber Häagen-Dazs war die erfolgreichste Marke in seinem Angebot, und er konnte es sich nicht leisten, seinen Kunden diese Produkte vorzuenthalten. Er hatte keine Chance, er musste »Ben & Jerry's« aus seinem Sortiment streichen. Die anschließende Reaktion der Unternehmer war ein beispielhafter Moment in der Geschichte dieser jungen Company. Pillsbury hatte klar gegen die Handelsgesetze verstoßen, aber eine gerichtliche Auseinandersetzung hätte das eigene Unternehmen mit Sicherheit in den Konkurs getrieben, auch wenn sie am Ende recht bekommen hätten. Also wandten sich die beiden an eine weitaus verlässlichere Kraft zur Durchsetzung ihrer Interessen – ihre Kunden. Sie veröffentlichten eine PR-Kampagne mit dem Titel »Wovor fürchtet sich der kleine Teigjunge?« (eine kleine Figur aus rohem Backteig war das Erkennungszeichen, das Brand-Icon von Pillsbury-Produkten) und forderten ihre Kunden auf, aktiv zu werden. Sofort wurde der Vorstand von Pillsbury mit empörten Kundenreaktionen beschossen, die Medien nahmen die Geschichte genüsslich auf und berichteten ihrerseits vom »Krieg ums Eis«. Schnell hatte der kleine Teigjunge zwei blaue Augen und heftige Reputationsverluste, schließlich gab Pillsbury auf. Die unabhängigen Lieferanten durften weiterhin unabhängig bleiben und »Ben & Jerry's«-Eiscreme anbieten und verkaufen.

Sinnvolles Handeln bedeutet oft, eben nicht die vordergründig schlüssigen Wege zu beschreiten, sondern auch in den Reaktionen auf Markt und Konkurrenz andere Perspektiven und Lösungen zuzulassen und mutig umzusetzen. Gefühle entscheiden. Ein Lehrstück in Vanille und Zitrone.

37. Auszubrechen macht Sinn und gute Gefühle

In der Entertainment-Industrie ist es eine Selbstverständlichkeit, aufmerksam zu bleiben, geschmackliche Bewegungen am Markt zu beobachten und aus den eigenen Produkten neue Produkte zu erzeugen. Sehr gut zu beobachten ist das bei Spin-offs von TV-Produktionen, wenn aus einer Figur die nächste Serie entwickelt wird. »Frasier« aus »Cheers«, »Curb your enthusiasm« aus »Seinfeld« oder

»Stockinger« aus »Kommissar Rex«. Musikunternehmen wie Filmindustrie müssen ständig auf der Suche nach dem nächsten Marktleader sein, sie müssen sie finden oder erzeugen. Aber sie tun's nicht. Sie sind so in ihre laufenden Erfolge verliebt, dass sie nicht mitkriegen, wie ihnen die besten Künstler durch die Lappen gehen, die großartigen Ideen von anderen aufgenommen werden und die nächsten fetten Erfolge auf die Konten neuer, junger, mutiger Mitbewerber gehen. Gut so.

Kodak, dieser Foto-Gigant, Riesen-Player im globalen Fotobusiness, reagierte 1975 mehr oder weniger einhellig auf seinen Mitarbeiter Steve Sasson, als dieser die Digitalfotografie erfunden hatte: »Ganz nett, aber sag's niemandem.« Sie konnten sich nicht vorstellen, dass Fotografieren ohne Film jemals denkbar sein würde. Nicht einmal 1981, als eine Studie, die sie in Auftrag gegeben hatten, um zu eruieren, ob die Digitaltechnologie ihr Geschäft bedrohen könnte, ergab, dass sie etwa noch zehn Jahre hatten, um auf Digital umzusteigen (siehe *The New York Times*, 5/2/2008). Sie wollten es nicht glauben. 2012 war die Insolvenz da. Ganz nett den Zug verpasst.

Das Buch »The Innovators Dilemma: Warum etablierte Unternehmen den Wettbewerb um bahnbrechende Innovationen verlieren« des Harvard-Professors Clayton Christensen stellte einen neuen Zugang vor, mittels dessen neue Märkte, neue Absatzformen und neue unternehmerische Ziele und Aufgaben zu erkennen und zu nutzen sind. Er ging davon aus, dass es einem Unternehmen in der Regel sehr schwer fällt, sich aus eigenem Antrieb zu verändern, gemeinhin wartet man, bis der Druck von außen, über Märkte, Mitbewerber und Konsumenten so groß wird, dass es keine andere Wahl mehr gibt als die Veränderung. Zu diesem Zeitpunkt ist Ihr Unternehmen aber bereits im Nachteil und wird von jenen überholt, die Sie vorher ignoriert oder unterschätzt haben.

Die Taktik des innovativen Ausbrechens dagegen *(„Innovative Disruption“)* sorgt dafür, dass Unternehmen sich aus eigenem Antrieb für neue Absatzmärkte, Produkte und Dienstleistungen interessieren und diese dann bedienen, zu einem Zeitpunkt, an dem sich sonst noch niemand damit befasst.

Um diese Sichtweise zu erlangen, ist eine emotionale Betrachtung des Gesamtbildes von größter Bedeutung. Die emotionale Unternehmensführung konzentriert sich auf Abläufe und Muster, man überlegt bei jedem Schritt und in jeder Stufe des Prozesses, was nutzbar und wertvoll sein könnte, man lässt die beiden Bluthunde »Kreativität« und »Fantasie« an den Klamotten der Innovation schnüffeln und dann von der Leine.

Die gleiche Vorgehensweise funktioniert auch für die persönliche Karriere. Sie suchen Bedürfnisse, die entweder im eigenen Unternehmen oder außerhalb nicht oder nicht ausreichend befriedigt werden und widmen sich diesen dann in einer Qualität, die starke Nachfrage nach sich ziehen muss.

Bei der Suche nach neuen Geschäftsfeldern ist es wesentlich, seine eigenen Stärken und Besonderheiten einzubringen, also das, was man besonders gut kann und was die meisten anderen Anbieter nicht können. Dazu gehört auch die Strategie, mitunter einen Schritt zurück bzw. zur Seite zu gehen, um sich und/oder seinen Markt gegebenenfalls zu überprüfen. Fest steht: Es ist allemal besser, etwas Neues zu machen und möglicherweise damit auch zu scheitern, als zu versuchen, im Wettbewerb um das, was es schon gibt, so lange wie nur möglich mitzuhalten. Unternehmen wie Personen tun sich schwer, ihren Fokus von den großen, bestimmenden Märkten weg hin zu kleineren und profitablen Feldern zu richten. Hier ist es auch nicht unbedingt erforderlich, großartige Markt- und Bedürfnisanalysen anzustellen, Ziele und Quoten zu definieren, sondern sich eher auf Intuition als Strategie zu verlassen, zu entwickeln,

Reaktionen einzuholen, verwerten, lernen, justieren, sich behaupten. Es sind emotionale Schritte, die entschlossen gegen die vermeintliche Sicherheit des Wohlstands vorgehen, gegen den eigenen Strom schwimmen, und es braucht Mut, Überzeugung und Geduld. Unternehmen wie Apple, Amazon, eBay, Google und viele andere sind genau so entstanden, und auf diese Weise kann es auch mit Ihrer persönlichen Karriere gehen.

Jeder von uns arbeitet auf einem Gebiet, in einer Branche, wo es immer etwas zu entdecken gibt, zu verbessern. Wenn wir es uns erlauben, diese Entdeckungen zu machen, uns vorzustellen, wie etwas gehen könnte, funktionieren könnte, dann können wir es auch umsetzen. Nicht jeder arbeitet freilich für 3M, wo Mitarbeiter regelrecht aufgefordert werden, sich etwas Neues, etwas anderes einfallen zu lassen und auch am Erfolg beteiligt werden. 1000 neue Patente im Jahr! Aber jedes Unternehmen sollte daran interessiert sein, wenn Mitarbeiterinnen etwas erkennen, Ideen haben und diese entwickeln. Besser als sie kündigen, machen sich selbstständig und werden zu Konkurrenten. Eine gute Idee ist nicht aufzuhalten, siehe Kodak, es kommt nur drauf an, wer sie umsetzt, Sie oder die anderen?

Ich habe sehr früh in meiner Zusammenarbeit mit der Wirtschaft festgestellt, dass zum Beispiel bei Unternehmens-Events so gut wie immer Moderationen eingesetzt werden, die allzu oft leider nur von einem Programmteil zum nächsten überleiten, indem sie von Moderationskarten ablesen, die der Auftraggeber vorgeschrieben hat, ohne sich persönlich inhaltlich auf den Event einzulassen und vorzubereiten, ohne sich mit dem Gastgeber und seinen Botschaften zu beschäftigen und diese zu bedienen. Ich will an dieser Stelle keinesfalls Kolleginnen und Kollegen aus dem Business kritisieren, sondern erklären, wie das »innovative Aufbrechen« auch hier stattfinden kann. Wenn ich einen Unternehmens-Event veranstalte, dann habe ich Botschaften, wer wir sind, was wir feiern, wofür wir stehen. Da sich nicht jeder leisten kann, ein maßgeschneidertes Musical zu produzieren, das diese Themen bedient (reizvoll allemal), habe ich also zwischen einer oder mehreren Darbietungen Zeit und Gelegenheit, meine Botschaften zu platzieren. Das können gute Moderatoren und Moderatorinnen, weil sie sich mit den Botschaften beschäftigen und deren emotionale Qualitäten herausarbeiten. Vorlesen ist eines, erzählen etwas anderes. Das beste Entertainment-Produkt ist natürlich eines, das sowohl unterhält als auch die Botschaften der Partner sinnlich und emotional kommuniziert. Wenn ich ein erfolgreiches Entertainment-Produkt habe, und ich entwickle daraus ein Format, in das ich mühelos und attraktiv diese Botschaften einbauen kann, so ist es die erfolgreiche Entwicklung eines Produkts aus einem bestehenden Produkt. Wir haben das gemacht und es war eine sehr gute Erfahrung, aus der ein Asset geworden ist, das ständig wächst. Christensen wäre stolz auf mich.

Es ist immer ein Risiko, etwas »Neues« anzufangen. Wer sich davon beeindrucken oder gar zurückhalten lässt, dem rate ich, damit aufzuhören. Kompromisse sind der Feind des Neuen, und ich habe viele Versuche von Einflussnahme und viele Kompromissvorschläge abgewehrt, oft in aller Konsequenz, das heißt den Job abgelehnt. Wir wollen uns Halbherzigkeiten und faule Kompromisse nicht leisten.

Nebenbei sorgt die Freiheit, Jobs ablehnen zu können, dafür, dass ich mit der gleichen innovativen Aufbruchsarbeit an meine eigene Karriere herangegangen bin. »Die Gedanken sind frei«, dieses alte Volkslied trifft es auf den Punkt. Niemand und nichts kann uns verbieten, etwas zu denken, etwas zu fantasieren, eine Vision zu entwickeln, etwas zu sehen, was (noch) nicht da ist. Wir dürfen es uns keinesfalls verbieten, zu träumen, sonst gehen wir durchs Leben wie unsere eigenen 3D-Drucker-Klone. Sehen Sie etwas? Damit meine ich nicht nur Ihre Arbeit, Ihr Unternehmen, sondern alles, den gesamten Markt, alle Märkte, das gesamte gesellschaftliche Zusammenleben. Sehen Sie etwas? Bleiben Sie dran, schreiben Sie's auf, sprechen Sie drüber mit Freunden, und lassen Sie es zu, wenn aus einer Idee eine Leidenschaft und dann ein Geschäft wird. Auf diesem Weg kann natürlich immer etwas passieren, das Sie zurückwirft, Sie womöglich auch (zunächst) scheitern lässt, aber Sie fühlen, wie es ist, wenn man dran ist und dranbleibt. *Gute Gefühle*. Und plötzlich ergibt sich aus der einen Idee der Triumph einer anderen, ein Spin-off, wenn Sie so wollen. Und alles beginnt immer mit einem Gedanken, dem andere Gedanken folgen. Und sie sind alle frei.

Bestätigt wird das auch von Clayton Christensens neuem Buch »How Will You Measure Your Life?«, und in diesem geht er ans Eingemachte. Er kümmert sich in seinem neuesten Streich nicht mehr ausschließlich um die zu verbessernden Perspektiven und Herangehensweisen innerhalb des Universums Wirtschaft, sondern geht die Frage aller Fragen an, die Aufgabe aller Aufgaben, den Sinn aller Sinne: »Wie kann ich ein glückliches und erfülltes Leben führen?« Starker Tobak für ein Wirtschaftsbuch. Der Mann bäckt keine kleinen Brötchen mehr ... Sein Erfolg beweist jedoch, dass die Wirtschaft im Allgemeinen bereit ist, sich mit diesen existentiellen Fragen zu beschäftigen. Christensen wendet sich an seine Studenten in Harvard, weil ja auch dieses Projekt als einfache Vorlesung begann, die dann aufgrund der starken Reaktionen zum Buch-Hit wurde. Er macht klar, dass große und schwerwiegende Fallen drohen, wenn Menschen sich bei ihrer Lebensgestaltung zu sehr oder gar exklusiv auf die sogenannten »hygienischen« Faktoren verlassen. Christensen bezieht sich auf Frederick Herzberg, dessen Zwei-Faktoren-Theorie besagt, dass die Entlohnung, der Status, die Karrieremöglichkeiten, Boni etc. lediglich einer von zwei wesentlichen Faktoren und reine Selbstverständlichkeit sind, um im Job nicht dauerhaft unzufrieden zu sein. Aber darüber hinaus, wenn es um Leidenschaft, um persönliches Engagement geht, bedarf es einer positiven Unternehmenskultur, guter Leadership und Innovation bis hin zum Stolz auf das Unternehmen und seine Werte.

Christensen geht noch weiter, indem er klarmacht, dass die wahren Faktoren für Glück und erfülltes Leben jene sind, die nicht unbedingt und direkt mit Erwerbstätigkeit und Karriere zu tun haben, sondern viel mehr mit Familie, Zeiten der Muße, Kindererziehung, engen Freunden und ebenjener philosophischen Perspektive, die das große Ganze im Leben sieht: Sinn. Er beweist etwa, dass die Maßeinheit Geld eine besondere Falle darstellt, die selbst dafür sorgt, dass sie nie endet, weil es eben nie genug ist.

Wir gleichen unseren Lebensstandard immer und nahezu unmerklich an unser Einkommen an, mit antreibendem Ausblick auf die jeweils nächsthöhere Stufe. Der Weg zurück ist durch die Unmöglichkeit der Vorstellung verstellt, dass wir je wieder mit weniger zufrieden sein könnten, weniger Geld, weniger Status, weniger Macht, selbst wenn es zugunsten von echter Lebensqualität, echtem Glück und echten Inhalten ginge. Eine wichtige Rolle spielt in diesem Zusammenhang auch das Gefühl der Angst vor Reputationsverlust – die soziale Variante der Angst, nicht geliebt zu werden. Also wird im alten System weitergemacht, in der Hoffnung, dass es irgendwann von selbst ermüdet und wir ganz organisch unser unbefriedigendes Streben nach mehr und mehr schmerzlos aufgeben können. Wir hoffen, dass wir irgendwann ganz offiziell sagen dürfen, alles erreicht zu haben, was wir uns vorgenommen hatten, und den Rest der Zeit ganz offiziell nur noch genießen dürfen. Doch das ist die Falle, denn das wird nicht passieren. Der Wahnsinn geht weiter, bis ein gewaltsames, von außen gesteuertes und von innen zugelassenes Ende kommt: Burn-out, Konkurs, Einsamkeit, Depression, Flucht in Alkohol, Drogen, Sex etc. Das passiert absurderweise oft in überaus komfortablen ökonomischen Verhältnissen. Aber bis dahin setzen wir auf die Vergoldung unserer eigenen Unterdrückung.

Es ist ungemein schwer, gewohnte Strukturen mutwillig aufzubrechen, ohne exakt zu wissen, was danach kommt. Da muss eine Situation schon so unerträglich sein, dass wir nur noch ihr Ende wollen, egal was auch folgen mag. Nun kennen wir diese Situationen aus dem privaten Raum, in einer unglücklichen Beziehung etwa, wenn die Sehnsucht nur noch dem Ende gilt und dieses Aufbrechen mehr Glück und Ruhe verspricht als jedes noch so schöne Versprechen zur Besserung. Man sehnt sich nach dem Ende, ohne zu wissen, was danach kommt, es kann nur besser werden. Wenn das, was ist, seinen Sinn verloren hat, dann wird das, was sein könnte, sinnvoll. Und genauso wenig, wie wir Beziehungen planen können, genauso wenig können wir im Arbeitsleben mit Zauberei rechnen. Ausbrechen aus alten, überholten Bahnen ist richtig, auch wenn nicht klar ist, wie die neuen aussehen werden. Ein erwünschter Ausbruch ist nicht zu verhindern, nur zu verzögern. »Du musst dir selbst in den Arsch treten, bevor es das Leben tut« – der Satz hat mir ebenso oft geholfen, wie er mich verlassen hat. Innovatives Aufbrechen ist nichts anderes, als sich beizeiten um die weniger profitablen Teile seiner Beziehung, seiner Karriere, seines Lebens zu kümmern, bevor diese übernommen werden und zu nachhaltigen Verlusten führen.

Wir sind alle schon einmal aus einer Liebesbeziehung, einer beruflichen Beziehung oder einer Freundschaft ausgestoßen worden oder waren selbst die Ausbrechenden. Schmerzhaft in jedem Fall, mit einem kleinen, klassischen Vorteil für den Aktiven, weil er oder sie die Initiative übernommen und die unerträgliche Situation zu ihrem folgerichtigen Ende geführt hat. Und im Idealfall sind jetzt beide bereit für neue Partner, neue Strukturen und neue Probleme. Ab einem gewissen Alter und Erfahrungsgrad wissen wir doch alle, dass es die perfekte Beziehung nicht gibt, ebenso wenig wie den perfekten Partner oder die perfekte Lebenssituation, den perfekten Job, wenn man perfekt als dauerhaft problemlos definiert. Aber wir wissen immer mehr, was wir brauchen, um grundsätzlich glücklich zu sein, und wir wissen, worauf wir unter Umständen auch verzichten können. Wir sind kompromissbereit, wenngleich nicht endlos, aber unter der Voraussetzung, dass wir verstehen, sind wir freudvoll lernwillig wie Babys.

Wie in der Beziehung ist auch in der Organisation das Verstehen ein wichtiger Wert und muss erhalten werden, indem die Kommunikation gepflegt wird. Christensen hat in seiner Theorie verdeutlicht, dass sich große, erfolgreiche Unternehmen so lange tatenlos auf ihre Top-Produkte verlassen, bis irgendein anderes, kleineres Unternehmen seine eigenen Produkte für das Segment entwickelt hat und den Markt übernimmt. Genauso machen wir es doch auch in Beziehungen. Man verlässt sich als Partner gern ausschließlich auf seine »Top-Seller-Angebote«, also Talente, Geld, Macht, Image, wir verlassen uns auf unsere Routine, wir machen uns keine Gedanken um »kleinere Märkte« wie Humor, Romantik, Spontaneität usw. Und irgendwann müssen wir feststellen, dass eine für zu klein befundene Nische zu einem großen Bedürfnis angewachsen ist, das schon seit geraumer Zeit von anderen Anbietern befriedigt wird. Wir haben unsere Marktstellung verloren.

Grund für solche Versäumnisse ist der Tunnelblick auf die eigene Person, das eigene Unternehmen, die eigenen Strukturen. Zusätzlich zur rein analytischen ist die emotionale Perspektive hilfreich, weil sie den Horizont aufbricht, dafür sorgt, sich Gedanken zu Themen zu machen, die sich bislang als Themen nicht qualifizieren konnten oder durften. Weit über den berühmten Tellerrand zu blicken und neue Horizonte zu entdecken. In der Beziehung ist ein Wunsch nach Veränderung immer ernst zu nehmen, ob der eigene oder nicht, zu thematisieren und zu befolgen. So oder so. Will ich Neuland entdecken, lade ich meine Partnerin ein mitzusegeln, aber wenn sie nicht will, steige ich auch allein ins Boot. Als Unternehmen wie als Person schätze ich Ideen-Inhaber, Tellerrand-Akrobaten und Horizonterweiterer, ich bin interessiert und bleibe offen für jede Veränderung, sonst zieht sie außen an mir vorbei und nimmt mir mein Unternehmen oder meinen Partner. Oft genug beides.

»Time-in-Situationen« nennt Tal Ben-Shahar, einer der beliebtesten Harvard-Professoren, in seinem Buch »Glücklicher« Momente des Innehaltens, in denen totale gedankliche Freiheit herrscht und jede Idee, jeder Zugang gut und richtig ist. Diese Meditationen sorgen sehr oft dafür, dass die Kraft und die Zuversicht entwickelt werden, um sich von veraltetem Gedankengut und überholten Strukturen zu verabschieden, auch wenn man nicht sofort weiß, wodurch sie ersetzt werden. Innovatives Aufbrechen hat viel mit Imago zu tun, mit der Situation, sich Bedürfnisse, Möglichkeiten und Märkte vorstellen zu können. Der emotionale Zugang zu Wachstum und die Philosophie des innovativen Aufbrechens verbessern die Analyse der Möglichkeiten.

Wir sind gut beraten, so wir uns beraten lassen, die Erfolge unserer bisherigen Top-Angebote demütig und dankbar anzunehmen, sie aber auch als Aufforderung zu verstehen, die anderen Märkte, die anderen Bedürfnisse und die anderen Befindlichkeiten beim Partner zu studieren. Ob private oder unternehmerische Beziehung, wenn wir den Anschluss nicht verlieren wollen, müssen wir forschen und entwickeln. Ich nenne das die Strategie der klugen Herzen.

38. Gefühls-Kapitäne auf dem Identitätsschiff

Unser Geist bestimmt über unseren Körper. Die Übungen dazu sind legendär und der Effekt ist anerkannt. Mich haben jene Experimente beeindruckt, in denen krebskranke Patienten vor ein Computerspiel gesetzt wurden und ihren eigenen Krebs jagen sollten. Auf dem Screen war jeweils der eigene Körper abgebildet inklusive der »bösen Zellen«, und es galt nun, diese Zellen mit der kleinen wütenden Pacman-Figur anzugreifen und aufzufressen. Die Übung gelang, die Patienten hatten nicht nur viel Spaß dabei, sondern reagierten auch körperlich enorm positiv auf das Computerspiel, was offenbar die eigenen Abwehrkräfte stärkte, indem es das Bewusstsein der Patienten aktivierte, ihrer Krankheit nicht machtlos ausgesetzt zu sein. Sie wehrten sich. Im wahren Sinn des Wortes.

Wenn wir den Quantentheoretikern glauben, so bestehen wir Menschen ja ohnedies nur aus Information und Schwingung. Seit wir Atome spalten und Quarks entdeckten, müssen wir uns eingestehen, dass wir eben keine wirklich feste Masse sind, sondern unsere körperliche Existenz nur aus Schwingung besteht. Wenn etwas in uns nicht richtig schwingt, werden wir krank, und wenn wir das beheben wollen, müssen wir die Schwingung wieder ins Lot bringen. Dazu braucht die Schwingung aber Information, etwa darüber, dass sie jetzt eben falsch schwingt und welche Schwingung jetzt richtig wäre. Diese Information stammt jedoch nicht aus dem Universum, sie fällt nicht vom Himmel, sondern kommt von uns – wir müssen uns kümmern. Wir sind die Kapitäne auf der Kommandobrücke, wir sagen, was geschieht. Das Wissen um diese ungeheure Macht ist ein wesentlicher Schritt in die richtige Richtung und an Umsetzungsmöglichkeiten wird gearbeitet. Wichtig ist, dass wir den Vorgang erkennen und respektieren, dass wir die Kommunikation nach innen ebenso wie nach außen pflegen, und beides mit entsprechender Verantwortung und den richtigen Zielen. Wir können unseren Körper durch Information beeinflussen, denken Sie nur an physische Reaktionen durch erotische Gedanken. Vergleichen wir den menschlichen Körper mit einem Unternehmen (das soll ausnahmsweise einmal gestattet sein), dann wäre es nur schlüssig, dass wir das Unternehmen ebenfalls spirituell beeinflussen können, und zwar durch Information, die sich auf die Schwingung des Unternehmens auswirkt. Welche Informationen sind das? Das ist eine berechtigte Frage, aber es ist keine allgemeingültige Antwort möglich. Es gilt der gleiche Weg für den Einzelnen wie für die Gemeinschaft: Analyse – Zielvorgabe – Maßnahmen. Wo bin ich – wo will ich sein – wie komme ich dort hin?

Im Unternehmen ist bei Emotionen die gleiche Akribie und Konsequenz angebracht wie bei Zahlen. Wenn die Zahlen nicht stimmen, muss analysiert werden, warum das so ist, muss definiert werden, wo Veränderungen hingehen sollen, und muss beraten und beschlossen werden, wie man dorthin kommt. Die Maßnahmen sind meist struktureller Natur, da geht es um Verschlankungen, Hierarchien, Zusammenlegungen, Wegverkürzungen etc. etc. Auf der emotionalen Ebene ist es etwas komplizierter. Die Probleme, die zu beheben sind, entstammen nicht irgendwelchen Strukturen, die vielleicht veraltet sind und nur verändert gehören, sondern wir haben es mit der nicht greifbaren, der unbegreifbaren Materie Emotion zu tun. Die kann sich jedoch materialisieren und drastisch auswirken. Es liegt in der Information. Deepak Chopra, ein indischer Ayurveda-Arzt und Philosoph, der in Amerika mit großem Erfolg praktiziert und lehrt, erklärt uns, dass wir alle täglich etwa zehn Trilliarden Atome durch die Atmung in uns aufnehmen und ebenso viele wieder abgeben. Das bedeutet, dass wir uns innerhalb etwa eines Jahres atomar zu 98 Prozent neu zusammensetzen, wir sind also ständig veränderte Wesen, zumindest auf atomarer Ebene. Um uns und unserer Seele jedoch treu zu bleiben, benutzen wir Informationen, gilt es doch den neuen Atomen klarzumachen, wo es bei uns langgeht. Diese Möglichkeit, nämlich unserem Körper, unserer physischen und unserer spirituellen Existenz Informationen über uns zukommen zu lassen, geht nur, weil wir selbstbewusste Wesen sind, wir wissen, dass wir sind, wer wir sind und wie wir sein wollen. Somit erklären wir, freilich ohne es bewusst in die Wege zu leiten, wie die Atome zu schwingen haben, damit wir uns einigermaßen wohlfühlen. Es sind unsere Gedanken, die Regie führen, wir denken unsere Realität. Die richtet sich nach unserer inneren Bewertung ebenso wie nach der äußeren, ja, manchmal ist es uns sogar wichtiger, wie auf uns reagiert wird, als wie wir selbst auf uns reagieren, was über uns gedacht wird, als was wir selbst über uns denken, und sehr oft richten wir uns danach. Unsere atomare Zusammensetzung schwingt im Rhythmus und in der Choreografie unseres Selbst, und das ergibt sich aus Information, die ausschließlich von uns kommt. Ob wir diese Informationen, die Gedanken, zuvor durch äußere Bewertungsinstanzen haben laufen lassen oder ob sie gänzlich autonom und selbstbewusst zustande gekommen sind, ist den Atomen herzlich egal. Sie reagieren.

Angst ist einer der großen Befehlshaber in diesem Zusammenspiel. Haben wir Angst, wird sich diese sehr bald körperlich manifestieren, vom Schweißausbruch bis zur Panikattacke. Auf der anderen Seite haben wir Zuversicht, Liebe, Glück, die dafür sorgen, dass wir mitunter anders aussehen, unsere atomare Zusammensetzung verändert ist, in Richtung positiv. Immer wenn Menschen sagen: »Na, dir geht's aber gut heute …«, dann stimmt das meistens auch so. Verliebten sehen wir ihren Gefühlszustand auch aus hundert Metern Entfernung an, sie haben schon einen anderen Gang.

Genauso ist es in Unternehmen und Organisationen. Wenn Menschen zusammen leben und arbeiten, braucht es eine gemeinsame Klammer, emotionale Haltegriffe. Leben und Arbeit brauchen Sinn und der Mensch braucht Identität. Seine atomare Bauweise ist Teil dieser Identität, somit ist Identität ein Work in Progress, denn wir Menschen verändern uns ein Leben lang.

Sich als Teil einer funktionierenden Gemeinschaft zu wissen, ist eine emotionale Versicherung, der Sprachgebrauch beweist es, denn wir sagen: »Ich *fühle* mich identisch«, nicht etwa »Ich habe mir ausgerechnet, dass ich identisch bin«. Es ist das Zusammengehörigkeitsgefühl, von dem immer gesprochen wird, und auch das Gegenteil, also das »Nicht-dazu-gehören«, ist vor allem ein Gefühl. Unsere frühkindlichen Erfahrungen prägen uns da ebenso wie unsere Sozialisierung, wir bauen ein Wertegerüst, das unsere emotionale Konstruktion zusammenhält. Werte sind übertragbares Gedankengut, wir erfahren sie von irgendwo oder irgendwem und geben sie auch so weiter. Zur Pflege dieser Werte bedarf es Anlässe, das geht von einer Melodie über ein Datum, ein Fest bis zum Schwur, der uns eint. In unserer egomanischen Zeit, in der wir als Einzelkämpfer den eher materiellen Werten so gern folgen, verlieren wir Kontakt zu manch anderen Werten, die vielleicht nicht so lukrativ einsetzbar sind, aber dennoch wichtig, um nicht zu sagen überlebenswichtig sind, denken wir an Solidarität und Mitgefühl. Wenn wir den Kontakt untereinander verlieren, weil die Globalisierung mit »Wir« zunächst immer den erdumspannenden Konsumenten meint, dann verlieren wir auch den Anschluss an unsere Einzel-Identität, die nichts mit Produkten, Symbolen, Macht und Geld zu tun hat. Die können wir nämlich nur entwickeln, wenn wir mit anderen Einzel-Identitäten direkten, analogen Kontakt haben und pflegen. Damit wir das nicht verlieren, passt die Kultur auf uns auf, erinnert uns, verstört uns, mahnt uns zur Aufmerksamkeit. Kultur ist Identität und muss als solche auch bewertet werden.

Betrachten wir »Identität« anhand einer Rolle, einer Figur im Theater oder im Film. Das ist deshalb so interessant, weil es der umgekehrte Weg ist, der also von einer äußeren Figur, einer Rolle, die ja global ist, weil sie von allen möglichen Menschen auf der Welt gespielt werden kann, zu einer inneren führt, nämlich der des Schauspielers, des Individuums, das durch seinen Zugang, seine Interpretation, seine fantastische Kraft auf sich selbst und seine Identität schließen lässt. Ist Identität hergestellt, also weiß ich als Schauspieler, wer ich bin, kann ich auf jede Situation authentisch reagieren. Ich habe meine Figur begriffen und sie angenommen. Ich bin Romeo, meine Wut ist eitel und ich bin gelangweilt von der ewigen Wiederholung, mir ist alles zu wenig, ich suche den ultimativen Kick und bekomme ihn auch. Ich habe mir Gedanken darüber gemacht, wer ich bin, damit ich das darstellen kann, ich habe mein Umfeld betrachtet, habe mein Leben überblickt, meine Situation erfasst und mich mit dem beschäftigt, was ich alles erlebt habe, das mich zu dem gemacht hat, der ich jetzt bin. Das ist private, intime Schauspielerarbeit und es gibt für uns unterschiedliche Zugänge zu dieser Arbeit. Die einen lassen sich in ein Gefängnis einweisen, um Gefangenschaft zu studieren, die anderen lesen ganze Bibliotheken über gesellschaftlich-historische Zusammenhänge, wie auch immer, Hauptsache, wir beschäftigen uns mit unserer Rolle. Nichts anderes schlage ich Ihnen vor, egal ob Künstler oder nicht. Betrachten Sie Ihr Leben einmal als eine Rolle, als eine Figur. Wie würden Sie sich spielen in dem Stück, das sich »Ihr Leben« nennt?

Auch die Identität unterliegt der Innovation – den Göttern sei Dank. Diese entsteht nicht nur durch geschichtliche Ereignisse und Entwicklungen, schicksalhaft und unausweichlich, sondern durch persönlichen Einsatz, Vision und Konsequenz. Der Maler Vincent van Gogh ist bestimmt ein Teil holländischer Identität, so wie der Dichter Fernando Pessoa Teil der portugiesischen Identität ist, auch wenn nicht jeder Holländer malt oder jeder Portugiese dichtet. Persönlichen Erfolg, auf den eine ganze Gemeinschaft stolz ist, nehmen wir über die Gemeinschaft als Teil unser selbst wahr, es stärkt uns und macht uns stolz. *Gute Gefühle.* Somit steht fest, dass Identität auch von individueller Entwicklung abhängig ist, die eine Gemeinschaft weiterbringt, ja vielleicht sogar bestimmt. Das sei uns allen ans innovative Herz gelegt, damit wir uns nicht nur aus Gründen des persönlichen Erfolgs erlauben, zu träumen, Visionen zu entwickeln und mit freien Gedanken mutig über den Tellerrand zu blicken, sondern auch als Teil einer Gemeinschaft, deren Identität sich aus unserer Innovationskraft ergibt. Ich bin wir.

Identität ist Gruppe, ist Stadt, ist Land, ist Heimat, ist Nation, aber vor allem ist es ein Gefühl. Es entsteht durch Information, die von außen an uns herangetragen wird, Menschen erzählen oder zeigen uns, was sie fühlen, und wir wollen das Gleiche fühlen. Daher überträgt sich Identität im Familienverbund so gut. Wir übernehmen von unseren Eltern, manchmal mehr als uns lieb ist, und dann müssen wir im Nachhinein korrigieren. Wenn Identität nicht bewusst und stolz vergeben wird, wenn es zu keinem Identitäts-Transfer kommt, wenn wir allein gelassen sind mit unserem natürlichen Bedürfnis nach Identität, dann nehmen wir die Erstbeste an, die sich anbietet. Besonders tragisch zu verfolgen an den Kindersoldaten in Afrika.

Ein Unternehmen kann für seine Mitarbeiter auch identitätsstiftend sein, und wenn das passiert, kann das dem Unternehmen nur guttun. Sich mit seinem Arbeitgeber zu identifizieren, ist ein gar selten gewordenes emotionales Gut, kaum noch gesichtet. Früher war diese Identifikation der einzige Weg zur sicheren Versorgung über Jahrzehnte und für Unternehmen eine verlässliche Größe bei Planung und Ertrag. Heute bleibt gar keine Zeit mehr dafür, andere Werte haben übernommen und erfüllen einen neuen Gruppenwunsch, den Wunsch nach persönlichem Erfolg, Macht, Geld und Ruhm ohne Verantwortung gegenüber dem persönlichen Umfeld, der Gemeinschaft und ihrer Geschichte oder dem Land. Wir wollen zur globalen Gruppe der Erfolgreichen zählen, weil wir uns einzig mit Erfolg per se identifizieren, also mit dem Gefühl, gewonnen zu haben, besser zu sein, mit entsprechenden Ergebnissen und Image. Wenn viele solcher Erfolgreichen zusammenkommen, sollte doch eigentlich eine Identität dabei herauskommen, aber es sieht nicht so aus, oder zumindest kenne ich die Identität der Erfolgreichen nicht, was sie verbindet (außer Statussymbole), was sie eint (außer die Angst, wieder zu verlieren) und was sie als Gemeinschaft stärkt (außer der Macht).

Identität hat eben auch mit Werten zu tun, Werten, die manchmal schmerzhaft sind, weil sie geprüft und verletzt werden. Es tut nun einmal weh, einen Job abzusagen, eine Position, ein Unternehmen zu verlassen, ja vielleicht sogar eine Karriere zu unterbrechen oder zu verändern, weil die eigenen Werte, die eigene Identität verletzt oder vernachlässigt wurden. Ich muss für meine Identität einstehen und aufstehen, auch wenn ich damit einen wunderbar netten Abend abrupt störe oder gar beende, einen zukünftigen Schwiegervater gegen mich aufbringe oder mich als schwer zu führender Mitarbeiter erweise. Meine Werte sind Teil meiner Identität, und wenn die verletzt werden, muss ich reagieren. Identität wird ständig durch Innovation erweitert, persönlich oder als Organisation, und somit ist sie auch immer das Resultat persönlicher und gemeinschaftlicher Anstrengung und soll auch persönlich und gemeinschaftlich gefeiert werden. Kultur und Entertainment als stabilisierendes Belohnungssystem der Gemeinschaft.

39. Entscheidungen fallen in emotionalen Landschaften

In der darstellenden wie in der bildenden Kunst gibt es Konsumenten, die sich gern belasten lassen, die bereit sind, beim Kunstgenuss auch Arbeit zu leisten, vielleicht um etwas für sich zu entdecken. Ein Bild, ein Theaterstück, ein Film, eine Oper, ein Musical, sie alle können das leisten, indem sie nicht nur Unterhaltung, sondern auch Herausforderung bieten. Es gibt Publikum, das gefordert werden will, selbst etwas leisten möchte, eine Vorführung nicht einfach nur »mag«, sondern auch persönlichen Erfolg in der Auseinandersetzung damit sieht. Dieser Zugang ist niemals leicht, aber sehr oft lohnend. Avantgarde-Festivals wie der Steirische Herbst oder das Kremser Donaufestival sind Beispiele dafür. Ich habe in den frühen Jahren meiner Karriere an einigen solchen Versuchen mitgewirkt und die künstlerische und interpretatorische Freiheit genossen. Die Kunst der Assoziation im Gegensatz zur Kunst der Gegenständlichkeit. Allerdings bleiben auch die Reaktionen des Publikums, seine Mitarbeit, und die Ergebnisse all dessen assoziativ und selten so offen lesbar wie in konventionellen Theaterformen. Ich verspürte immer eine gewisse Einsamkeit auf der Bühne, fühlte mich allein gelassen, weil ich kaum Möglichkeit hatte sicherzustellen, dass das Publikum noch emotional mit uns war. Experiment kann nämlich auch große Distanz erzeugen, und manchmal soll sie das auch. Mit Musical und meinen eigenen Formaten bin ich dann zwar, mit ein paar rühmlichen Ausritten, mehr und mehr in die erprobte Vereinbarung gekommen, aber jetzt, nach 40 Jahren, verspüre ich wieder mehr und mehr den Drang und den Mut, Formate zu expandieren, um nicht zu sagen kreativ zu zerstören. Musical wäre so eins.

Es gibt aber auch Publikum, das sich nur entspannen will, keine Rätsel, keine Denkaufgaben, keinen Spiegel, keine Überraschungen. Sie haben Freude an einer gewissen Vorhersehbarkeit und sind kulturell beruhigt und versichert, wenn sie wissen oder ahnen, welcher Ton als Nächstes kommt, welche Wendung die Geschichte nimmt, wer als Nächster etwas sagt und wann etwas zum Lachen ist.

Hören Sie mal zu, wenn Menschen bei Schlager- und Volksmusik mitsingen. Die Texte sind größtenteils so gebaut, dass niemand sie beherrschen muss, um mitsingen zu können. Es ist sehr leicht zu erahnen, welches Wort als Nächstes kommt, weil fast immer mit Wahrscheinlichkeits-Reimen gearbeitet wird. Auf »gesehen« folgt »verstehen«, auf »mein« kommt »sein« und auf »dumm« folgt immer »warum« und in dieser Wortfolge macht es sogar Sinn. Es werden von diesen Texten keine Bierzelt-Revolutionen erwartet, es wird eher eine gewisse sprachliche Zurückhaltung vorausgesetzt. Es ist gut möglich, dass auf diese Weise eine Art Legitimierung, eine emotionale Adelung des eigenen Sprachgebrauchs entsteht. Wenn alle mitsingen, dann ist es die gemeinsame Sprache, und wenn die Künstlerin sich so ausdrückt, ist es Kunst, somit ist eine verkürzte Sprache kulturell akzeptiert.

Das Problem dabei ist: Verkürzte Sprache führt zu verkürztem Denken. Damit meine ich die Distanz zu den wirklichen Themen des gesellschaftlichen Zusammenlebens, die entsteht, wenn ich meine emotionalen Gefäße ausschließlich mit Wunschgebilden fülle und keine Auseinandersetzung mit realen Welten und deren Anliegen zulasse. Ich betäube mich mit alpiner Vereinfachung des Lebens oder flüchte atemlos durch die Nacht, um den Forderungen des Tages zu entfliehen. Legitim, durchaus, aber gefährlich, weil diese Begriffswelt selten relevante kritische Fragen aufwirft und schon gar keine probaten Antworten gibt, außer eben die innerliche Flucht. Dadurch werden zwar die emotionalen Verdrängungsmuskeln bestens trainiert, aber die haben im Existenzkampf keine Wirkung, wenn es um kritische

Distanz und Innovation geht. Prinzipiell soll jeder hören, was er oder sie will, nur habe ich den Verdacht, dass mit gewissen Kunstformen auch gewisse Philosophien inhaliert werden, als unausgesprochene Vereinbarung, als ideologisches Gemeinsamkeitsmerkmal. Widerstand war da noch nie ein großes Thema. Die Beibehaltung von alteingesessenem Denken und Handeln wird zelebriert, die Erneuerung wird anderen überlassen.

Diese verkürzte Denkweise können wir uns aber nicht mehr leisten. In diesem Umfeld liegt übrigens auch der Kern jener Debatte, in der es seit ewigen Zeiten um das Begriffsrecht von Kunst bei Schlager- und Volksmusik geht. Die einen sagen, es sei keine Kunst, weil es nichts Kritisches biete, sondern sich nur selbst feiere, und die anderen meinen, dass genau das eine Kunst sei. Der wirtschaftliche Aspekt macht den Kadi und fällt das salomonische Urteil: Kunst ist, was verkauft, und was verkauft, ist Kunst – beides falsch.

Eine gewisse Vorhersehbarkeit ist Teil der Populärkunst und ihres Erfolgs. Wenn wir einen Song zum ersten Mal hören und glauben, ihn schon zu kennen und mitsingen zu können, dann ist das schon der halbe Erfolg. Wenn wir wissen, wie die Geschichte ausgeht und trotzdem gebannt auf Julia schauen, wie sie tragisch stirbt. Genauso funktioniert das auch im Segment Volksmusik/Schlager. Wiederholung, Mitklatsch-Metrik, selten Tonartwechsel und Texte, die sich mit dem Schönen auf der Welt beschäftigen, auch wenn sie manchmal den Verlust der Liebe beklagen, dann doch nur, um zu bestätigen, dass das Leben weitergeht. Und damit haben sie ja auch recht.

Ich versuche so pluralistisch wie nur möglich an jedes Segment von Kultur heranzugehen und dabei hilft mir der Respekt vor dem Publikum weit mehr als das Verständnis für den jeweiligen künstlerischen Gehalt. Dennoch ist es erstaunlich, wie lange und wie erfolgreich sich Vereinbarungen halten können, wenn sie einen emotionalen Auftrag haben, emotionale Belohnungen aus vorhersehbarer Musik und ebensolchen Texten.

Welche Hirnhälfte hört die Musik und welche den Text? Oder ist das am Ende bereits gleichgültig, weil wir mittlerweile so viel mehr über unsere Signalverwertung wissen als das mit den Hirnhälften? Es gibt in der Tat viele Stimmen aus Wissenschaft und Forschung, die das Hemisphärenmodell als überholt erachten, in der psychologischen Marktforschung wird es manchmal noch angewandt. Wer sich damit beschäftigt, wie wir alle ticken und wie verschiedenste Wahrnehmungen in uns zusammenspielen, wer versteht, wie Menschen denken, fühlen und handeln, der hat im Privatleben, aber auch in Unternehmen eindeutig die Nase vorn.

Das aktuelle Modell zeigt zwei komplett autarke Gehirne, das kognitive und das emotionale. Das kognitive Gehirn ist wichtig für den Inhalt der Botschaft, für die Anwendbarkeit von Vernunft und die Voraussicht auf Geschehnisse, Zahlen, Umsätze und Prognosen. Wenn es aber um die Umsetzung von Botschaften geht, um Voraussicht auf Konsequenzen, um schnelle Entscheidungen, um Angst, um Instinkt, um Empathie, kommt das emotionale Gehirn ins Spiel. Und wie! Das kognitive Gehirn koordiniert alles, was das emotionale Gehirn beschließt, und kann auch schon mal komplett übernehmen. Zum Beispiel in Situationen, in denen das emotionale Gehirn für körperliche Reaktionen sorgt, die gefährlich sind oder sein können, wie etwa Panikattacken oder andere stressinduzierte Angriffe. Ebenso sorgt das kognitive Gehirn für Vernunft in Situationen, in denen eine rein emotionale Reaktion unangenehm bis tödlich sein kann. Es gibt Berichte von Menschen, die sich bei Massenhinrichtungen in deutschen Konzentrationslagern oder in Kriegen unter Leichen versteckt hielten, oft tagelang, sich totstellten – und dadurch überlebten. Ich habe mich immer gefragt, wie ein Mensch so eine Situation rein emotional durchhält.

Wahrscheinlich übernimmt das kognitive Gehirn und es regiert die Vernunft, denn ich nehme mal an, dass das emotionale Gehirn uns in einer solchen Extremsituation auch befehlen könnte, sich aus dem Haufen toter Körper zu befreien, nur um bei einem panischen Fluchtversuch zu sterben.

Es geht also um die kombinierte Kraft und Qualität beider Gehirne, um die sensible Balance, um den ungehinderten Verkehrsfluss. Während das kognitive Gehirn durch Information von außen durchaus beeinflusst werden kann und soll, ist die Einflussnahme auf die Entscheidungen des emotionalen Gehirns durch kognitive Signale unmöglich. Dies kann nur über den Körper geschehen, meint David Servan-Schreiber, ein französischer Arzt, Psychiater und unermüdlicher Kämpfer gegen die Geißel Krebs, der er schließlich selbst zum Opfer fiel. In seinen Büchern schreibt Servan-Schreiber immer wieder über die Wichtigkeit der körperlichen Disziplin für die Befindlichkeit, über Ernährung (er selbst war ein Fan von grünem Tee, dem er die gleichen, wenn nicht sogar bessere Heilungskräfte zuschrieb als vielen Krebsmedikamenten) und sportliche Betätigung.

Im Sinne von Servan-Schreiber und anderen, die von der Wichtigkeit der Balance zwischen den beiden Gehirnen für unsere Gesundheit und unser Überleben überzeugt sind, ist es also unsere Aufgabe dafür zu sorgen, dass wir zum Beispiel keine Unterdrückung des emotionalen Gehirns zulassen. Wenn wir unzufrieden sind, vielleicht sogar unglücklich, wenn wir persönlich mit einer Situation nicht übereinstimmen, egal ob im privaten oder beruflichen Umfeld, wenn wir unter einer negativen Spannung leiden, die sich aus dem gestörten Zusammenspiel beider Gehirne ergibt, dann müssen wir diese Situation thematisieren, behandeln und in aller Konsequenz beenden. Und zwar bevor sich die Störungen in körperliche Dysfunktionen verwandeln: Panikattacken, Bluthochdruck, Herzprobleme, Schlaganfall, Burn-out usw. Es ist einfach ein Irrtum zu glauben, dass wir störende Einflüsse, Beziehungen und Zustände innerlich irgendwie ausgleichen können, dass wir das, was uns stört, durch eigene Vernunftskonstrukte, durch Rationalisierung oder Sublimierung unschädlich machen können. Weit gefehlt, diese Anstrengungen befördern nur die Negativspirale und kosten dazu wertvolle Energie, die möglicherweise bereits zum seelischen und körperlichen Überleben dringend gebraucht wird. Anerkennen – annehmen – angehen.

So wie wir das Zusammenspiel unser beider Gehirne nicht beeinflussen können, nicht bestimmen können, welches mit welcher Kapazität und Qualität bei der Erledigung seiner Aufgaben vorgeht, so können wir ebenso wenig steuern, wie unsere Botschaften beim Rezipienten ankommen, also mit welchem Gehirn er oder sie unsere Botschaften vornehmlich aufnimmt und verarbeitet. Was wir heute wissen, ist, dass wir zunächst emotional entscheiden und dass diese Entscheidungen aufgrund von emotionalen Landschaften fallen. Das ist viel.

Niemand würde auf die Idee kommen, seinen Kunden, seinen Mitarbeitern, seinen Partnern zur ausschließlichen Nutzung eines Gehirns zu raten, um seine Botschaften besser verstehen zu können. Es geht um die Zusammenarbeit beider. Die ausgetretenen Wege der Werbeindustrie sind mit ihren Alibi-Ideen und Vereinbarungs-Begriffen sehr oft nicht mehr imstande, die Käuferinnen und Käufer emotional zu mobilisieren. Es werden keine Geschichten erzählt, die berühren oder bewegen, keine Herausforderungen gestellt, es werden keine Berührungspunkte hergestellt, sondern es wird nur noch penetriert, so lange, bis es auch der Letzte gerafft hat, dass er ein Produkt oder eine Dienstleistung kaufen soll. Im Zeitalter des Internets ist das eine Einbahnstraße und für die Unternehmen sauteuer, weil sie von vornherein mit großen Streuverlusten rechnen müssen.

Die emotionale Umsetzung von Botschaften ist eine Kunst. Dennoch beschäftigen Werbeagenturen in der Regel keine Künstler, außer etablierte Stars, mit denen auf Kosten des Kunden das Ego der Marke geschmückt wird, das allerdings fallweise außerordentlich gut, wie bei George Clooney und einer nicht gerade umweltfreundlichen Kaffeemarke. Hier bin ich übrigens total überzeugt, dass Clooney den Job und die gewiss exorbitante Gage nur akzeptiert hat, nachdem ihm Mitspracherechte und vielleicht sogar Final Cut, also der Schnitt der Endfassung, zugestanden wurden, und das sieht man den Produkten auch an. Lasst die Künstler ran, sag ich doch. Andere Beteiligte aus der Kunst werden wie Zulieferer behandelt, die Vorgaben sind eng und strikt und künstlerische Freiheit unerwünscht. Es wird gezahlt, das muss reichen. Zur Ehrenrettung der Werber muss ich aber auch festhalten, dass viele Kunden kreative Freiheit nicht schätzen und nicht zulassen, wohl um ihre eigenen Ideen zu schützen. Dilettantische Zeitvergeudung. Aber fette Etats. Geld wird genommen, Maul wird gehalten, fast alle steigen gut aus.

Auf der anderen Seite ist klar: Keine Werbeagentur, egal welcher Größe, kann es sich leisten, Aufträge und gewonnene Etats abzugeben, nur weil sie nicht mit der gestalterischen Freiheit agieren kann, die sie in ihren Leitsätzen für sich beansprucht. Das ist Geld, das sind Arbeitsplätze, das ist Lebensqualität. Kompromisse haben allerdings die Tendenz, sich ständig auszuweiten. Treue zu sich, seiner Haltung und seiner Sicht der Dinge zahlt sich aber schon aus, auch wenn wir einfach nicht davon ausgehen wollen. In einer meiner Lieblingskomödien spielt Dudley Moore einen Werbemann, der genug von Kompromissen und besserwissenden Kunden hat und anfängt, Werbungen zu machen und zu zeigen, die der menschlichen Wahrheit so nahe wie möglich kommen. Er sagt, wie es ist. Dieses Auto ist nicht besonders toll, aber es bringt dich von A nach B und das verlässlich. Der Kunde wird in all seiner Emotionalität direkt angesprochen, und zwar in einer Sprache, die in ihrer Offenheit keine Grenzen kennt und sämtliche Gesetze konventioneller Werbung missachtet. Seine Bosse flippen aus, aber die Kampagnen sind Riesenerfolge, die Kunden überglücklich und die Konsumenten auch. Nur ein Film.

Ich habe die Erfahrung gemacht, dass konventionelle Werber den Künstler nicht gerade umarmen, außer er hat schon einen Oscar und soll einen Spot drehen. Als ich vor vielen Jahren einmal einen von mir durchaus respektierten und sympathischen Werbe-Boss mit der Entwicklung von Branded Entertainment konfrontiert habe, also populäre Unterhaltung, die auf einen kommerziellen Partner zugeschnitten ist, wurde ich zwar bedankt, aber nicht beauftragt. Die Übung war misslungen. Jahre später leide ich jetzt jedes Mal, wenn ich aus der gleichen Agentur eine Werbung höre, in der die großen Songs und Melodien unserer Zeit textlich aufs Schlimmste verunstaltet werden, nur um die Botschaften des Kunden irgendwie unterzubringen. Es ist grausam und musikalisch verdummend. Ich schlafe lieber unter der Brücke, als mir diese Möbel zu kaufen …

Vielleicht fürchtet die Werbung die schöpferische Kreativität auch als entlarvendes Element, das die Mittelmäßigkeit der eigenen Kapazitäten oder die Grenzlinie der Kompromisse, die sie eingegangen sind, offenbar macht. Junge Agenturen sind da weiter, sie suchen die Zusammenarbeit und den produktiven Schulterschluss, sie haben die Profitabilität für alle Beteiligten sowohl künstlerisch als auch wirtschaftlich begriffen. Um mit ein paar tradierten Vorurteilen aufzuräumen: Künstler sind sehr wohl an der Zusammenarbeit mit Wirtschaft und Industrie interessiert, aber die persönliche Integrität darf nicht gefährdet oder missachtet werden. Diese liegt letztlich im Ermessen des Individuums, aber der Klassenkampf zwischen dem Engel Künstler und dem Teufel Wirtschaft oder umgekehrt, das ist Schnee von vorgestern. Wir wollen zusammenarbeiten. Endlich wird dem oft zitierten Satz vom wunderbaren Oscar Wilde Rechnung getragen: »Treffen sich zwei Wirtschaftsbosse, reden sie über Kunst, treffen sich zwei Künstler, reden sie übers Geld.« Und das ist auch gut so.

Die Übersetzung von Botschaften im Zeitalter von Social Platforms und Guerilla-Marketing muss neue Wege gehen, neue Sprachen sprechen. Der Konsument will keine vorfermentierten Botschaften mehr, sondern kreativ beansprucht werden, die eigenen Gründe für die Entscheidung finden. Diese Entscheidungen sind dann fest installiert, weil sie einem internen Vorgang entsprungen sind, verbunden mit der persönlichen Befriedigung eines kreativen Prozesses. Der Kunde, der Mitarbeiter, der Partner soll und muss in seiner emotionalen Schaffensbereitschaft angesprochen werden, nur so haben die rationalen Inhalte nicht nur Chancen auf Aufmerksamkeit, sondern auch auf nachhaltige Verankerung. Aber wir sind letztlich nicht berechenbar, das mussten schon viele arrogante Produzenten schmerzhaft einsehen, und es ist oft mehr als überraschend, wenn sich herausstellt, warum die Menschen gewisse Produkte bevorzugen und was sie emotional dazu bewegt. Man darf die Konsumenten nie als selbstverständlich nehmen und nie unterschätzen, weder in ihrer Zuneigung noch in ihrer Abneigung zu Produkten und Dienstleistungen.

Es war 1984, Apple begründet den Markt für Personal Computing und verändert die Welt mit seinem ersten Macintosh, etwas, das George Orwell in seinen kühnsten literarischen Träumen nicht vorhersehen konnte, Privatfernsehen startet in Deutschland, Jon Bon Jovi gründet seine Band und Pepsi ist auf dem Vormarsch. Coca-Cola, die Ur-Marke, ist in die Enge gedrängt und kontert mit einer geschmacklichen Veränderung seines Produkts, einem neuen Design und einem neuen Branding. »Coke« statt Coca-Cola, Swoosh statt Schriftzug. Die Konsumenten sind empört, der Relaunch wird als Denkmalschändung empfunden und mit

Boykott quittiert. Pepsi verkauft wie irre. Sieben Wochen später rudert Coca-Cola zurück und bringt, überaus beeindruckt von der öffentlich demonstrierten Zuneigung zum Stamm-Produkt, das »neue alte« Produkt heraus: »Coca-Cola Classic«. Zum Teil abgefüllt in den alten, kleinen Flaschen entsprachen sie so wieder dem kulturellen Ritual, das Coca-Cola offenbar darstellt, wie es die Konsumenten im Protest empfunden und kommuniziert hatten. Coca-Cola-Company freute sich, weit mehr zu sein als ein Getränk. Ein Jahr danach war Coca-Cola wieder einsamer Marktführer und Pepsi erneut zurück auf Platz zwei. Don Keough, der damalige Präsident der Coca-Cola-Corporation, meinte in einer öffentlichen Aufarbeitung der Geschehnisse: »Es gibt nicht wenige Stimmen, die behaupten, wir hätten das Ganze von vornherein so geplant, aber lassen Sie mich Ihnen versichern: Wir sind weder so blöd noch so clever« (*Sabotage Times*, März 2012).

Es geht manchmal weitaus weniger um das Produkt an sich oder darum, was der Konsum bewirkt, sondern viel mehr um die Konsumhandlung selbst und deren kulturell-emotionale Verankerung. Somatische Marker als Verkaufsargument. Aufladen!

Nachwort

Was alles sein kann.

Möglich, dass Sie, verehrte Leserinnen und Leser, jetzt etwas irritiert sind, vielleicht sogar enttäuscht, weil Sie sich eine komplette Autobiografie erwartet haben, über alles, was mich emotional betrifft, was mich erregt, glücklich oder sauer macht. Nun, genau das steht hier drin: Die neue Zusammenarbeit zwischen Kunst und Wirtschaft betrifft mich, ist meine Vision, weil ich mich mit den Themen meines Partners Wirtschaft auseinandersetze, was mir als Unternehmer am Kunst-, Kultur- und Entertainment-Markt zugutekommt. Es erregt mich unerhört, wenn ich die unzähligen Möglichkeiten erkenne und mit Vertretern aus Wirtschaft und Industrie darüber spreche, Neugier, Interesse oder sogar Leidenschaft in den Augen und den Worte entdecke. Ich bin total glücklich, offen genug für diesen Weg gewesen zu sein, die Überzeugung, Konsequenz und auch den Wahnsinn, den so ein Buch und so ein Thema braucht, aufgebracht zu haben. Ich bin überzeugt von der Welt, die ich vor uns sehe, und ich hoffe, Sie können diese Überzeugung nach Lesen des Buches partiell oder komplett mit mir teilen. Sauer bin ich übrigens nur, wenn ich auf Ignoranz stoße, auf Dummheit gepaart mit Aggression gegen Veränderung, auf Machtmissbrauch oder emotionale Brutalität.

Es kann natürlich auch sein, dass mancher interessierte Leser dagegen meint, dass die autobiografischen Teile hier unnötig sind, und mehr Theorie, mehr Utopie, mehr Organisationsentwicklung fordern. Aber hier konnten mich die »Goldenen«, wie ich die wunderbaren Menschen in meinem Verlag nenne, davon überzeugen, dass es doch goldrichtig zu meinen Forderungen passe, wenn Menschen möglicherweise über die Autobiografie zu den emotionalen Dimensionen der Wirtschaft gelangen, zu den abenteuerlichen Perspektiven der Zusammenarbeit, jeglicher Zusammenarbeit.

Es ist ein Buch über die Arbeit geworden, Ihre Arbeit, meine Arbeit und jene Arbeit, die wir gemeinsam bewältigen müssen (oder dürfen), um die Welt und unser Leben immer besser zu machen. Die drei Grundfesten, die sich auch inhaltlich im Buch durchziehen, also Emotion, Werte und Sinn, stehen auch für ein Modell zukünftiger Kulturpolitik und Identitätspflege, einer Neupositionierung der Kunst im breitesten Sinne, und ich meine damit nicht ausschließlich Künstler und Künstlerinnen, sondern auch Menschen, die emotional solcherart ausgestattet sind, um die partnerschaftliche Arbeit mit Wirtschaft und Industrie bereichern zu können. Fest steht, dass wir, die Künstler, ungemein von unseren Partnern profitieren können, als Lernende, als Gebende und als Nehmende – in dieser Reihenfolge und vice versa.

Die Kultur, das Künstlerdasein, die Auseinandersetzung mit dem Leben ohne kommerziellen Erfolgsdruck, die nur durch öffentliche Förderung stattfinden kann, dieses Modell geht seinem (wirtschaftlichen) Ende zu. Die Kosten stehen in keinem Verhältnis zu den Erträgen, es müssen dringend neue Modelle her und rasch implementiert werden, sonst droht kulturelle Verarmung durch Entzug von Ressourcen.

Wer kann diese überlebensnotwendige Lücke schließen? Wer hat ein Interesse an sozialem Frieden und gesellschaftlichem Progress? Die Wirtschaft. Weil Menschen mehr konsumieren, je weiter sie sich entwickeln, und die Entwicklungen der Wirtschaft selbst sind so atemberaubend, dass Bewältigung, Stabilisierung und organisches Wachstum die Kooperation mit emotionalen Experten geradezu unerlässlich macht. Die neue Partnerschaft muss auch neu bewertet werden, von beiden Seiten. Der Partner Wirtschaft weiß von den Leistungen, die Kunst und Kultur auf sehr vielen seiner eigenen Themengebiete leisten kann, von Unternehmenskultur über Change bis zu Design Thinking, und weiß diese auch zu schätzen und zu bewerten. Der Partner Kunst entwickelt ein wirtschaftliches

Verständnis für Systeme und Philosophien und bringt seine Vorstellungs- und Umsetzungskräfte ein. Und alles auf Basis gemeinsamer Werte.

Damit ergibt sich eine neue Beziehung zwischen Kunst und Wirtschaft, die aus dem gegenseitigen Willen zu verstehen, aus Kooperation und Respekt besteht. Das macht Sinn, weil dieser Beziehung eine große und nachhaltige gesellschaftliche Veränderungskraft innewohnt.

Für die Wirtschaft geht es um die emotionale Bewertung von Themen, Aufgaben und Situationen, einige davon habe ich im Buch beschrieben. Das sind Vorschläge, so wie dieses Buch ein einziger Vorschlag ist, abgesehen von den autobiografischen Teilen, da ist es eine einzige Danksagung ans Leben, und ich stelle diese Vorschläge zur individuellen Begutachtung von Personen und Unternehmen vor. Die Thematisierung der Möglichkeiten liegt mir am Herzen und ich habe zu viele gute Erfahrungen gemacht, um nicht leidenschaftlich daran zu glauben. Natürlich können wir der Wirtschaft nicht die gesamte kulturelle Verantwortung übertragen, aber die Zusammenarbeit zwischen Kunst, Wirtschaft und Politik kann das Erbe beschützen, das Experiment fördern und die Qualität steigern. Eine Plattform für diese kreative Kooperation ist *sinnmacht.at*

Es geht also nicht um Wirtschaft, Politik oder Kunst, sondern um das, was aus der Kooperation dieser drei entstehen kann, dieses Buch ist mein persönliches Angebot dazu und hoffentlich ein Anstoß zu mehr. Die emotionalen Aufgaben der Wirtschaft können und sollten von erfahrenen Profis profitieren und die sind in Kunst und Kultur zu finden. Für den Übergang der Kultur im Allgemeinen vom Kommunikations- ins Robotik-Zeitalter braucht es verlässliche Partner, und da hat die Wirtschaft Expertise, Interessen und Instrumente. Die Politik wiederum wird entlastet und stellt die so frei gewordenen Ressourcen der Förderung des Experiments, also der künstlerischen Auseinandersetzung ohne wirtschaftlichen Erfolgsdruck zur Verfügung. Sie stützt den Versuch, das Labor der Kunst sowie die künstlerischen Bildungsinstitute, von der Bezirksmusikschule über die Kunst-Uni bis zur philosophischen Werkstatt.

Ich hoffe, dass ich mich richtig und gut ausgedrückt und Sie, verehrte Leser und Leserinnen, in mein bescheidenes Boot, die MS Emotion, habe holen können.

Und wenn ich noch einen weiteren bescheidenen Wunsch äußern darf, das Buch haben Sie ja schon, dann diesen: Thematisieren Sie! Reden Sie über Emotion, in der Arbeit, im Privatleben, in der Beziehung, in der Politik. Sorgen Sie dafür, dass die Emotionen den Werten ihren Weg ebnen und eine Heimat geben. Ich verspreche, das wird Ihnen (und uns allen) guttun, auch wenn es manchmal etwas schwer fällt. Belohnen Sie sich mit guten Gefühlen, denn: *Gute Gefühle – machen Sinn.*

Alexander Goebel

Anhang

Literatur- und Quellenverzeichnis

Ariely, Dan: Predictably Irrational, Revised and Expanded Edition: The Hidden Forces That Shape Our Decisions. Harper, Rev Exp (2009)

Ariely, Dan: The Upside of Irrationality: The Unexpected Benefits of Defying Logic at Work and Home. HarperCollins, International (2011)

Ben-Shahar, Tal (Autor) / Burkhard Hickisch (Übersetzer): Glücklicher: Lebensfreude, Vergnügen und Sinn finden mit dem populärsten Dozenten der Harvard University. Goldmann Verlag (2010)

Brooks, David: Das soziale Tier: Ein neues Menschenbild zeigt, wie Beziehungen, Gefühle und Intuitionen unser Leben formen. Deutsche Verlags-Anstalt (2012)

Coutu, Diane: Smart Power. Havard Business Review (November 2008)

Damásio, António R.: Descartes' Irrtum – Fühlen, Denken und das menschliche Gehirn. List (1994)

Damásio, António: Descartes' Error: Emotion, Reason and the Human Brain. Version 1.0. Vintage (2006)

Christensen, Clayton M.: The Innovators Dilemma: Warum etablierte Unternehmen den Wettbewerb um bahnbrechende Innovationen verlieren. Vahlen (2011)

Christensen, Clayton M.: How Will You Measure Your Life?. Harper Collins Publ. UK (2012)

Flynn, Francis J./Schaumberg, Rebecca L.: When feeling bad leads to feeling good: Guilt-proneness and affective organizational commitment. Journal of Applied Psychology, Vol 97(1), Jan 2012, 124–133

Flynn, Francis J.: Defend Your Research: Guilt-Ridden People Make Great Leaders. Harvard Business Review (January 2011)

Frankl, Viktor E.: ... trotzdem Ja zum Leben sagen. Kösel (2005)

Galbraith, John Kenneth: Finanzgenies – eine kurze Geschichte der Spekulation. Eichhorn (1993)

Gerzon, Mark: Leading Through Conflict: How Successful Leaders Transform Differences Into Opportunities (Leadership for the Common Good). Harvard Business Review Press (2006)

Gigerenzer, Gerd: Bauchentscheidungen: Die Intelligenz des Unbewussten und die Macht der Intuition. Goldmann (2008)

Goebel, Joey: Vincent. Diogenes (2005)

Goleman, Daniel/Griese, Friedrich: EQ. Emotionale Intelligenz. Deutscher Taschenbuch Verlag; 2. Aufl. (1997)

Herzberg, Frederick/Mausner, Bernard/Snyderman, Barbara Bloch: The Motivation to Work. 2. Aufl. New York: Wiley (1959)

Herzberg, Frederick: One more time: how do you motivate employees? In: Harvard Business Review 46 (1968) 1, S. 53–62.

Horkheimer, Max/Adorno, Theodor W.: Kulturindustrie – Aufklärung als Massenbetrug. In: Dialektik der Aufklärung. Philosophische Fragmente. Fischer (1988)

Jánszky, Sven Gabor: Rulebreaker. Wie Menschen denken, deren Ideen die Welt verändern. Goldegg Verlag (2010)

Kahnemann, Daniel: Schnelles Denken, langsames Denken. Pantheon Verlag, 10. Aufl. (2014)

Kindleberger, Charles P.: Manien, Paniken, Crashs. Börsenmedien AG (2001)

Mackay, Charles: Zeichen und Wunder. Aus den Annalen des Wahns (Memoirs of extraordinary popular delusions and the madness of crowd(s). (1841), Eichborn, Frankfurt/M. (1992)

Merchant, Nilofer: The New How: Creating Business Solutions Through Collaborative Strategy. O'Reilly Media (2012)

Nye, Joseph: Theory and Practice in International Relations, in Christopher Reus-Smit and Duncan Snidal, eds. Oxford Handbook of International Relations. Oxford: Oxford University Press, (2008)

Sabotage Times: (März 2012)

Schumpeter, Joseph Alois: Die Theorie der wirtschaftlichen Entwicklung. Duncker & Humblot (1952)

Servan-Schreiber, David: Die Neue Medizin der Emotionen – Stress, Angst, Depression: Gesund werden ohne Medikamente. Goldmann (2006)

Servan-Schreiber, David: Das Antikrebs-Buch – Vorbeugen und nachsorgen mit natürlichen Mitteln. Verlag Antje Kunstmann (2011)

Shiller, Robert: Die Subprime Lösung. Wie wir in die Finanzkrise hineingeraten sind und was wir jetzt tun sollten. Börsenmedien AG (2008)

Siebold, Steve: HBR Idea Cast (2011)

Spranger, Eduard: Lebensformen. Ein Entwurf. In: Festschrift fuer Alois Riehl. Von Freunden und Schülern zu seinem 70. Geburtstage dargebracht. Niemeyer, Halle (Saale) 1914, S. 416–522 (Auch Sonderabdruck. Später: Lebensformen. Geisteswissenschaftliche Psychologie und Ethik der Persönlichkeit. 2., völlig neu bearbeitete und erweiterte Auflage. Niemeyer, Halle (Saale) (1921).

Sprenger, Reinhard: Radikal führen. Campus Verlag (2012)

Tett Gillian: Fool's Gold. Unrestraines Greed Corrupted a Dream, Shattered Global Markets and Unleashed a Catastrophe. Abacus (2009)

The New York Times, At Kodak, Some Old Things Are New Again. Claudia H. Deutsch (5/2/2008)

Tuckett, David (Autor)/Becker, Antje (Übersetzerin): Die verborgenen psychologischen Dimensionen der Finanzmärkte: Eine Einführung in die Theorie der emotionalen Finanzwirtschaft. Psychosozial-Verlag (2013)
www.ted.com

Elmar Weixlbaumer

Billionaires Club

Warum Ungleichheit unvermeidbar ist und wie wir von der neuen Geldelite systematisch ausgeschlossen werden.

Durch unsere Gesellschaft zieht sich ein unübersehbarer tiefer Riss, der kontinuierlich wächst: Einer abgehobenen und superreichen Elite steht eine immer breitere Masse gegenüber, die sich trotz harter, lebenslanger Arbeit kaum mehr das Notwendigste leisten kann.

Dieses Buch liefert die schonungslose Wahrheit darüber, warum diese Entwicklung unausweichlich ist. Der Autor erklärt anhand mathematischer Prinzipien und fernab von illusorischer Sozialromantik, dass die Spaltung der Gesellschaft unabwendbar ist und warum das auch historisch immer so war.

Heute haben wir noch Gelegenheit zu handeln, um diesen Abstand zur Elite zu verringern. Denn wer in der Gegenwart nicht gezielte Maßnahmen für sich und seine Kinder setzt, um in der Zukunft dabei zu sein, der hat bereits verloren.

GOLDEGG VERLAG

Hardcover 500 Seiten
Format 13,5x21,5cm
ISBN: 978-3-902991-20-1

Preis: 22,00 €

Bestellen Sie unter +43 (0) 1 505 43 76-30 oder per Fax: +43 (0) 1 505 43 76-20 oder unter verlag@goldegg-verlag.com

Giacomo Corneo

Bessere Welt

Hat der Kapitalisumus ausgedient? Eine Reise durch alternative Wirtschaftssysteme

Der Ruf nach Veränderung wird immer lauter. Die Menschen sehnen sich nach einem gerechten und effizienten Wirtschaftssystem. Doch was müsste sich ändern?

Vater und Tochter nähern sich diesem Thema im Dialog. Gemeinsam begeben sie sich auf eine ideelle Rundreise durch die aussichtsreichsten Alternativen zum Kapitalismus, die je erdacht wurden.

Ein zukunftsweisendes Buch nicht nur für Globalisierungskritiker, sondern für alle, die Zweifel an der Marktwirtschaft haben, aber nicht wissen, wie eine ernstzunehmende Alternative aussehen könnte.

DDr. **Giacomo Corneo** ist Professor an der Freien Universität FU Berlin, Schriftleiter des Journals of Economics und Herausgeber der Perspektiven der Wirtschaftspolitik

GOLDEGG VERLAG

Hardcover 386 Seiten
Format 13,5x21,5cm
ISBN: 978-3-902903-73-0

Preis: 24,⁹⁰ €

Bestellen Sie unter +43 (0) 1 505 43 76-30 oder per Fax: +43 (0) 1 505 43 76-20 oder unter verlag@goldegg-verlag.com

Sven Gábor Jánszky | Stefan A. Jenzowsky

Rulebreaker

Wie Menschen denken, deren Ideen die Welt verändern

Das neue Werk von Deutschlands Shooting-Star unter den Trendforschern, Sven Gábor Janszky: Haben Sie sich schon einmal gefragt, was jene Menschen, die unsere Welt wirklich verändern, anders machen als Sie?

Die Antwort lautet: Sie denken anders!

Die Autoren erzählen in diesem Buch hochspannende Erfolgsstorys über Persönlichkeiten, die neue Märkte entdeckt, mit ihren Innovationen ganze Branchen an den Rand des Abgrunds gebracht und mit eigenen Händen unsere Welt nachhaltig verändert haben.

So unterschiedlich ihre Geschichten und Charaktere auch sein mögen, Rulebreaker kennen ein Erfolgsgeheimnis: Die Kunst des Regelbruchs!

GOLDEGG VERLAG

Hardcover 384 Seiten
Format 13,5x21,5 cm
ISBN: 978-3-902729-09-5

Preis: 24,90 €

Bestellen Sie unter +43 (0) 1 505 43 76-30 oder per Fax: +43 (0) 1 505 43 76-20 oder unter verlag@goldegg-verlag.com

Boris Nikolai Konrad

Gedächtnisweltmeister

Boris Konrad beweist, dass jeder seine Gedächtnisleistung deutlich verbessern kann!

SUPERHIRN | Gedächtnistraining mit einem Weltmeister

Wissen Sie noch, was Sie am 11. September 2001 gemacht haben? Während dieses Datum bei den meisten fest verankert ist, erinnert sich kaum jemand daran, was er ein Jahr später am gleichen Tag getan hat.

Doch ob es um Merkfähigkeit, rasches Kopfrechnen oder Schnelllesen geht: Wer sich viel rasch merken kann, ist klar im Vorteil!

Gedächtnisweltmeister Boris Nikolai Konrad präsentiert in seinem unterhaltsamen Buch die Welt der Gedächtnistechniken und zeigt verblüffende Ergebnisse einer außergewöhnlichen Merkfähigkeit. Nach seiner Überzeugung ist gutes Gedächtnis erlernbar und jedes Gehirn zu enormen Leistungen fähig.

GOLDEGG VERLAG

Hardcover ca. 300 Seiten
Format 13,5x21,5cm
ISBN: 978-3-902903-54-9

Preis: 19,95 €

Bestellen Sie unter +43 (0) 1 505 43 76-30 oder per Fax: +43 (0) 1 505 43 76-20 oder unter verlag@goldegg-verlag.com

Sven Gábor Jánszky | Lothar Abicht

Die Zukunft

... ist näher als Sie glauben! Sind Sie vorbereitet?

Mit seinem letzten Erfolgsbuch „2020 – So leben wir in der Zukunft" zog Deutschlands innovativster Trendforscher seine Leser bereits in Bann. Er zeigte uns einen Tag der Familie Seedorf im Jahr 2020. Faszinierend und schockierend!

Doch es wird noch dramatischer. In diesem Buch führt uns der Zukunftsforscher gemeinsam mit einem der profiliertesten Experten für Personalentwicklung in die Arbeitswelt des Jahres 2025. Erneut gibt es keine schwammigen Megatrend-Prophezeiungen. Sie lassen uns eindrücklich zusehen, wie unser echtes Leben an einem normalen Arbeitstag des Jahres 2025 konkret verlaufen wird.

GOLDEGG VERLAG

Hardcover 272 Seiten
Format 13,5x21,5cm
ISBN: 978-3-902903-05-1

Preis: 24,90 €

Bestellen Sie unter +43 (0) 1 505 43 76-30 oder per Fax: +43 (0) 1 505 43 76-20 oder unter verlag@goldegg-verlag.com

Beate Handler

Wie der Mensch denkt

Die Milliarden im Kopf

Das Gehirn des Menschen verfügt bereits bei der Geburt über 100 Milliarden Nervenzellen, in denen das Kernwissen gespeichert ist. Unser Gehirn ist ein wahrer Mikrokosmos – in vielen Bereichen unerforscht und geheimnisvoll. Kein Computer dieser Welt funktioniert besser, reibungsloser oder wartungsfreier und ist noch dazu so liebenswert wie ein Mensch.

Die Autorin geht der Frage nach, wie unser Denken entsteht und funktioniert, wie wir Entscheidungen treffen, welche Streiche uns unser Gehirn spielt und wie Gedanken unsere Gefühle und unser Handeln beeinflussen. Wie entstehen Vorurteile, gibt es „gute" und „böse" Gedanken? Wie funktioniert unser „Bauchgefühl" und welche Auswirkungen haben seelische Verletzungen auf unser Denken und Handeln?

GOLDEGG VERLAG

Hardcover ca 248 Seiten
Format 13,5x21,5 cm
ISBN: 978-3-902729-17-0

Preis: 19,80 €

Bestellen Sie unter +43 (0) 1 505 43 76-30 oder per Fax: +43 (0) 1 505 43 76-20 oder unter verlag@goldegg-verlag.com

Stefan Doblhofer
Mit Beiträgen von Thomas Böhm, Wolfgang Kötter, Waltraud Sedounik

Management

Die wichtigsten Theorien im Praxis-Check

Management-Theorien gibt es fast wie Sand am Meer. Sie versprechen viel – doch welche hält, was sie verspricht?

Das Buch bietet einen vergnüglicher und sachlich fundierten Streifzug durch die Welt der Management-Theorien. Von strategischen Ansätzen über Organisations- und Wertschöpfungstheorien bis hin zu Führungsthemen nimmt Stefan Doblhofer mit seinen Mitautoren die populärsten Thesen unter die Lupe. Mit Weitblick, dem nötigen Humor und ein wenig Skepsis navigieren sie sich von der oft vielversprechenden Hülle zur Essenz bekannter und neuer Theorieansätze. Sie zeigen auf, wo die Stärken und Schwächen der einzelnen Methoden liegen.

Eine unverzichtbare Grundlektüre für Manager – und jene, die es werden möchten!

GOLDEGG VERLAG

Hardcover, färbig, 256 Seiten
Format 17x24 cm
ISBN: 978-3-902991-46-1

Preis: 34,00 €

Bestellen Sie unter +43 (0) 1 505 43 76-30 oder per Fax: +43 (0) 1 505 43 76-20 oder unter verlag@goldegg-verlag.com

Sven Gábor Jánszky

Die Neuvermessung der Werte

Wie sich unsere Grundwerte in Unternehmen und Gesellschaft verändern werden

Beklagen Sie auch, dass in unserem Land die guten alten Werte verfallen? Dann teilen Sie eine Fehleinschätzung, die für Ihr Unternehmen und unser Land gefährlich ist!

Der drohende Kontrollverlust in vielen Bereichen des Lebens schürt bei uns die Sehnsucht nach jenen guten alten Werten, die unsere Welt noch in den Angeln halten könnten. Doch den viel zitierten apokalyptischen Werteverfall bei der Jugend, der die aktuelle Wertedebatte prägt, gibt es nicht.

Die Wahrheit ist: Die Namen der Werte bleiben, doch was wir darunter verstehen, verändert sich rapide. Um die gleichen Werte zu erreichen, muss man heute anders handeln als früher!

GOLDEGG VERLAG

Hardcover 224 Seiten
Format 13,5x21,5cm
ISBN: 978-3-902903-56-3

Preis: 19,[95] €

Bestellen Sie unter +43 (0) 1 505 43 76-30 oder per Fax: +43 (0) 1 505 43 76-20 oder unter verlag@goldegg-verlag.com